无公害农产品
安全生产手册丛书

[种 植 类]

无公害梨安全生产手册

农业部市场与经济信息司 组编
肖 静 刘建强 编著

中国农业出版社

图书在版编目(CIP)数据

无公害梨安全生产手册/肖静，刘建强编著；农业部市场与经济信息司组编．—北京：中国农业出版社，2007.10
(无公害农产品安全生产手册丛书)
ISBN 978-7-109-12239-0

Ⅰ．无…　Ⅱ．①肖…②刘…③农…　Ⅲ．梨—果树园艺—无污染技术—技术手册　Ⅳ．S661.2-62

中国版本图书馆 CIP 数据核字(2007)第 156646 号

中国农业出版社出版
(北京市朝阳区农展馆北路 2 号)
(邮政编码 100026)
责任编辑　徐建华

北京中兴印刷有限公司印刷　　新华书店北京发行所发行
2008 年 1 月第 1 版　　2008 年 1 月北京第 1 次印刷

开本：850mm×1168mm　1/32　　印张：9.25　　插页：2
字数：228 千字　　印数：1～6 000 册
定价：20.00 元

《无公害农产品安全生产手册》丛书
编 写 委 员 会

目录

第一章

梨生产相关标准

梨从栽培到市场，是一个从产品到商品的连续转化过程。它包括采前优良品种选育、梨园管理（包括病虫害防治、疏花疏果、套袋增色、分期无伤采收等）、采后预冷和贮藏、上市前的商品化处理（包括洗果、涂蜡、分级、贴标签、包装等）以及运输和上市销售，有些品种还需做催熟处理，所有的环节构成了一个完整的"产业链条"。因此，对应于梨产销链的每一个环节都应有相应的标准，标准间彼此衔接呼应形成一套完整标准体系。

为了提高我国的食品质量，保证人们身体健康，我国实施了食品认证制度。目前中国国内有认证标志的食品大致可以分为四类。

第一类为无公害食品，符合这种食品标准的食品是指在生产过程中可有选择、有限度地使用低残毒、低残留、无公害的人工合成化学物质，但产品质量必须达到食品卫生最低标准，经省或市级农业行政主管部门认证的产品。狭义上的无公害食品是按照相应生产技术标准生产的、符合通用卫生标准并经有关部门认定的安全食品。严格来讲，无公害是食品的一种基本要求，普通食品都应达到这一要求。无公害食品是国家经贸委和农业部针对中国蔬菜农药污染问题严重的国情，于1982年提出来的，并不断进行研究、示范与推广，重点结合城市居民的"菜篮子"、"米袋子"、"果盘子"，以及"放心菜"、"放心肉"工程进行实施，目的是将食品中有毒、有害物质的含量控制在安全允许范围内，从源头上解决农产品的质量问题，以保障人民大众身体健康。广义的无公害食品也称为安全食品，其涵盖了绿色食品、有机食品等可持续农业产品及所有地方性标准的安全食品，因为只要经过检测或通过质量认证的、产品达到食品卫生安全等有关标准的所有食品都可被称为无公害食品或通称为安全食品。但人们一般所说的无公害食品是狭义上的无公害食品，即符合食品安全最低标准，经检测合格的食品，其质量水平低于A级绿色食品标准。

第二类为绿色食品，这类食品是在符合规定的生态环境中（A级产品允许限量使用规定的化学合成物质，AA级产品同有机食品一样不允许使用化学合成物质），按特定的操作规程生产，经中国绿色食品发展中心认证的产品。绿色食品并非指绿颜色的食品，而是对安全食品的一种形象表述。绿色象征生命和活力，食品是维系人类生命的物质基础。自然资源和生态环境是食品生产的基本条件，由于与生命、资源、环境相关的事物通常冠之以"绿色"，因而将出自良好的生态环境并能给人们带来旺盛生命活力的这类食品定名为"绿色食品"。严格地讲，绿色食品是遵循可持续发展原则，按照特定生产方式生产，经专门机构认定，许可使用绿色食品标志商标的无污染、安全、优质、营养类食品。当然，一般食品只要符合国家的相关标准，都具有安全性，但绿色食品的真正含义在于它具有一般只强调安全标准的食品所不具备的特征：即"安全和营养"的双重保证，"环境和经济"的双重效益。它是指在生产加工过程中通过严密监测、控制、防范或减少化学物质（农药残留、兽药残留、重金属、硝酸盐、亚硝酸盐等）污染、生物性（真菌、细菌、病毒、寄生虫等）污染以及环境污染的食品。绿色食品在突出其出自良好生态环境的前提下，融入了环境保护与资源可持续利用的意识，融入了对产品实施全过程质量控制的意识和依法对产品实行标志管理的知识产权保护意识。因此，绿色食品的内涵明显区别于普通食品的概念。

绿色食品是我国农业部门推广的认证食品，分为A级和AA

级两种。其中A级绿色食品生产中允许限量使用化学合成生产资料，AA级绿色食品则较为严格地要求在生产过程中不使用化学合成的肥料、农药、兽药、饲料添加剂、食品添加剂和其他有害于环境和健康的物质。从本质上讲，绿色食品是从普通食品向有机食品发展的一种过渡性产品。

第三类为有机食品，是指食品在生产、加工过程中，禁止使用及添加任何人工化学合成物质，以及不得使用辐射和转基因技术，经专门机构严格认证的农副产品。因而，该类食品是公认的来源于自然生态、富有营养、具有高品质的安全健康食品。有机食品这一名词是从英文Organic Food直译过来的。在国外其他非英语国家的语言中也有叫生态或生物食品的，但普遍接受有机食品这一叫法。

这里所说的"有机"不是化学上的概念。狭义的有机食品是指来源于有机农业生产体系，根据国际有机农业生产的规范生产加工，并经独立的认证机构认证的农产品及其加工产品等；近年来，又包括了经过有机认证的野生天然生态食品，从而形成现今广义的有机食品。有机食品的种类包括一切可以食用的农副产品，如粮食、蔬菜、水果、奶制品、畜禽产品、水产品、茶叶、调料等。国际上除有机食品外，还有有机化妆品、纺织品、林产品、有机农药、有机肥料等，它们被统称为有机产品。

有机食品的原料要求来自于无污染和生态良好的环境，在其生产和加工过程中，可使用天然物质和采用对生态环境无害的方式，但不得使用人工化学合成的农药、肥料、生长激素、色素、防腐剂等物质，也不得采用基因工程和辐射技术。有机食品需要符合以下四个条件：①原料必须来自已经建立的或正在建立的有机农业生产体系，或采用有机方式采集的野生天然食品；②在整个生产过程中必须严格遵循有机食品的加工、包装、贮藏、运输标准；③在生产和流通过程中，必须有完善的质量控制和跟踪审查体系，并有完整的生产和销售记录档案及规范性标识；④必须通过独立的有机食品认证机构的认证。

有机食品与绿色食品最大的共同点就是它们都是以环保、安全、健康为目标的可持续发展的食品，代表着未来食品的发展方向。其产生的背景大致一样，都是为了满足人们对高质量、安全食品的需求。但它们也存在着根本性的区别，其中最重要的一个区别就是有机食品的标准比绿色食品高，有机食品被人称为“纯而又纯”的食品，从基地到生产，从加工到上市，都有非常严格的要求。对于二者来说，最大区别还在于绿色食品是从中国的国情出发，结合世界先进的农业发展潮流而形成的富有中国特色的可持续农业产品，而对于有机食品来说，其最大的优点就是完全与国际接轨，从概念、标准到出口，很容易被国外销售商接受。据了解，我国目前通过认证的有机食品生产基地约有 6 700 万公顷，有 100 多个品种，其中，大部分销往国外，出口增长率近几年都在 30%以上。目前，有机食品的消费市场主要在发达国家，仅美、日、法等 10 个发达国家在 1997 年的有机食品销售总额就在 100 亿美元以上，在过去 5 年里，欧盟、美国及日本的有机食品销售年平均增长 25%～30%。据统计 2006 年，欧盟的有机食品市场销售额将增至 580 亿美元，美国将增至 470 亿美元。

第四类为地方性标志食品，如上海市地方性的“安全卫生优质农产品”标志食品及吉林省地方性的“长白山生态食品”标志食品等。

目前，在我国被普遍接受并形成标准生产和管理体系的主要是无公害食品、绿色食品、有机食品三者。它们都强调了食品生产、加工和储运过程的无污染（或尽可能的减少污染），强调食品对人体的健康和安全，强调对生态环境的保护等，并且都要经过专门机构的认证，然后使用专门的食品标志。但它们之间又有一定的区别，其中最重要的区别就是每一个标准体系的标准要求不同，有机食品标准具有国际性，生产及产品要求最高、最严格，无公害食品标准要求最低，比较适合我国当前的农业发展水平，而绿色食品可以说是我国食品从无公害食品向有机食品过渡的一个等级标准。我国的绿色食品标准是由中国绿色食品发展中心组织制定的统一标准，其标准分为A级和AA级。A级的标准是参照发达国家食品卫生标准和联合国食品法典委员会（CAC）的标准制定的，AA级的标准是根据IFOAM有机产品的基本原则，参照有关国家有机食品认证机构的标准，再结合我国的实际情况而制定的。绿色食品所强调的从“土地到餐桌”建立标准的框架，十分类似于目前国际上较为流行的HACCP（危害分析与关键控制点）的从原材料到消费者整个过程控制的模式。绿色食品生产尤其强调生产过程的技术标准，它最大的优点是，把食品生产以最终产品（即检验合格或不合格）为主要基础的控制观念，转变为在生产环境下鉴别并控制潜在危害的预防性方法，它为生产者提供了一个比传统最终产品检验更为安全的产品控制方法，是绿色食品标准体系和质量保证体系的核心，为此，农业部在2000年颁布并实施了《NY/T 393—2000 绿色食品　农药使用准则》、《NY/T 394—2000 绿色食品　肥料使用准则》、《NY/T 392—2000 绿色食品　食品添加剂使用准则》、《NY/T 391—2000 绿色食品　产地环境技术条件》、《NY/T 658—2002 绿色食品　包装通用准则》等几项重要的技术性准则，这类标准具有内容系统、制订科学、指标严格、控制项目多等特点。它以全程质量控制为核心，对绿色食品产前、产中和产后全过程质量控制技术和指标作了全面的规定，构成了一个科学、完整的标准体系。

与绿色食品相关的标准包括产地环境质量标准、生产过程标准、产品标准、包装标准以及其他相关标准，构成一个“从土地到餐桌”的全程质量控制标准体系。它是绿色食品质量保证的前提，是绿色食品生产者的行动规范，是绿色食品标志管理人员审批、监督的依据和指南，是整个绿色食品事业的重要技术支撑，是全体从事绿色食品工作的同志们长期经验总结和智慧结晶。绿色食品标准是应用科学技术原理，结合绿色食品生产实践，借鉴国内外相关标准所制定的，在绿色食品生产中必须遵循，在绿色食品质量认证时必须依据的技术性文件。绿色食品标准是由农业部发布的推荐性农业行业标准（NY/T），是绿色食品生产企业必须遵照执行的标准。无公害食品、有机食品的标准体系也同样包括以上几个方面的内容。下面就分别介绍生产无公害食品、绿色食品、有机食品梨这三个不同等级梨各自的标准要求。

第一节　梨标准化栽培的含义和意义

标准是人们对科学、技术和经济领域重复出现的事物和概念，结合生产实践，经过论证、优化，由有关各方充分协调后成为各方共同遵守的一种特殊的技术性文件。它是对科学技术和生产经验的总结，来自于生产实践同时又服务于生产实践，并随科学进步和生产经验的积累而产生和发展。标准也是一种技术规范，它以人们掌握的科学技术理论、原则、方法、实践为基础，要求、指导、约束、限制人们生产实践中的技术活动。面对我国加入WTO所带来的机遇与挑战，国家标准化工作主管部门站在参与国际市场竞争和促进产业化发展的高度，注重果品标准化体系建设和以产品安全质量标准为主的市场准入制度的推进。据不完全统计，目前我国制定国家果品标准60多项，其中，种苗及检疫标准6项，农药合理使用规范4项，采后领域标准43项（包括质量等级标准6项，术语1项，取样方法1项，物理检验方法4项，化学检验方法25项，贮藏技术规范6项），还有部分标准如无公害果品标准体系等。这些标准在指导果品生产和流通，提高果品质量、规范果品市场、维护产、销、消三方利益和促进我国果品行业整体水平进一步提升起到至关重要的作用。而标准化则是指为在一定的范围内获得最佳秩序，以实际的或潜在的问题制定共同的和重复使用的规则的活动。实行标准化建设的根本目的是运用“统一、简化、选优”的原则，通过制定和实施标准使生产的产前、产中、产后全过程纳入标准化生产和标准化管理的轨道。标准化作为农业发展新阶段的战略选择，是当前加快我国农业发展的一项迫切任务。梨标准化栽培就是指在梨的栽培或者生产过程中，按照国际、国家、行业、地方制定的相关标准的要求来组织生产，并对其进行标准化管理，以使得最终生产的梨果达到优质、安全、丰产的目的活动。

实施梨标准化生产技术，是产业经济结构战略性调整的迫切需要。梨标准化作为一项上联农业科研单位、大专院校，下联农户的基础性工作，可以把梨生产技术和科研成果、生产经验综合组装，变成浅显易懂的技术规范，准确地传授给农民，从而加快科技成果转化。梨标准体系，从苗木的选择，栽培、生产技术规程，到果品的采收、分等分级及贮藏、保鲜、包装等果品生产的全过程进行控制，可以把梨生产的全过程纳入规范化的管理轨道，从而有利于推进产供销一体化，增强梨果的市场竞争能力。

实行梨标准化生产技术，是适应我国加入 WTO 的新形势下，增加果品的竞争力，适应全球化形势，发展国际贸易的必然要求。随着人们生活水平的提高，人们对优质安全果品的需求愈来愈大，迫切需要标准化生产技术对生产的全过程进行控制，确保生产出的产品达到优质安全的标准要求。

实行梨标准化生产技术，是实现梨产业化经营和梨产品能够进入现代化市场营销系统的基础。梨标准化建设促进了科研成果的转化，是梨生产实现优质、安全、高效的保证。因而，以现代化、全球化为基本特点的现代化梨生产，迫切需要标准化的实施。

第二节 梨树生产环境质量标准

梨产地环境质量包括梨生长地的空气质量、水环境和土壤环境质量。产地环境质量的好坏，是直接影响梨质量最基础的因素，环境中的有害物质会直接或通过大气、土壤和水体等间接转移到梨树体内，进一步造成梨的污染，最终危害人类。所以安全、优质的梨生产基地应选择在无污染和生态条件良好的地区，基地选点应远离工矿区和公路铁路干线，避开工业和城市污染源的影响。

一、梨产地生态环境基本要求

影响梨树生长的气候因素包括温度、降水、光照等气象因子，这些气象因子的综合效应决定园地能否适应梨树生长。绝大多数的梨品种，其经济栽培的最适宜区的气候条件为：年平均气温 7～14℃，最冷月份平均温度不低于－10℃，极端最低温度不低于－20℃，大于或等于 10℃的有效积温为 4 200℃，海拔高度为 300 米左右，年日照时数为 1 400～1 700 小时，年降水量为 400～800 毫米，无霜期为 140 天以上。在影响梨树生长得气象因子中，温度最为重要，梨树对温度的要求与种类和品种有关，不同树种相差很大；其中原产我国东北地区的秋子梨对温度的要求最低，休眠期和生长期的温度要求范围是－4.9～－13.3℃和 14.7～18℃，适宜的年平均温度为 6～12℃；白梨系统和洋梨系统对温度的要求中等，休眠期和生长期的温度要求范围是－2～3.5℃和 18.1～22.2℃，最为适宜的温度范围为 7～14℃；原产南方的砂梨系统对温度的要求较高，休眠期和生长期的温度要求范围是 5～17℃和 15.8～26.9℃，最为适宜的温度范围为 12～18℃。影响梨树生长的土壤条件包括土层厚度、理化性状、土壤微生物、水、肥、气、热等多种因素。但梨树对土壤要求并不严，砂、壤、黏土都可以栽培，所以，梨树在我国的栽培区域很广，从淮河以南温暖湿润的南方诸省到冬季严寒的东北平原都有种植。但仍以土层深厚，土质疏松，排水良好的砂壤土为最好，在其上生产的梨果品质较好，表现为肉质细、果核较小、甜度高。而土壤质地黏重的黏土上生产出的梨果的品质容易较差，表现为梨果果肉质地较粗、果核大、味淡而酸、水多。因此，在梨树栽种时应加以注意。我国著名的梨产区，大都在冲击沙地，或者排水良好的山地，或者土层深厚的黄土高原。梨树喜欢中性偏酸的土壤，但要求不严格，最适宜的酸碱度为pH5.6～7.2，能够生长的酸碱度范围为5.0～8.5。不同砧木对土壤的适应力不同，砂梨、豆梨要求偏酸，杜梨偏碱。梨树亦较耐盐，能在含盐量低于0.2%条件下生长良好，能够忍受的极限盐浓度为0.3%，杜梨比砂梨、豆梨耐盐能力强。梨树对水分的要求因品系的不同有一定的差异，以砂梨系统的品种对水分的要求最高，一般要求年降雨量在1 000毫米以上，白梨和西洋梨系统的品种对水分的要求中等，一般要求年降雨量在650毫米以上，秋子梨系统的品种则较耐旱，年降雨量在400毫米左右即可生长。

为了达到生产优质的农产品的要求，梨园生产基地应选择在生态环境良好，无或不受污染源影响或污染物限量控制在允许范围内，生态环境良好的农业生产区域。生产园地应具有可持续的生产能力，对栽培生产区域内土壤、灌溉用水、大气质量应进行产前检测，并且每隔2～3年复检一次。梨的生产要求产地及产地周围不得有大气污染源，特别是上风口不得有污染源，如化工厂、钢铁厂、水泥厂等，一般讲在1 000米以内应无污染源，不得有有毒有害气体的排放，也不得有烟尘和粉尘。生产生活用的燃煤锅炉是大气中SO_2和飘尘的重要来源，汽车尾气中也会产生SO_2等污染物，因而梨的产地需要避开交通繁华要道。梨生产用水不能含有污染物，特别是重金属（如汞、铅、镉、铬等）和有毒有害物质（如酚、苯、氰等），这些污染物可以通过灌溉在土壤中积累，然后通过根系吸收进入作物体内，并在作物体内富集。因此梨的产地应选择在地表水、地下水清洁无污染的地区，水域、水域上游没有对该产地构成威胁的污染源。否则灌溉水不仅会对梨树产生直接的影响，使其减产、品质降低，而且会对土壤造成一定的污染，进而间接对梨树生产产生影响。对于某些因地质形成原因而致使水中有害物质（如氟）超标的地区，应尽量避开。梨生产用地要求土壤中土壤元素位于背景值正常区域，周围没有金属或非金属矿山，没有农药残留污染，并要求有较高的土壤肥力，排灌良好，利于天敌繁衍的地区。

二、梨产地的土壤质量要求

地球经过长期的演化，在生物圈的发生与发展过程中，土壤总是和绿色植物连在一起的，没有植物也就没有土壤，同时，人们也不可能完全离开土壤把所有植物都用无土栽培来实现，虽然在我国在许多地方都发展了无土栽培这一技术，但离开土壤去追求高投入的无土栽培是不现实的，尤其对于梨树这种多年生的高大果树更是如此。现在，随着科技的发展，人们生活水平的提高，土壤由于受到不适当的人为活动的影响，土壤资源的质和量在局部地区已经发生和正在发生不利于人类活动和生产的明显变化，土壤污染问题已成为影响植物正常生长发育及其产品质量的重要方面。所谓的土壤污染，是指由于人类的工农业生产活动，使得大量的工业废气、废水、废渣和农药、化肥进入土壤，其中的某些有毒物质在土壤中积累，引起土壤质量的下降，从而抑制作物生长，产品质量恶化，间接危害人类健康的土壤质量状况。土壤污染源可以分为两大类：一是天然污染源：某些元素的富集中心或矿床周围等地质因素造成的地区性污染；某些气象因素造成的土壤淹没、冲刷流失、风蚀等；地震造成的冒沙、冒黑水等；火山爆发的岩浆和降落的火山灰等。二是人为污染，其污染物主要包括以下几类：（1）无机物（重金属及盐碱类）；（2）农药，包括杀虫剂、除锈剂等；（3）有机废弃物；（4）化学肥料；（5）污泥矿砂和煤灰；（6）放射性物质；（7）寄生虫、病原菌及病毒。所以要生产安全、优质、营养、无污染的梨果，其产地土壤中各项污染物的含量必须达到一定的限量要求才行。

1. 农产品安全质量——无公害水果产地土壤环境要求　土壤是果树生产的基体，土壤受到污染，就会直接或间接的对果树的生长产生影响，进而影响到水果的品质及产量。所以，安全无公害水果的生产，对其产地环境土壤中各项污染物包括重金属、类重金属及农药残留都有一定的限量要求。GB/T 18407.2—2001 规定生产安全无公害水果的产地土壤中各项污染物的取值根据土壤 pH 的高低分为三种情况，即 pH＜6.5，pH＝6.5～7.5，pH＞7.5。在各种不同 pH 土壤中，各项污染物的含量应符合表 1-1 要求。

表 1-1　土壤质量指标

项　　目		指　标（mg/kg）		
		pH＜6.5	pH6.5～7.5	pH＞7.5
总汞	≤	0.30	0.50	1.0
总砷	≤	40	30	25
总铅	≤	250	300	350
总镉	≤	0.30	0.30	0.60
总铬	≤	150	200	250
六六六	≤	0.5	0.5	0.5
滴滴涕	≤	0.5	0.5	0.5

2. 无公害食品梨生产的土壤环境质量要求　无公害食品梨的生产对产地环境质量的要求应符合我国农业行业标准 NY/T 5101—2002 无公害梨产地环境条件规定的要求。土壤中各项污染物的取值根据土壤 pH 的高低同样分为三种情况，即 pH＜6.5，pH＝6.5～7.5，pH＞7.5。在各种不同 pH 土壤中，无公害食品梨生产基地土壤中各项污染物的含量应符合表 1-2 要求。

表 1-2 无公害食品梨的土壤环境质量要求

项目		含量限值		
		pH<6.5	pH6.5～7.5	pH>7.5
总汞（mg/kg）	≤	0.30	0.50	1.0
总铬（mg/kg）	≤	150	200	250
总砷（mg/kg）	≤	40	30	25
总铅（mg/kg）	≤	250	300	350
总镉（mg/kg）	≤	0.30	0.03	0.60
总铜（mg/kg）	≤	150	200	200

注：本表所列含量限值适用于阳离子交换量>5cmol/kg 的土壤，若≤5cmol/kg，含量限量为表内数值的半数。

农业环境的污染物主要包括重金属、有机氯、有机磷以及硝酸盐等，它们在农业生产过程中主要通过水、肥、气携带进入，并污染农田环境，同时还会继续对周围环境产生二次污染。因此，无公害梨园生产基地的环境除符合上述要求外，还应有一套保证措施，确保在今后的生产过程中，环境质量不出现下降。

3. 绿色食品梨生产的土壤环境质量要求

（1）绿色食品梨生产中土壤各项污染物限值　绿色食品梨生产要求产地土壤中土壤元素位于背景值正常区域，周围没有金属及非金属矿山，没有农药残留污染，并要求有较高的土壤肥力。其土壤环境评价因子主要是重金属及类重金属（汞、铬、砷、铅、镉、铜），土壤中各项污染物的取值根据土壤 pH 的高低分为三种情况，即 pH<6.5，pH=6.5～7.5，pH>7.5。其产地中各种不同土壤中的污染物含量不应超过农业行业标准 NY/T 391—2000 规定的限值，具体指标见表 1-3 所示。

（2）绿色食品梨生产对土壤肥力的要求　为了促进生产者增施有机肥，提高土壤肥力，生产 AA 级绿色食品梨时，土壤转化

表 1-3　梨产地土壤中各项污染物的浓度限值

项目	旱田			水田		
pH 值	＜6.5	6.5～7.5	＞7.5	＜6.5	6.5～7.5	＞7.5
镉	0.30	0.30	0.40	0.30	0.30	0.40
汞	0.25	0.30	0.35	0.30	0.40	0.40
砷	25	20	20	25	20	15
铅	50	50	50	50	50	50
铬	120	120	120	120	120	120
铜	50	60	60	50	60	60

注：①果园土壤中的铜限量为旱田中的铜限量的一倍；②水旱轮作用的标准值取严不取宽。

后的耕地土壤肥力要达到土壤肥力分级的 1～2 级指标，生产 A 级绿色食品梨时土壤肥力只作为参考。土壤肥力分级参考指标如表 1-4 所示：

表 1-4　梨园的土壤肥力分级参考指标

项目	有机质 g/kg		全氮 g/kg		有效磷 g/kg		有效钾		阳离子交换量 cmol/kg		质地	
园地	Ⅰ	＞30	Ⅰ	＞1.0	Ⅰ	＞10	Ⅰ	＞100	Ⅰ	＞15	Ⅰ	轻壤
	Ⅱ	20～30	Ⅱ	0.8～1.0	Ⅱ	5～10	Ⅱ	50～100	Ⅱ	15～20	Ⅱ	砂壤 中壤
	Ⅲ	＜20	Ⅲ	＜0.8	Ⅲ	＜5	Ⅲ	＜50	Ⅲ	＜15	Ⅲ	砂土 黏土

注：土壤肥力的各项指标：Ⅰ级为优良，Ⅱ级为尚可，Ⅲ级为较差，生产者应增施有机肥使土壤肥力逐年增高。

4. 有机食品梨生产的土壤环境质量要求　有机食品梨生产的产地环境条件要比无公害食品梨生产和绿色食品梨生产更加严格，它在整个生产、加工和消费的过程中更强调环境的安全性，突出人类、自然和社会的持续和协调发展。用于有机梨生产的产地应当耕性良好，无污染，不存在水土流失、风蚀及其他环境问题，并且已经经过三年或多于三年不使用农药、化肥等违禁物质的过渡期。根据 GB/T 19630.1—2005 中有机农业土壤质量标准的规定，用于有机梨生产的产地土壤环境中各项污染物的含量应至少达到 GB 15618—1995 中的二级标准，具体指标见表 1-5。

表 1-5　有机农业土壤质量标准

项目 \ 土壤 pH 值			＜6.5	6.5～7.5	＞7.5
镉		≤	0.30	0.60	1.0
汞		≤	0.30	0.50	1.0
砷	水田	≤	30	25	20
	旱地	≤	40	30	25
铜	农田等	≤	50	100	100
	果园	≤	150	200	200
铅		≤	250	300	350
铬	水田	≤	250	300	350
	旱地	≤	150	200	250
锌		≤	200	250	300
镍		≤	40	50	60
六六六		≤		0.50	
滴滴涕		≤		0.50	

注：①重金属（铬主要是三价）和砷均按元素量计，适用于阳离子交换量＞5cmol（＋）/kg 的土壤，若≤5cmol（＋）/kg，其标准值为表内数值的半数。

②六六六为四种异构体总量，滴滴涕为四种衍生物总量。

③水旱轮作地的土壤环境质量标准，砷采用水田值，铬采用旱地值。

三、梨产地的大气质量要求

梨的生产离不开整个开放的生态系统，不可避免地直接或间接的受到污染大气的影响，目前大气中已知可产生危害且受到人们注意的物质约有 100 多种。早在上世纪末期，在欧美一些国家就发现，大气污染不仅对人体健康有严重威胁，而且对植物也有很大的危害。在人类日常生活中普遍产生的大气污染物对人类和动植物影响较大的有二氧化硫、氟化物、氮氧化合物、臭氧、飘尘、总悬浮微粒等，另外还有工厂等排放的各种大气污染物都会对人类及动植物产生各种负面影响。所以梨树在生长过程中，如果受到直接或间接的大气污染的影响，梨树的细胞和组织器官就会受到伤害，生长发育和生理功能受阻，导致梨树的产量下降，品质降低。如梨果实固有的色泽、外观品质变劣，营养价值降低等；如果大气的总悬浮颗粒物中含有过量的重金属污染了梨树，那么通过食物链就可能会引起食用者产生疾病甚至死亡。因而，质量安全水果、无公害梨、绿色食品梨以及有机食品梨标准不同，其对产地环境中空气的质量要求也有所不同，下面分别作以下介绍。

1. 农产品安全质量——无公害水果产地空气质量要求　为了保证水果对人类健康的安全性，GB/T 18407.2—2001 规定了安全无公害水果产地环境空气中各项对人类健康存在严重危害的污染物的限值，其具体要求如表 1-6 所示。

表 1-6　空气质量指标

项　目	指　标	
	日平均	1h 平均
总悬浮颗粒物（TSP）（标准状态），mg/m^3	0.3	
二氧化硫（SO_2）（标准状态），mg/m^3	0.15	0.5
氮氧化物（NO_2）（标准状态），mg/m^3	0.12	0.24
氟化物（F），$\mu g/(dm^2 \cdot d)$	月平均 10	
铅（标准状态），mg/m^3	季平均 1.5	季平均 1.5

2. 无公害食品梨生产的空气质量要求　无公害食品梨的产地应选择在生态条件良好、远离各种污染源并具有可持续生产能力的农业生产区域，根据农业行业标准 NY/T 5101—2002 无公害梨产地环境条件规定的要求，其对空气质量的要求应符合表 1-7 的规定。

表 1-7 无公害食品梨的环境空气质量要求

项目		浓度限值	
		日平均	1h 平均
总悬浮颗粒物（标准状态）/（mg/m^3）	≤	0.3	—
二氧化硫（标准状态）/（mg/m^3）	≤	0.15	0.50
氟化物（标准状态）/（$\mu g/m^3$）	≤	7	20

注：日平均指任何一日的平均浓度；1h 平均指任何一小时的平均浓度

3. 绿色食品梨生产的空气质量要求 绿色食品梨的生产要求产地及产地周围不得有大气污染源，特别是上风口不得有污染源，如化工厂、钢铁厂、水泥厂等，不得有有毒有害气体的排放，也不得有烟尘和粉尘。生产生活用的燃煤锅炉是大气中 SO_2 和飘尘的重要来源，汽车尾气中也会产生 SO_2 等污染物，因而绿色食品梨的产地需要避开交通繁华要道。在我国的绿色食品发展事业中，绿色食品梨产地大气环境质量应符合 NY/T 391—2000 的要求。标准的评价因子主要包括总悬浮颗粒物（TSP）、二氧化硫（SO_2）、氮氧化物（NO_X）、氟化物（F）具体指标如表 1-8 所示。

表 1-8 梨产地空气中各项污染物的浓度限值

［单位：毫克/米^3（标准状态）］

项目		浓度限值	
		日平均	1h 平均
总悬浮颗粒物（TSP）	≤	0.3	—
二氧化硫（SO_2）	≤	0.15	0.15
氮氧化物（NO_X）	≤	0.10	0.15
氟化物（F）	≤	7 微克/（米^3·天） 1.8 微克/（分米^2·天）（挂片法）	20

注：1. 日平均指任何一日的平均浓度；
2. 1h 平均指任何一小时的平均浓度；
3. 连续采样三天，一日三次，晨、午和傍晚各一次；
4. 氟化物采样可采用动力采样滤膜法或用石灰滤纸挂片法，分别按各自规定的浓度限值执行，石灰滤纸挂片法挂置 7 天。

4. 有机食品梨生产的空气质量要求　有机食品梨生产的产地环境条件要比无公害食品梨生产和绿色食品梨生产更加严格，它在整个生产、加工和消费的过程中更强调环境的安全性，突出人类、自然和社会的持续和协调发展。有机生产基地应远离城区、工矿区、交通主干线、工业污染源、生活垃圾场等，以免其排放的各种废弃物对有机食品梨产地环境造成污染。有机食品梨生产的产地环境空气质量的评价因子比无公害食品梨生产、绿色食品梨生产的大气质量评价因子要多，主要包括二氧化硫（SO_2）、总悬浮颗粒物（TSP）、可吸入颗粒物（PM_{10}）、氮氧化物（NOx）、二氧化氮（NO_2）、一氧化碳（CO）、臭氧（O_3）、铅（Pb）、苯并［a］芘（B［a］P）、氟化物、F。具体指标不应超过 GB 3095—1996 中二级标准规定的空气中各项污染物的浓度限值（见表 1－9）和 GB 9137 保护农作物的大气污染物浓度限值（见表 1－10）。

表 1－9　空气中各项污染物的浓度限值

污染物名称	取值时间	浓度限值			
		一级标准	二级标准	三级标准	浓度单位
二氧化硫 SO_2	年平均	0.02	0.06	0.10	mg/m^3（标准状态）
	日平均	0.05	0.15	0.25	
	1 小时平均	0.15	0.50	0.70	
总悬浮颗粒物 TSP	年平均	0.08	0.20	0.30	
	日平均	0.12	0.30	0.50	
可吸入颗粒物 PM_{10}	年平均	0.04	0.10	0.15	
	日平均	0.05	0.15	0.25	
氮氧化物 NOx	年平均	0.05	0.05	0.10	
	日平均	0.10	0.10	0.15	
	1 小时平均	0.15	0.15	0.30	
二氧化氮 NO_2	年平均	0.04	0.04	0.08	
	日平均	0.08	0.08	0.12	
	1 小时平均	0.12	0.12	0.24	
一氧化碳 CO	日平均	4.00	4.00	6.00	
	1 小时平均	10.00	10.00	20.00	

（续）

污染物名称	取值时间	浓度限值			
		一级标准	二级标准	三级标准	浓度单位
臭氧 O_3	1小时平均	0.12	0.16	0.20	$\mu g/m^3$（标准状态）
铅Pb	季平均 年平均	1.50 1.00			
苯并［a］芘B［a］P	日平均	0.01			
氟化物	日平均 1小时平均	7① 20①			
F	月平均 植物生长季平均	1.8② 1.2②		3.0③ 2.0③	$\mu g/(dm^2 \cdot d)$

注：①适用于城市地区；

②适用于牧业区和以牧业为主的半农半牧区，蚕桑区；

③适用于农业和林业区。

表1-10 保护农作物的大气污染物浓度限值

污染物	作物敏感程度	生长季平均浓度[1]	日平均浓度[2]	任何一次[3]	农作物种类
二氧化硫[4]	敏感作物	0.05	0.15	0.50	冬小麦、春小麦、大麦、荞麦、大豆、甜菜、芝麻 菠菜、青菜、白菜、莴苣、黄瓜、南瓜、西葫芦、马铃薯 苹果、梨、葡萄 苜蓿、三叶草、鸭茅、黑麦草
	中等敏感作物	0.08	0.25	0.70	水稻、玉米、燕麦、高粱、棉花、烟草 番茄、茄子、胡萝卜 桃、杏、李、柑橘、樱桃
	抗性作物	0.12	0.30	0.80	蚕豆、油菜、向日葵 甘蓝、芋头 草莓

（续）

污染物	作物敏感程度	生长季平均浓度[1]	日平均浓度[2]	任何一次[3]	农作物种类
氟化物[5]	敏感作物	1.0	5.0		冬小麦、花生 甘蓝、菜豆 苹果、梨、桃、杏、李、葡萄、草莓、樱桃、桑 紫花苜蓿、黑麦草、鸭茅
	中等敏感作物	2.0	10.0		大麦、水稻、玉米、高粱、大豆 白菜、芥菜、花椰菜 柑橘 三叶草
	抗性作物	4.5	15.0		向日葵、棉花、茶 茴香、番茄、茄子、辣椒、马铃薯

注：1）“生长季平均浓度”为任何一个生长季的日平均浓度值不许超过的限值。

2）“日平均浓度”为任何一日的平均浓度不许超过的限值。

3）“任何一次”为任何一次采样测定不许超过的浓度限值。

4）二氧化硫浓度单位为 mg/m^3。

5）氟化物浓度单位为 $\mu g/(dm^3 \cdot d)$。

四、梨产地的灌溉水质量要求

水作为一种自然资源，不仅对人类具有重要作用，对于梨树种植也有非常重要的作用。在梨树种植的一生中，需要大量的水分，用于构造梨树体自身，消耗于光合作用生理、生化过程和蒸腾作用，所以水是梨树正常生长发育必不可少、不可替代的因子。梨树种植除了对水的数量（如地面水资源的多少、分布，地下水资源的多少及降水的多少）有一定的要求外，更重要的是对水环境质量的要求，即生产用水不能含有污染物，特别是重金属和有毒有害物质，例如，汞、铅、镉、铬、酚、苯、氰等。这些污染物可以通过灌溉在土壤中积累，然后通过根系吸收进入作物体内，并在作物体内富集，从而影响植物本身的生长及产品质量。下面就四类认证果品对灌溉水的要求作以下介绍。

1. 农产品安全质量——无公害水果产地灌溉水质量要求 安全无公害水果产地应选择在生态环境良好，无或不受污染源影响或污染物限量控制在允许范围内，生态环境良好的农业生产区域，其在生长过程中所需要的大量灌溉用水，应清洁无污染，如果用受到各种形式污染的灌溉水灌溉果园，就会影响到水果的正常生长，并最终影响果实的外观品质及卫生品质，其污染物的残留量就可能会超出对人类健康没有威胁的限量限值，从而成为危害人类健康的毒果，所以安全无公害水果的生产对产地灌溉水质量有一定的要求，GB/T 18407.2—2001 规定生产安全无公害水果的产地灌溉水质量应符合表 1-11 的规定。

表 1-11 农田灌溉水质量指标

项　目		指标（mg/kg）
氯化物，mg/L	≤	250
氰化物，mg/L	≤	0.5
氟化物，mg/L	≤	3.0
总汞，mg/L	≤	0.001
总砷，mg/L	≤	0.1
总铅，mg/L	≤	0.1
总镉，mg/L	≤	0.005
铬（六价），mg/L	≤	0.1
石油类，mg/L	≤	10
pH 值	≤	5.5～8.5

2. 无公害食品梨生产的灌溉水质量要求 果树种类不同对灌溉用水所含污染物的敏感性也不同，所以不同果树所生产的果实要达到安全无公害的要求，其对灌溉用水中各种污染物的要求也有所不同，如有的果树对氟化物、氰化物等比较敏感，且果树自身对这种污染物的吸收及积累能力较强，则在其生产基地内的灌溉用水就应当对氟化物及氢化物有安全限量要求，如有的果树对某种污染物不敏感，而且果树体自身对这种污染物吸收能力也

较差，吸收后对这种污染物的排毒能力较强，则在这种果树生产基地内的灌溉用水就可能不对这种污染物做限量要求。对于无公害食品梨的生产，其灌溉用水要求洁净无毒，灌溉水质量要求应符合农业行业标准 NY/T 5101—2002 无公害梨产地环境条件规定的要求，具体指标见表 1-12。

表 1-12 无公害食品梨的灌溉水质量要求

项　目		浓度限值
pH		5.5～8.5
总汞（mg/L）	≤	0.001
总镉（mg/L）	≤	0.005
总砷（mg/L）	≤	0.10
总铅（mg/L）	≤	0.10

3. 绿色食品梨生产的灌溉水质量要求　绿色食品梨的产地应选择在地表水、地下水清洁无污染的地区，水域、水域上游没有对该产地构成威胁的污染源。对于某些因地质形成原因而致使水中有害物质（如氟）超标的地区，应尽量避开。绿色食品梨产地灌溉水中各种污染物含量不应超过农业行业标准 NY/T 391—2000 规定的限值，具体指标见表 1-13 所示。

表 1-13 梨产地灌溉水中各项污染物的浓度限值

项　目		浓度限值
pH		5.5～8.5
总汞（mg/L）	≤	0.001
总镉（mg/L）	≤	0.005
总砷（mg/L）	≤	0.05
总铅（mg/L）	≤	0.1
六价铬（mg/L）	≤	0.1
氟化物（mg/L）	≤	2.0

4. 有机食品梨生产的灌溉水质量要求　有机食品梨生产的产地环境条件比无公害和绿色食品梨生产更加严格，生产基地应与其他生产区之间建立隔离区。防止非有机生产基地内有污染的

灌溉水渗透到有机食品梨的生产基地内。并严禁在废水污染源周围建立有机食品梨园（如重金属含量高的污灌区和被污染的河流、湖泊、水库和废水排放口，污水处理池，排污渠，以及生活垃圾、冶炼废渣、化工废渣、废化学药品周围等），以免用于梨园灌溉的水受到这些污染源的污染，影响梨树的生长。其灌溉用水必须清洁无污染，含有重金属离子，有害的无机及有机化合物的水用于灌溉，会对梨树及周围环境造成二次污染，从而增加梨果中该项污染物的含量，降低果实品质。因此，用于有机梨生产过程中的灌溉用水必须达到一定的标准。其灌溉用水中各项污染物限量应符合 GB 5084—92 有机农业生产农田灌溉水质量标准（见表 1-14）。

表 1-14 有机农业生产农田灌溉水质量标准

序号	项目 \ 标准值 \ 作物分类		水作	旱作	蔬菜
1	生化需氧量（BOD_5）	≤	80	150	80
2	化学需氧量（COD_{cr}）	≤	200	300	150
3	悬浮物	≤	150	200	100
4	阴离子表面活性剂（LAS）	≤	5.0	8.0	5.0
5	凯氏氮	≤	12	30	30
6	总磷（以 P 计）	≤	5.0	10	10
7	水温，℃	≤		35	
8	pH 值	≤		5.5～8.5	
9	全盐量	≤	1 000（非盐碱土地区）2 000（盐碱土地区）有条件的地区可以适当放宽		
10	氯化物	≤		250	
11	硫化物	≤		1.0	
12	总汞	≤	0.001		
13	总镉	≤	0.005		
14	总砷	≤	0.05	0.1	0.05
15	铬（六价）	≤		0.1	

（续）

序号	项目＼标准值＼作物分类		水作	旱作	蔬菜
16	总铅	≤		0.1	
17	总铜	≤		1.0	
18	总锌	≤		2.0	
19	总硒	≤		0.02	
20	氟化物	≤	2.0（高氟区）3.0（一般地区）		
21	氰化物	≤		0.5	
22	石油类	≤	5.0	10	1.0
23	挥发酚	≤		1.0	
24	苯	≤		2.5	
25	三氯乙醛	≤	1.0	0.5	0.5
26	丙烯醛	≤		0.5	
27	硼	≤	1.0（对硼敏感作物，如：马铃薯、笋瓜、韭菜、洋葱、柑橘等） 2.0（对硼耐受性较强的作物，如小麦、玉米、青椒、小白菜、葱等） 3.0（对硼耐受性强的作物，如：水稻、萝卜、油菜、甘蓝等）		
28	粪大肠菌群数，个/L	≤	10 000		
29	蛔虫卵数，个/L	≤	2		

第三节　梨果产品质量标准

产品标准是衡量最终产品质量的尺度，是梨果生产、管理及质量控制水平的体现。无公害梨的产品标准包括外观品质即感官要求、卫生要求两部分，其标准的制定是以对人类的健康没有安全隐患为基础的，这类无公害梨果直接食用是安全的。绿色食品梨的产品标准包括外观品质、理化需求、卫生要求三部分内容，其标准的制定是在国家标准的基础上，参照国外先进标准或国际标准而制定的，在检测项目和指标上严于国家标准。无污染、安全、优质、营养是绿色食品梨的特征，也是绿色食品梨产品标准制定的依据。有机食品梨是一类真正的源于自然、富营养、高品质的环保型安全食品，它与其他优质、安全食品梨的最显著差别是，前者在其生产和加工过程中绝对禁止使用农药、化肥、除草剂、合成色素、激素等人工合成物质，并且其生产基地已经过三年或三年以上不使用以上这些人工合成物质的过渡期，并通过了基地的有机认证。只要生产基地通过了有机认证，并且在梨果的种植过程中严格按照有机食品种植规范而生产的梨果，就能达到自然、富营养、高品质的要求，所以在有机食品梨的标准中没有对其产品质量做限量要求。下面就无公害食品梨、绿色食品梨以及农产品安全质量—无公害水果的产品质量标准分别作以下介绍。

一、无公害与绿色食品梨感官要求

梨感官指标是梨优质性的最直观表现，是给予用户及消费者的第一印象。梨的感官要求包括：果形、气味、大小、色泽、光洁度等。无公害食品梨与绿色食品鲜梨的感官指标要求相同，都应符合 NY/T 844—2004 的要求，感官指标具体要求见表 1-15。

表 1-15　绿色食品鲜梨的感官要求

项　目	要　求
基本要求	各品种、各等级的鲜梨都必须完整良好，新鲜洁净，无不正常的外部水分，无异嗅及异味，精心手采，发育正常，具有贮藏或市场要求的成熟度
果形	果形正常，允许有轻微缺陷，具有本品种应有的特征，果梗完整
色泽	具备本品种成熟时应有的色泽
果实横径，mm	特大型果≥65 大型果≥60 中型果≥55 小型果≥50
果面缺陷	允许下列规定的缺陷不超过 3 项

（续）

项　目	要　求
①碰压伤	允许轻微者2处，总面积不超过1.0cm²，不得变褐
②刺伤、破皮划伤	不允许
③磨伤（枝磨、叶磨）	允许轻微磨伤面积不超过果面的1/8，巴梨、秋白梨为1/6
④水锈、药斑	允许轻微薄层总面积不超过果面的1/8
⑤日伤	允许桃红色或稍微发白者不超过1.0cm²
⑥雹伤	允许轻微者一处不超过0.5cm²
⑦虫伤	允许干枯虫伤2处，总面积不超过0.2cm²
⑧病害	不允许
⑨食心虫害	不允许

二、绿色食品鲜梨的物理指标和化学成分

绿色食品梨的理化指标也是评价梨品质好坏的关键因素，主要包括果实硬度、可溶性固形物%、总酸%、固酸比等。根据行业标准NY/T 844—2004的要求，绿色食品梨的硬度应≥5.5千克/厘米²、可溶性固形物含量应≥11.0%、可滴定酸应≤0.30%。当然不同品种的梨其要求也有所不同，应当灵活掌握，下面将几种常见梨的理化要求列表于1-16，以供参考。

表1-16　绿色食品鲜梨的物理指标和化学成分

品种＼内容＼项目	果实硬度 N/cm² (kgf/cm²)	可溶性固形物 %	总酸 %	固酸比
鸭梨	39～54 (4.0～5.5)	≥10.0	≤0.16	≥62.5∶1
酥梨	39～54 (4.0～5.5)	≥11.0	≤0.16	≥110∶1
茌梨	63.7～88 (6.5～9.0)	≥11.0	≤0.10	≥110∶1
雪花梨	68.6～88 (7.0～9.0)	≥11.0	≤0.12	≥92∶1

（续）

项目 内容 品种	果实硬度 N/cm^2（kgf/cm^2）	可溶性固形物 %	总酸 %	固酸比
香水梨	58.8～73.5（6.0～7.5）	≥12.0	≤0.25	≥48∶1
长把梨	68.6～88（7.0～9.0）	≥10.5	≤0.35	≥30∶1
秋白梨	107.9～117.7（11.0～12.0）	≥11.2	≤0.20	≥56∶1
早酥梨	69.6～76.5（7.1～7.8）	≥11.0	≤0.24	≥46∶1
新世纪梨	54～68.6（5.5～7.0）	≥11.5	≤0.16	≥72∶1
库尔勒香梨	54～73.5（5.5～7.5）	≥11.5	≤0.10	≥115∶1

三、卫生要求

1. 无公害食品鲜梨的卫生要求　无公害食品梨的卫生要求应符合行业标准 NY/T 5100—2002 无公害食品梨产品标准中规定的要求，如表 1-17 所示。

表 1-17　无公害食品梨的卫生指标

序号	项　　目	指标（mg/kg）
1	多菌灵（carbendazim）	≤0.5
2	毒死蜱（chlorpyrifos）	≤1
3	辛硫磷（phoxim）	≤0.05
4	氯氟氰菊酯（cyhalothrin）	≤0.2
5	溴氰菊酯（deltamethrin）	≤0.1
6	氯氰菊酯（cypermethrin）	≤2
7	铅（以 Pb 计）	≤0.2
8	镉（以 Cd 计）	≤0.03
9	汞（以 Hg 计）	≤0.01
10	砷（以 As 计）	≤0.5

注：凡国家规定禁用的农药，应从其规定。

2. 绿色食品鲜梨的卫生要求　绿色食品鲜梨的卫生品质是绿色食品鲜梨区别于非绿色食品鲜梨的关键所在，根据行业标准NY/T 844—2004《绿色食品　温带水果》的要求，绿色食品鲜梨的卫生指标应符合表1-18的规定。从表中可以看到，绿色食品梨的卫生标准要高于无公害梨的卫生标准，这也正是两者区别的关键所在。

表1-18　绿色食品鲜梨的卫生指标　(mg/kg)

项　目	指　标	项　目	指　标
六六六	≤0.05	多菌灵	≤0.5
滴滴涕	≤0.05	粉锈宁	≤0.2
甲拌磷	不得检出（检出限≤0.001）	亚硝酸盐（以$NaNO_2$计）	≤4
对硫磷	不得检出（检出限≤0.001）	二氧化硫	≤50
马拉硫磷	不得检出（检出限≤0.001）	砷（以总As计）	≤0.2
杀螟硫磷	≤0.2	铅（以Pb计）	≤0.2
倍硫磷	≤0.02	铜（以Cu计）	≤10
敌敌畏	≤0.2	锌（以Zn计）	≤5
乐果	≤0.5	镉（以Cd计）	≤0.01
溴氰菊酯	≤0.1	汞（以Hg计）	≤0.01
氰戊菊酯	≤0.2	氟（以F计）	≤0.5
敌百虫	≤0.1	铬（以Cr计）	≤0.5
百菌清	≤1		

注：1：其他农药使用方式及限量应符合NY/T 393规定。
2：标准中未规定的其他温带水果可参照本表执行。

四、农产品安全质量——无公害水果安全要求

无公害水果，并不是说水果不含有有害物质，而是其有害物质的含量被控制在一规定的限制值之内。这个限制值是既考虑到水果自然生长中某些成分的存在，又考虑到农业技术措施和正常环境情况下对水果污染物含量的影响，并结合考虑水果中这些有

害物质含量对人体食用的安全性等因素而决定的。水果中有害物质的含量在这个限制值之内是不会对人体造成伤害的，人们食用这样的水果是安全的。安全无公害水果中有害物质的含量限制值如下：

1. 质量安全果品中重金属及其他有害物质限量 质量安全果品的重金属及其他有害物质的含量不应超过（GB 18406.2—2001）规定的要求，具体要求见表 1-19。

表 1-19 质量安全果品重金属及其他有害物质限量

项 目	指标 mg/kg
砷（以 As 计）	≤0.5
汞（以 Hg 计）	≤0.01
铅（以 Pb 计）	≤0.2
铬（以 Cr 计）	≤0.5
镉（以 Cd 计）	≤0.03
氟（以 F 计）	≤0.5
亚硝酸盐（以 $NaNO_2$ 计）	≤4.0
硝酸盐（以 $NaNO_3$ 计）	≤100

2. 质量安全果品中农药最大残留限量 质量安全果品农药最大残留限量不应超过（GB 18406.2—2001）规定的要求，具体要求见表 1-20。

表 1-20 质量安全果品农药最大残留限量

项 目	指标 mg/kg
马拉硫磷	不得检出
对硫磷	不得检出
甲拌磷	不得检出
甲胺磷	不得检出
久效磷	不得检出
氧化乐果	不得检出
甲基对硫磷	不得检出
克百威	不得检出
水胺硫磷	≤0.02（柑橘果肉部分）
六六六	≤0.2

（续）

项　目	指标 mg/kg
DDT	≤0.1
敌敌畏	≤0.2
乐果	≤1.0
杀螟硫磷	≤0.4
倍硫磷	≤0.05
辛硫磷	≤0.05
百菌清	≤1.0
多菌灵	≤0.5
氯氰菊酯	≤2.0
溴氰菊酯	≤0.1
氰戊菊酯	≤0.2
三氟氯氰菊酯	≤0.2

注：未列项目的农药残留限量标准各地区根据本地实际情况按有关规定执行。

第四节　梨果的包装、销售、运输和贮藏

一、包　装

食品包装是指为了在食品流通过程中保护产品、方便储运、促进销售，按照一定的技术方法而采用的容器、材料及辅助物的总称，也指为了上述目的而采用容器、材料和辅助物的过程中施加一定技术方法等的操作活动。食品包装的基本要求：（1）较长的保质期；（2）不带来二次污染；（3）少损失原来营养及风味；（4）包装成本要低；（5）储藏运输方便、安全；（6）增加美感引起食欲。食品的包装材料从原料、产品制造、使用、回收和废弃的整个过程都应符合环境保护的要求。它包括节省资源、能量，尽量避免废弃物产生，以便回收利用，再循环利用，可降解等具体要求和内容。也就是世界工业发达国家要求包装做到“3R”和“1D”（Reduce 减量化，Reuse 重复利用，Recydle 在循环和 Degradable 再降解）原则。

1. 无公害食品梨的包装 无公害食品梨的包装场地应通风、防潮、防晒，干净整洁，不能存放有毒、有异味的物品。包装容器采用瓦楞纸箱或钙塑纸箱，有良好的透气性，包装材料必须新而洁净、无异味，且不会对果实造成伤害和污染。同一包装中果实的横径差异，层装梨不得超过5毫米，其他方式包装梨不得超过10毫米。各包装件的表层梨在大小、色泽各方面均应代表整个包装件的质量情况。

无公害食品梨销售和运输包装应标明无公害食品标志及执行的标准代号，标签上还应注明产品名称、品种名称、数量、产地、包装日期、生产单位等。

2. 绿色食品梨的包装

(1) 绿色食品梨的包装标准 绿色食品梨的包装要求应按照NY/T 844—2004的规定执行，包装箱和包装盒上应标注绿色食品标志，具体标注按有关规定执行。包装箱和包装盒上应标注产品名称、数量、产地、包装日期、保存期、生产单位、储运注意事项等内容，字迹应清晰、完整、无错别字。

(2) 绿色食品梨的标签标准 绿色食品的包装标签应符合国家《食品标签通用准则》GB 7718—94的规定，标签上必须标注食品名称、配料表、净含量及固形物含量、制造者、经销者的名称和地址、日期标志（生产日期、保质期或保存器）和贮藏指南、质量（品质）等级、产品标准号以及特殊标注内容。此外，在包装装潢上应符合《中国绿色食品商标标志设计使用规范手册》的要求。获得绿色食品标志使用权的单位，必须将绿色食品标志用于产品的内外包装。同时，许可使用绿色食品标志的产品必须加贴绿色食品标志防伪标签，A级绿色食品的防伪标签的底色为蓝色，标志编号以双数结尾；AA级绿色食品标志和标准字体为白色，底色为绿色，防伪标签底色为绿色，标志编号以单数结尾。另外，绿色食品标志防伪标签只能用在统一编号的绿色食品产品上，非绿色食品或与绿色食品防伪标签编号不一致的绿色食品不得使用该标签。绿色食品标志的防伪标签应贴于食品标签或其他包装正面的显著位置，不得掩盖原有绿标、编号等绿色食品的整体形象。企业同一种产品贴用防伪标签的位置及外包装箱封箱用的大型标签的位置应固定，不得随意变化。

3. 有机食品梨的包装、标识

（1）包装　有机食品梨包装的环境影响应该尽可能降低。提倡使用由木、竹、植物茎叶和纸制成的包装材料，允许使用符合卫生要求的其他包装材料。包装应该简单、实用，避免过度包装，在可能的情况下，应该少用循环和再生包装物质。应该使用可生物降解的材料。在产品或外包装上的印刷油墨以及商标粘着剂都应该是无毒的，并且不能与梨接触。

（2）产品的标识要求　按有机产品国家标准生产并获得有机产品认证的产品，方可在产品名称前标识“有机”，在产品或者包装上加施中国有机产品认证标志并标注认证机构的标识或认证机构的名称。

二、有机食品梨的销售

销售单位必须经有机食品发展中心或其授权机构批准后，才能进行有机食品梨的销售。从事销售的工作人员必须按照食品卫生管理的规定，保持衣服、手以及周围环境的卫生和清洁，工作人员应该经常对室内进行清洗与消毒，销售点必须远离厕所、坑塘、垃圾以及生产有毒有害化学物品的场所，必须有合乎有机食品生产用水标准的水源（具体要求见表1-21），并配有盛放污水秽物的专门容器，销售点的室内及地面应易于清洗。销售地点的室内建筑材料不能对环境和有机食品梨产生污染，不使用对有机食品梨有污染或潜在污染的物品。室内必须保持卫生清洁，配备有机食品梨贮藏、防蝇、防鼠及防尘设备，严格禁止狗、猫进入。允许使用物理、机械的方法消毒，使用的方法可以是湿热、

表 1-21 生活饮用水卫生标准

水质常规指标及限值

指 标		限 值
微生物指标①	总大肠菌群(MPN/100mL 或 CFU/100mL)	不得检出
	耐热大肠菌群(MPN/100mL 或 CFU/100mL)	不得检出
	大肠埃希氏菌(MPN/100mL 或 CFU/100mL)	不得检出
	菌落总数(CFU/mL)	100
毒理指标	砷(mg/L)	0.01
	镉(mg/L)	0.005
	铬(六价,mg/L)	0.05
	铅(mg/L)	0.01
	汞(mg/L)	0.001
	硒(mg/L)	0.01
	氰化物(mg/L)	0.05
	氟化物(mg/L)	1
	硝酸盐(以 N 计,mg/L)	10 地下水源限制时为 20
	三氯甲烷(mg/L)	0.06
	四氯化碳(mg/L)	0.002
	溴酸盐(使用臭氧时,mg/L)	0.01
	甲醛(使用臭氧时,mg/L)	0.9
	亚氯酸盐(使用二氧化氯消毒时,mg/L)	0.7
	氯酸盐(使用复合二氧化氯消毒时,mg/L)	0.7
感官性状和一般化学指标	色度(铂钴色度单位)	15
	浑浊度(NTU-散射浊度单位)	1 水源与净水技术条件限制时为 3
	臭和味	无异臭、异味
	肉眼可见物	无
	pH(pH 单位)	不小于 6.5 且不大于 8.5
	铝(mg/L)	0.2
	铁(mg/L)	0.3
	锰(mg/L)	0.1
	铜(mg/L)	1
	锌(mg/L)	1
	氯化物(mg/L)	250
	硫酸盐(mg/L)	250
	溶解性总固体(mg/L)	1 000
	总硬度(以 $CaCO_3$ 计,mg/L)	450
	耗氧量(COD_{Mn} 法,以 O_2 计,mg/L)	3 水源限制,原水耗氧量>6mg/L 时为 5

（续）

指　　标		限　值
感官性状和一般化学指标	挥发酚类（以苯酚计，mg/L）	0.002
	阴离子合成洗涤剂（mg/L）	0.3
放射性指标②	总 α 放射性（Bq/L）	0.5
	总 β 放射性（Bq/L）	1

① MPN 表示最可能数；CFU 表示菌落形成单位。当水样检出总大肠菌群时，应进一步检验大肠埃希氏菌或耐热大肠菌群；水样未检出总大肠菌群，不必检验大肠埃希氏菌或耐热大肠菌群。

② 放射性指标超过指导值，应进行核素分析和评价，判定能否饮用。

水质非常规指标及限值

指　　标		限　值
微生物指标	贾第鞭毛虫（个/10L）	<1
	隐孢子虫（个/10L）	<1
毒理指标	锑（mg/L）	0.005
	钡（mg/L）	0.7
	铍（mg/L）	0.002
	硼（mg/L）	0.5
	钼（mg/L）	0.07
	镍（mg/L）	0.02
	银（mg/L）	0.05
	铊（mg/L）	0.0001
	氯化氰（以 CN^- 计，mg/L）	0.07
	一氯二溴甲烷（mg/L）	0.1
	二氯一溴甲烷（mg/L）	0.06
	二氯乙酸（mg/L）	0.05
	1，2-二氯乙烷（mg/L）	0.03
	二氯甲烷（mg/L）	0.02
	三卤甲烷（三氯甲烷、一氯二溴甲烷、二氯一溴甲烷、三溴甲烷的总和）	该类化合物中各种化合物的实测浓度与其各自限值的比值之和不超过 1
	1，1，1-三氯乙烷（mg/L）	2
	三氯乙酸（mg/L）	0.1
	三氯乙醛（mg/L）	0.01
	2，4，6-三氯酚（mg/L）	0.2
	三溴甲烷（mg/L）	0.1
	七氯（mg/L）	0.000 4
	马拉硫磷（mg/L）	0.25
	五氯酚（mg/L）	0.009
	六六六（总量，mg/L）	0.005

（续）

指标		限值
毒理指标	六氯苯（mg/L）	0.001
	乐果（mg/L）	0.08
	对硫磷（mg/L）	0.003
	灭草松（mg/L）	0.3
	甲基对硫磷（mg/L）	0.02
	百菌清（mg/L）	0.01
	呋喃丹（mg/L）	0.007
	林丹（mg/L）	0.002
	毒死蜱（mg/L）	0.03
	草甘膦（mg/L）	0.7
	敌敌畏（mg/L）	0.001
	莠去津（mg/L）	0.002
	溴氰菊酯（mg/L）	0.02
	2，4-滴（mg/L）	0.03
	滴滴涕（mg/L）	0.001
	乙苯（mg/L）	0.3
	二甲苯（mg/L）	0.5
	1，1-二氯乙烯（mg/L）	0.03
	1，2-二氯乙烯（mg/L）	0.05
	1，2-二氯苯（mg/L）	1
	1，4-二氯苯（mg/L）	0.3
	三氯乙烯（mg/L）	0.07
	三氯苯（总量，mg/L）	0.02
	六氯丁二烯（mg/L）	0.0006
	丙烯酰胺（mg/L）	0.0005
	四氯乙烯（mg/L）	0.04
	甲苯（mg/L）	0.7
	邻苯二甲酸二（2-乙基己基）酯（mg/L）	0.008
	环氧氯丙烷（mg/L）	0.0004
	苯（mg/L）	0.01
	苯乙烯（mg/L）	0.02
	苯并（a）芘（mg/L）	0.00001
	氯乙烯（mg/L）	0.005
	氯苯（mg/L）	0.3
	微囊藻毒素-LR（mg/L）	0.001
感官性状和一般化学指标	氨氮（以N计，mg/L）	0.5
	硫化物（mg/L）	0.02
	钠（mg/L）	200

干热、低温、干燥及紫外光消毒等，禁止使用人工合成的洗涤剂或杀虫剂作为消毒剂。有机食品梨在销售点内的贮藏或堆放，必须按不同的品种采取不同的堆放与贮藏保管方法，禁止不同类型的梨混放与胡乱堆放。设立有机食品梨销售专柜，实行先进先销和销售、收费、消毒以及工具专人负责制度，严禁有机食品梨与普通食品梨混合销售。

三、运　输

1. 无公害食品梨的运输　梨果需长距离运输时要用冷藏车，运输过程中注意不要碰伤、压伤梨果。运输工具必须清洁卫生，无异味，不与有毒有害物品混运；待运时，必须批次分明、堆码整齐、环境清洁，通风良好。严禁烈日暴晒、雨淋；注意防冻、防热、缩短待运时间。

2. 绿色食品梨的运输　绿色食品梨的运输除要符合国家对食品运输的有关要求外，还要遵循以下绿色食品运输原则和要求。

(1) 绿色食品的运输，必须根据产品的类别、特点、包装要求、储藏要求、运输距离及季节的不同等采用不同的手段。

(2) 绿色食品在装运过程中，所用工具（容器及运输设备）必须洁净卫生，不能对绿色食品引入污染。

(3) 绿色食品禁止和农药、化肥及其他化学制品一起运输。

(4) 在运输过程中，绿色食品不能和非绿色食品混堆，一起运输。

(5) 绿色食品的A级食品和AA级食品也不得混堆和一起运输。

根据《绿色食品　梨》NY/T 844—2004的运输要求，绿色食品梨的运输还应当注意以下四个问题：

(1) 装运时要轻装、轻卸，严防机械损伤。

（2）运输工具必须清洁、卫生、无污染，不得与有毒、有异味、有毒的物品混装混运。

（3）运输过程中，严禁日晒、雨淋，并注意防冻和通风散热。

（4）需要暂存时，必须堆放整齐、批次分明、环境清洁、通风良好。

3. 有机食品梨的运输

（1）运输工具在装载有机产品梨前应清洗干净。

（2）有机产品梨在运输过程中应避免与常规产品混杂或受到污染。

（3）在运输和装卸过程中，外包装上的有机认证标志及有关说明不得被玷污或损毁。

（4）运输和装卸过程必须有完整的档案记录，并保留相应的单据。

四、贮　藏

1. 无公害食品梨的贮藏　无公害食品梨包装后，放入保鲜冷库或气调库中保存，设定适宜的条件进行保鲜贮藏。保鲜库内必须无异味，不得与有毒、有害物品混合存放。产品中不得使用有损产品质量的保鲜试剂和材料。

2. 绿色食品梨的贮藏　绿色食品梨的储藏是根据各种梨的储藏性能和各种贮藏技术的机理、生产可能性和卫生安全性、在储藏中质量变化及影响质量变化的诸因素和控制措施，依据贮藏原理和各类梨的贮藏性能，选择适当的贮藏方法和较好的贮藏技术的过程。在贮藏期内要科学管理，最大限度的保持梨的原有品质，不带来二次污染，降低损耗，节省费用，促进食品流通，更好的满足人们对绿色食品的要求。根据绿色食品的贮藏要求，需要遵循以下原则和要求：

（1）贮藏环境必须清洁卫生，不能对绿色食品引入污染；

（2）选择的贮藏方法不能使绿色食品品质发生变化、引入污染，如化学贮藏方法中选用的化学制剂需要符合《绿色食品添加剂使用准则》；

（3）在贮藏中，绿色食品产品不能和非绿色食品混堆储存；

（4）A级和AA级绿色食品必须分开贮存。

按照NY/T 844—2004贮存要求，在绿色食品梨的贮存过程中，除了遵循绿色食品储藏需要遵循的原则和要求外，还应注意以下要求：

（1）果实采收后，立即按照NY/T 844—2004的标准进行果实分级、包装、销售、验收。

（2）绿色食品梨的存放环境要求阴凉、通风、清洁、卫生，严防日晒、雨淋、冻害及有毒物质和病虫害污染。不得使用任何对人体有害的贮藏保鲜剂。

（3）中长期贮藏保鲜的果实，应在常温库和恒温库中进行贮藏。出售时，应保持果实原有的色、香、味。不得使用任何化学合成的食品添加剂。

（4）在贮藏库中，包装的果实不得直接着地或靠墙，码垛不得过高，垛间留有通道，注意防止鼠害。

3. 有机食品梨的贮藏

（1）经过认证的有机食品梨在贮存过程中不得受到其他物质的污染。

（2）贮藏有机食品梨的仓库必须干净、无虫害，无有害物质残留，在最近7天内未经任何禁用物质处理过。

（3）允许使用常温储藏、气调、温度控制、干燥和湿度调节等储藏方法。

（4）有机食品梨应单独存放。如果不得不与常规梨果共同存放，必须在仓库内划出特定区域，采取必要的包装、标签等措施确保有机食品梨不与非有机食品梨混放。

（5）有机食品梨出入库和库存量必须有完整的档案记录，并保留相应的单据

第五节 梨树生产过程标准简介

一、无公害食品梨生产技术标准

无公害食品梨生产过程的控制是无公害食品梨生产质量控制的关键环节，直接决定了生产的果品的质量。同时，无公害食品梨生产技术标准是整个无公害食品梨标准体系的核心，主要包括以下两部分内容：无公害食品梨生产资料使用准则和无公害食品梨生产操作规程。

（一）无公害食品梨生产资料使用准则

1. 无公害食品梨农药使用准则

（1）药剂使用原则

①禁止使用剧毒、高毒、高残留农药和致畸、致癌、致突变农药（包括滴滴涕、六六六、杀虫脒、甲胺磷、对硫磷、甲基对硫磷、久效磷、磷胺、甲拌磷、氧化乐果、水胺硫磷、特丁硫磷、甲基硫环磷、治螟磷、甲基异柳磷、内吸磷、克百威、涕灭威、灭多威、汞制剂、砷类等。其他国家规定禁止使用的农药，从其规定）。

②提倡使用生物源农药和矿物源农药。

③提倡使用新型高效、低毒、低残留农药。

（2）科学合理使用农药

①加强病虫害的预测预报，有针对性地适时用药，未达到防治指标或益虫与害虫比例合理的情况下不使用农药。

②根据天敌发生特点，合理选择农药种类、施用时间和施用方法，保护天敌。

③注意不同作用机理农药的交替使用和合理混用，以延缓病

菌和害虫产生抗药性，提高防治效果。

④严格按照规定的浓度、每年使用次数和安全间隔期要求施用，施药均匀周到。

⑤推荐使用附表 1－22 和表 1－23 中列出的化学农药。

表 1－22　杀虫杀螨剂

农药名称	每年最多使用次数	安全间隔期/d
吡虫啉	—	—
毒死蜱	—	—
氯氟氰菊酯	2	21
氯氰菊酯	3	21
甲氰菊酯	3	30
辛硫磷	4	7
双甲脒	3	20

注：所有农药的施用方法及使用浓度均按国家规定执行。

表 1－23　杀菌剂

农药名称	每年最多使用次数	安全间隔期/d
烯唑醇	3	21
氯苯嘧啶醇	3	14
氟硅唑	2	21
亚胺唑	3	28
代森锰锌・乙磷铝	3	10
代森锌	—	—

注：所有农药的施用方法及使用浓度均按国家规定执行。

另外，无公害食品梨生产中允许使用天然的植物生长调节剂，如赤霉素类、细胞分裂素类，也可使用能够延缓生长，促进成花，能够明显改善树冠结构，提高果实品质及产量的调节物质，禁止使用对环境造成污染或对人体有危害的植物生长调节剂。

允许使用的植物生长调节剂有苄基腺嘌呤（BA）、玉米素、赤霉素类、乙烯利、矮壮素等，要求每年最多使用一次，安全间隔期在20天以上。

禁止使用比九（B9）、萘乙酸、2，4-二氯苯氧乙酸（2，4-D）等。

2. 无公害食品梨肥料使用准则 随着人们生活水平的不断提高，越来越多的人开始认识到安全和健康的重要，食用无公害食品梨将逐渐成为人们的首选，而肥料的选用是能否生产出无公害食品梨的一个关键。所施用的肥料不能对梨园环境和果实品质产生不良影响，应是农业行政主管部门登记或免于登记的肥料。因而，无公害食品梨的生产施肥应讲究以有机肥为主，以底肥为主，实行测土配方施肥，力保梨园土壤中养分平衡的原则。

（1）*应多施有机肥* 有机肥的养分种类齐全，养分的比例对多数作物合适，并且有机肥中含有大量的有机质，不但可以改良土壤，提高土壤肥力，还是土壤中微生物的碳源，并且对于维持土壤中的菌群平衡也有着重要的意义。允许使用的有机肥料包括以下几种：①人粪尿：人尿中含有水溶性含氮化合物、矿质养分和微量的生长素；人粪中则富含有机质和微生物，而水溶性的养分含量则较少。所以人粪尿最好做基肥使用，经过充分的腐熟以后也可以用做追肥。②家畜粪尿肥及厩肥：主要包括猪、牛、马、羊、兔等的粪尿及各种垫圈材料混合积制的肥料。粪中主要有纤维素、半纤维素、木质素、蛋白质、氨基酸、脂肪类、有机酸、酶和各种无机盐类；尿中主要有尿素、尿酸、马尿酸以及钾、钠、钙、镁等无机盐类；厩肥中平均含有有机质25%。由于家畜尿比粪容易分解，所以猪粪尿既可作追肥，也可作基肥；羊粪、马粪属热性肥料，易引起烧苗，应先腐熟或制成腐熟厩肥后施用；而厩肥与允许限量使用的化肥配合作基肥用，不仅可以收到养分供应缓急相济，互促肥效之利，而且还有逐步提高土壤肥力之益。③绿肥：是指凡用作肥料的植物绿色体，主要包括紫云英、苕子、苜蓿、沙打旺等，它们富含蛋白质、脂肪、灰分和维生素等营养成分，将其作为饲料，让其“过腹还田”，可大大的提高经济效益。也可以直接翻耕入地下或是进行堆沤作基肥用。④堆肥：分为普通堆肥和高温堆肥，含有机质丰富，C/N较低，是良好的有机肥料，易作基肥，可结合翻地时施入，做到土肥相融。⑤秸秆还田肥：是指将秸秆切断压碎后，直接和土壤相融。⑥沼气池肥：是指将作物秸秆及人、畜粪尿等有机物料投入沼气池中，经过厌氧发酵后，剩余沼渣和沼液，沼渣的氮、磷、钾三要素的含量较高，沼液中的速效养分高于厩肥液或圈肥，所以沼液可直接用于各种作物的追肥。开沟6～8厘米深施或沟灌，而后覆土，沼渣直接作基肥用。⑦饼肥：饼肥肥分浓厚，富含有机质和氮素，并含有相当数量的磷钾及微量元素。饼肥可作基肥和追肥，用作基肥的，将饼肥碾碎即可施用，一般宜在播种前2～3周施入；用作追肥的，与堆肥或厩肥同时堆积，经过充分的腐熟以后，即可以施用。⑧沤肥：所用物料与堆肥基本相同，只是在淹水条件下，经微生物厌气发酵而成的一类有机肥料。⑨泥炭肥：以未经污染的河泥、塘泥、沟泥、湾泥、湖泥等经厌气微生物分解而成的肥料。

（2）*提倡多使用微生物肥料* 微生物，特别是固氮菌、解磷菌、解钾菌、硅酸盐细菌等能够把本来作物不能吸收的空气中的氮气、土壤中固定态的磷、钾及某些微量元素变成作物可吸收利用的状态。例如“生态底肥王”、“肥老大”等系列生物肥，含大量的微生物菌群，能将土壤中难溶解的磷钾等元素，转化成作物可以吸收利用的速效磷、速效钾，还能产生多种抗生素和生长素，从而可促进作物根系发达，加速生长。“满多”复合生物肥中不但含有大量的固氮、溶磷、解钾菌，还含有双效菌，双效菌不但能转化土壤中的N、P、K，且其分泌物还能与土壤中的钙、镁、锌、硼等形成稳定态的络合物，从而提高了中、微量元素的利用效率。而“农佳乐”酵素菌有机肥是利用酵素菌，包括酵母菌、放线菌和真菌三大类、几十种菌和酶组成的有益生物活性群体，它不仅能分解农作物秸秆等各种有机物质，而且还能分解土壤中残留的化肥及农药等化学成分。所以利用生物肥料，不但能杀死土壤中的病原菌，溶解土壤中被固化的营养成分，迅速改善土壤的理化性状，达到土质松软，透气、保水、保肥、抗旱、耐涝，提高地温和地力，克服农作物重茬病，有效控制病虫害的效果，还是保护土壤生态环境，维持农业可持续发展，生产无公害食品的重要途径。

(3) 不用或少施化肥　由于化肥的长期、大量使用，是破坏土壤结构，污染水源，降低农产品质量，引起环境恶化，危及人体健康和安全的主要原因，又因为在生产化肥的过程中，污染环境，施用后，又大量地流失、挥发，被土壤固定，真正被作物吸收的很少。所以尽量不用或少用化肥，可以允许限量使用尿素、碳酸氢氨、硫酸氨、磷肥、钾肥和铜、铁、锌、锰、硼、钼等肥料，但是这些肥料的使用必须严格按照要求施用，既要做到增产，又要尽可能地减少环境污染，限制使用含氯化肥和含氯复合肥。

(二) 无公害食品梨生产技术规程

无公害食品梨生产技术规程对无公害食品梨的种植过程进行了描述，主要包括无公害食品梨生产的立地条件、品种和砧木选择、栽植、土肥水管理、整形修剪、花果管理、病虫害防治和果实采收等几个方面。

1. 立地条件　无公害食品梨的生产基地应该有良好的自然条件，园地的大气、土壤、水质条件应符合 NY 5101—2002 规定的产地环境条件的要求。梨园应当选择在土壤肥沃，有机质含量在1.0%以上；土层深厚，活土层在 50 厘米以上；地下水位在 1 米以下；土壤 pH 在 6～8 之间，含盐量不超过 0.2%的地方。坡度低于 15°，坡度在 6～15°的山区、丘陵，坡向以东到西南为宜，并修筑梯田。平地、滩地和 6°以下的缓坡地，栽植行南北向；6～15°的坡地，栽植行沿等高线延长。

2. 品种及砧木的选择 品种及砧木的选择应当以区域化和良种化为基础，遵照梨区划，结合当地的自然条件，选择优良品种及砧木，实行适地适栽。如表1-24所示：

表1-24 不同梨树系统的主栽区域、优良品种及砧木情况

梨栽培系统	主要栽植区域	主要优良品种	砧木
白梨系统	主要栽植区域为黄河流域、东北南部、胶东半岛	鸭梨、雪花梨、酥梨、锦丰梨、苹果梨、早酥梨、金花梨、秋白梨、新世纪梨、库尔勒香梨等	杜梨、秋子梨
西洋梨系统		巴梨、贵妃梨等	
砂梨系统	主要栽植区域为长江以南	黄花梨、雪梨、晚三吉梨、菊水梨、丰水梨、幸水梨等	砂梨、豆梨
秋子梨系统	主要栽植区域为东北、燕山、西北、黄河流域	京白梨、南果梨等	杜梨、秋子梨

3. 苗木的选择与处理 选择一年生壮苗，指标见表1-25中所示。核实品种，剔除不合格的苗木，修剪根系，用水浸根后分级栽植。

表1-25 梨一年生壮苗标准

项目	指标	项目	指标
侧根数量	5条以上	茎倾斜度	15度以下
侧根长度	20cm以上	根皮与茎皮	无干缩皱皮及损伤
侧根分布	均匀、舒展、不卷曲	整形带内饱满芽数	8个以上
茎高度	100cm以上	砧穗接合部愈合程度	愈合良好
茎粗度	0.8cm以上	砧桩处理与愈合程度	砧桩剪除，剪口环状（或完全）愈合

注：各项目的含义见GB 9847。

4. 栽植 苗木定植前需进行深翻改土，挖深宽各1米的栽植沟，挖土时注意表土与底土分开放置，沟穴底填厚30厘米左右的作物秸秆。挖出的表土与足量的有机肥、磷肥、钾肥混匀回填沟中（每公顷施优质土杂肥75 000千克，多元素复合肥750千克），待填至低于地面20厘米后，灌水浇透、使土沉实，然后

覆上一层表土保墒。栽植时间应根据各地的气候条件来确定，冬季温暖、湿润的地区适合秋栽，气候寒冷、干旱和风大的地区适合春栽。栽植方式应根据不同的地理条件来确定，平地、滩地和6°以下的缓坡地为长方形栽植；6°～15°的坡地为等高栽植。根据土壤肥水、砧木和品种特性确定栽植密度（参见表1-26中所示）。

表1-26　栽植密度

密度，株/hm^2	行距，m	株距，m	适用范围
500～833	4.0～5.0	3.0～4.0	乔砧密植栽培
100～1 428	3.5～4.0	2.0～2.5	较矮化品种或半矮化砧木的半矮化密植栽培
1 905～3 333	3.0～3.5	1.0～1.5	矮化和极矮化砧木的矮砧密植

栽植时将苗木放入栽植穴中央，砧桩背风，根系向下舒展，扶正苗木，边填土边提苗、踏实，直到嫁接口（矮化中间砧苗为基砧与中间砧的接口）略高于地面（降雨较少的地区可适当栽深）。沿树苗周围做直径1米的树盘，灌水浇透，覆盖地膜保墒。定植后按整形要求立即定干，剪口处涂油漆防止失水。

5. 土肥水管理

（1）梨树定植后要进行深翻改土，培肥土壤。深翻包括扩穴深翻和全园深翻两种。扩穴深翻结合秋施基肥进行，在定植穴（沟）外挖环状沟或平行沟，沟宽80厘米，深60～100厘米，表土与底土分开放置。回填时将表土与一定量的有机肥混合，表土放在底层，底土放在上层，然后充分灌水，使根土密接。清耕制梨园及生草制梨园的树盘在生长季降雨或灌水后，及时中耕除草一般每年4～6次，深度5～10厘米，以利调温保墒。为了提高土壤肥力和蓄水能力，可采用树盘覆盖和埋草制度，覆盖材料可选用麦秸、麦糠、玉米秸、稻草及田间杂草等，覆盖厚度10～15厘米，上面零星压土。连覆3～4年后结合秋施基肥浅翻一次。

（2）梨园施肥以有机肥为主，混入适量的氮、磷、钾和生物菌肥。如过磷酸钙、草木灰等，施入时间以秋季采果后至翌年发芽前，结合深翻土壤，在树冠的外缘挖深、宽各 50 厘米的条状或放射状沟，每年在行间、株间轮换挖沟施入。成年大树按每年结 1 千克果施入腐熟有机肥 1～2 千克，幼树每公顷施 3 万～6 万千克。

土壤追肥一般一年 3 次，第一次在萌芽前后，以氮肥为主；第二次在花芽分化及果实膨大期，以磷钾肥为主，氮磷钾混合使用；第三次在果实生长后期，以钾肥为主，其余时间根据具体情况进行施肥。施肥方法是在生长季节，在根系分布区及树冠外缘树冠下开环状沟或放射状沟。沟深 15～20 厘米，追肥量按每结 100 千克果实施纯氮 0.5～0.6 千克，五氧化二磷 0.15～0.21 千克，氯化钾 0.3～0.4 千克。

叶面喷肥一般每年 4～5 次，生长前期 2 次，以氮肥为主；后期 2～3 次，以磷、钾肥为主。叶面肥的浓度为磷酸二氢钾 0.3%，硫酸锌 0.3%，尿素 0.2%～0.3%，硼砂 0.1%～0.3%，也可根据需要喷施果树生长发育所需要的微量元素。叶面喷肥一般应避开高温时间。

行间提倡间作三叶草、毛叶苕子、扁叶黄芪等绿肥作物，通过翻压、覆盖和沤制等方法将其转变为梨园有机肥，以培肥土壤。

（3）梨园灌水时期应根据土壤墒情而定，通常包括萌芽水、花后水、催果水和冬前水等四个时期。灌溉水的水质应符合无公害食品梨灌溉用水的质量要求。灌水后及时松土，水源缺乏的梨园还应用作物秸秆等覆盖树盘，以利保墒。并提倡采用滴灌、渗灌、微喷、穴储肥水等节水灌溉措施。当梨园出现积水时，要利用沟渠及时排水。

6. 整形修剪　梨树的修剪实行全年修剪，可分为冬剪和夏剪。冬剪是指从落叶后到翌年春季萌芽前的修剪。夏剪是指从春季萌芽后到落叶前整个生长季节内的修剪。

梨树定植后，根据栽培地的环境条件及栽植密度确定适宜的树形。然后通过逐年修剪将其培养成合理的树形结构，从而使其达到光照良好，树势稳定，利于成花、结果，经济寿命长和便于管理的目的。梨树集约栽培宜用矮干整形，房前屋后庭院内则可稍高定干，我国内陆地区一般采用疏散分层式，而有些地方台风危害严重的地区宜采用棚架式，增强其抵抗台风的能力。土质好的地区，梨树修剪不宜过重，山地丘陵地区修剪应适当加重。不同栽培密度梨园的梨树，适宜的树形主要包括：

（1）*主干疏层形*　树高小于5米，干高0.6～0.7米，主枝6个（一层3个，二层2个，三层1个）。层间距，一二层1米，二三层0.6米，一层主枝层间距0.4米。每个主枝留侧枝数，一层2～3个，二层和三层2个。栽植密度500～625株/公顷。

（2）*小冠疏层形*　树高3米，干高0.6米，冠幅3～3.5米，第一层主枝3个，层内距30厘米，第二层主枝2个，层内距20厘米，第三层主枝1个，一二层间距80厘米，二三层间距60厘米，主枝上下不配侧枝，直接着生大中小型枝组。栽植密度500～833株/公顷。

（3）*单层高位开心形*　树高3米，干高0.7米，中心干高约1.7米，0.6米往上约1米的中心干上枝组基轴和枝组均匀排列，伸向四周。基轴长约30厘米，每个基轴分生2个长放枝组，加上中心干上无基轴枝组，全树共10～12个长放枝组。全树枝组共为一层。栽植密度670～1 005株/公顷。

（4）*纺锤形*　树高不超过3米，主干高0.6米左右，中心干上着生10～15个小主枝，小主枝围绕中心干螺旋式上升，间隔20厘米。小主枝与主干分生角度为80°左右，小主枝上直接着生小枝组。栽植密度1 000～1 428株/公顷（梨树生长期内的具体修剪方式、修剪原则等问题详见第七章叙述）。

7. 花果管理　无公害梨树的花果管理技术主要包括：

（1）*授粉*　除自然授粉处，还可采用蜜蜂或壁蜂传粉和人工点授等方法辅助授粉，以确保产量提高单果重和果实整齐度。

（2）疏花疏果　及早疏除过量的花果和病虫害花果，使之合理负载。按照留优去劣的疏果原则，在树冠的中后部多留，枝梢先端少留，侧生背下果多留，背上果少留。

（3）果实套袋　果实套袋应于落花后30～35天进行。套袋前喷1～2次无公害梨种植过程中允许使用的农药，防治黑星病、轮纹病、黄粉病、粉蚧和梨木虱等病虫害，重点喷果面。药干后进行套袋。套袋时防止纸袋贴近果皮。着色品种于采前30天左右除袋，以保证果实着色；其余品种可在采前15～20天除袋。

8. 病虫害防治　梨树的主要病虫害包括梨黑星病、腐烂病、干腐病、轮纹病、黑斑病、锈病和褐斑病。主要虫害包括梨木虱、蚜虫类、叶螨类、食心虫类、卷叶虫类和椿象。其病虫害的防治要实行以农业和物理防治为基础，生物防治为核心，按照病虫害的发生规律和经济阈值，科学使用化学防治技术，有效控制病虫害。

（1）农业防治　栽植优质无病毒苗木；通过加强肥水管理、合理控制负载等措施保持树势健壮，提高抗病力；合理修剪；保证树体通风透光，恶化病虫生长环境；清除枯枝落叶，刮除树干老翘裂皮，翻树盘，剪除病虫枝果，减少病虫源，降低病虫基数；不与苹果、桃等其他果树混栽，以防止病虫上升为害；梨园周围5千米范围内不栽植桧柏，以防止锈病流行等。

（2）物理防治　根据害虫生物学特性，采取糖醋液、树干缠草绳和诱虫灯等方法诱杀害虫。

（3）生物防治　人工释放赤眼蜂。助迁和保护瓢虫、草蛉、捕食螨等昆虫天敌。应用有益微生物及其代谢产物防治病虫。利用昆虫性外激素诱杀或干扰成虫交配。

（4）化学防治　根据防治对象的生物学特性和危害特点，选用高效低毒、低残留、安全的农药，尤其为生物源农药、矿物源农药和低毒有机合成农药；有限度地使用中毒农药，禁止使用剧毒、高毒、高残留机具有三致（致畸、致癌、致突变）的农药。同时掌握防治适期、有效最低浓度、最佳防治时间等，尽量减少施药数量和次数，严格遵守施药间隔期（其具体防治措施详见第十章）。

9. 果实采收 梨果采收前应进行梨果检验，确保其达到无公害梨果的质量要求，防止不合格梨果流入市场。梨果采收期的确定可依据梨果自身的成熟度、梨果的用途以及市场需求等。成熟期不一致的品种应分期采收，避免早采或晚采，以使得梨果丧失其应有的风味，而得不偿失。

二、绿色食品梨生产技术标准

绿色食品梨生产过程的控制是绿色食品梨质量控制的关键环节。绿色食品梨生产技术标准是绿色食品梨标准体系的核心。它包括两部分内容：绿色食品梨生产资料使用准则和绿色食品梨生产操作规程。

（一）绿色食品梨生产资料使用准则

在梨的生产过程中，如果产地的环境条件符合绿色食品梨生产的条件，那么最终影响梨的品质的原因就在于生产资料的投入。它包括：农药、肥料等两类大的生产资料，生产资料使用准则对绿色食品梨生产过程中允许、限制和禁止使用的农药、肥料及其使用方法、使用剂量、使用次数、休药期等作出了明确的规定。

1. 绿色食品梨农药使用准则 众所周知，农药残留量高低是衡量梨品质好坏的重要因素。农药残留标准（包括限量标准和测定方法标准）为评价和测定水果中农药残留提供了科学依据。许多国家和一些重要国际组织均发布实施了自己的水果农药残留限量标准。在我国，水果农药残留国家标准及绿色食品标准的制定起步较晚，于20世纪70年代末开始，经过20余年的努力，取得了可喜成绩，已发布并实施一大批农药在水果中的残留限量和测定方法的国家标准及绿色食品标准。截止到1999年9月底，我国已发布18个与水果有关的农药残留限量国家标准（均为强制性国家标准），涉及50种农药，有杀虫剂31种，杀菌剂8种，杀螨剂7种，除草剂2种，杀线虫剂2种。其中，滴滴涕、六六六、倍硫磷、甲拌磷、杀螟硫磷、敌敌畏、对硫磷、乐果、马拉硫磷、辛硫磷、百菌清、多菌灵、二氯苯醚菊酯、乙酰甲胺磷、甲胺磷、地亚农、抗蚜威、氟氰戊菊酯、克菌丹、敌百虫、亚胺硫磷等27种农药都对所有水果规定同一残留限量值；苯丁锡、除虫脲、代森锰锌、克螨特、噻螨酮、三氟氯氰菊酯、三唑锡、毒死蜱、双甲脒、溴螨酯、异菌脲等11种农药对梨果进行了规定，溴氰菊酯对皮可食水果，进行了专门规定。

绿色食品梨生产的植保工作应从树木、病虫草和有益生物等整个生态系统出发，综合运用各种防治措施，创造不利于病虫草害等滋生和有利于各类天敌繁衍的环境条件，保持农业生态系统的平衡和生物多样化，减少各类病虫草所造成的损失。优先采用农业措施，通过选用抗病抗虫品种及砧木、培育壮苗、加强栽培管理、春耕除草、秋季深翻晒土、清洁梨园、间作套种等一系列措施，起到防治病虫的作用。还应尽量利用灯光、色彩诱杀害虫、机械捕捉害虫、机械及人工除草等措施，防止病虫草害。

所以，要使生产的梨达到绿色食品标准或国家标准，就必须对绿色食品梨生产过程中允许使用的和禁止使用的农药及其使用方法掌握清楚，否则就会使梨的品质受到影响，从而达不到绿色食品标准或国家标准的要求。为此，在绿色食品梨的种植过程中必须使用农药时，应当遵守准则所规定的有关要求。在AA级绿色食品生产中允许使用生物源农药和矿物源农药中的硫制剂和铜制剂，在A级绿色食品生产中还允许限量使用限定的化学合成农药。

(1) 生产AA级绿色食品的农药使用准则　在生产AA级绿色食品梨的过程中，应当首先使用AA级绿色食品生产资料农药类产品（经专门机构认定，符合AA级绿色食品生产要求，并正式推荐用于AA级绿色食品生产的农药）。当AA级绿色食品农药类产品不能满足植保工作需要的情况下，允许使用以下农药：

①允许使用中等毒性以下的植物源农药，如杀虫剂：除虫菊素、鱼藤酮、烟碱、植物油等；杀菌剂：大蒜素；拒避剂：印楝素、苦楝、川楝素；增效剂：芝麻素。

②动物源农药，如昆虫信息素：性信息素；活体制剂：寄生性、捕食性的天敌动物。

③允许使用矿物油和植物油制剂。

④允许使用矿物源农药的无机杀菌、杀螨剂，如硫制剂：硫悬浮剂、可湿性硫、石硫合剂等；铜制剂：硫酸铜、王铜、氢氧化铜、波尔多液等。

⑤经专门机构核准，允许有限度的使用活体微生物农药，如真菌制剂、细菌制剂、病毒制剂、放线菌、拮抗菌剂、昆虫病原线虫、原虫等。允许有限度的使用农用抗生素，如春雷霉素、多抗霉素（多氧霉素）、井岗霉素、农抗120、中生菌素、浏阳霉素等。

生产AA级绿色食品禁止使用有机合成的化学杀虫剂、杀螨剂、杀线虫剂、除草剂和植物生长调节剂及生物源、矿物源农药中混配有有机合成农药的各种制剂，以及基因工程品种（产品）及制剂。

(2) 生产A级绿色食品的农药使用准则　在生产A级绿色食品的过程中，应首选使用AA级和A级绿色食品生产资料农药类产品。当AA级和A级绿色食品生产资料农药类产品不能满足植保工作需要的情况下，允许使用在AA级绿色食品生产过程中允许使用的农药，如中等毒性以下的植物源农药、动物源农药、矿物源农药中的硫制剂、铜制剂等。另外，还允许使用微生物源农药：

①农用抗生素。如防治真菌病害的灭瘟素、春雷霉素、多抗霉素（多氧霉素）、井岗霉素、农抗120、中生菌素等；防治螨类的浏阳霉素、华光霉素。

②活体微生物农药。如真菌剂的蜡蚧轮枝菌；细菌剂的苏云金杆菌，蜡质芽孢杆菌等；拮抗菌剂；昆虫病原线虫；微孢子；核多角体病毒。在上述农药仍不能满足防治病虫害工作的情况下，可以有限度地使用部分有机合成农药，见表（1-27），并按GB 4285、GB 8321.1、GB 8321.2、GB 8321.3、GB 8321.4、GB/T 8321.5的要求控制施药量与安全间隔期。

表1-27　A级绿色食品生产限定使用的化学农药

分类	种　类	农药名称	最多使用次数	说明
有机杀虫杀螨剂	有机磷杀虫剂	敌敌畏、乐果、杀螟硫磷、马拉硫磷、辛硫磷、敌百虫	一次	
	氨基甲酸酯类杀虫剂	仲丁威、甲萘威（西维因）、异丙威（叶蝉散）、速灭威、抗蚜威	一次	
	菊酯类杀虫剂	氯氰菊酯、溴氰菊酯	一次	菊酯类杀虫剂水稻上禁用
	其他杀虫剂	噻嗪酮（扑虱灵）、定虫隆（抑太保）、除虫脲、灭幼脲、杀虫双	一次	定虫隆出口欧盟禁用
	杀螨剂	双甲脒、噻螨酮（尼索朗）、克螨特	一次	克螨特水果蔬菜上禁用
有机杀菌剂	有机硫杀菌剂	福美双（伟福）	一次	
	取代苯类杀菌剂	百菌清、甲霜灵（瑞毒素）、甲基硫菌灵	一次	甲基托布津欧盟禁用
	杂环类杀菌剂	多菌灵、萎锈灵、恶霉灵（土菌消）、异菌脲（扑海因）、稻瘟灵（富士一号）、腐霉利（二甲菌核利）、噻菌灵（特克多）、三唑酮（粉锈宁）、三环唑（克瘟唑）	一次	甲基硫菌灵在欧盟禁用

（续）

分类	种类	农药名称	最多使用次数	说明
除草剂	苯氧羧酸除草剂	禾草灵、吡氟禾草灵（稳杀得）、精吡氟禾草灵（精稳杀得）、喹禾灵（禾草克）	一次	蔬菜上禁用
	苯甲酸类除草剂	麦草畏（百敌草）	一次	
	二苯醚除草剂	三氟羧草醚（杂草焚、达克尔）、氟磺胺草醚（虎威、除豆莠）	一次	
	酰胺类除草剂	丁草胺、异丙甲草胺	一次	
	氨基甲酸酯及硫代氨基甲酸酯类除草剂	禾草丹、野麦畏、灭草猛、	一次	
	三氨苯类除草剂	嗪草酮、西草净	一次	
	磺酰脲类除草剂	苄嘧磺隆	一次	
	其他除草剂	季胺盐除草剂、环己烯酮除草剂、二硝基苯胺除草剂、杂环类除草剂、咪唑啉酮类除草剂	一次	

严禁使用剧毒、高毒、高残留或具有三致毒性（致癌、致畸、致突变）的农药（见表1-28）；严禁使用基因工程品种（产品）及制剂。

表1-28　生产A级绿色食品梨禁止使用的农药

种类	农药名称	禁用作物	禁用原因
有机氯杀虫剂	滴滴涕、六六六、林丹、甲氧滴滴涕、硫丹	包括梨在内的所有作物	高残毒
有机氯杀螨剂	三氯杀螨醇	蔬菜、果树、茶叶	工业中含有一定数量的滴滴涕
有机磷杀虫剂	甲拌磷、乙拌磷、久效磷、对硫磷、甲基对硫磷、甲胺磷、甲基异硫磷、治螟磷、氧化乐果、磷胺、地虫硫磷、灭克磷（易收定）、水胺硫磷、氯唑磷、硫线磷、杀扑磷、特丁硫磷、克线丹、苯线磷、甲基硫环磷	包括梨在内的所有作物	剧毒、高毒

（续）

种类	农药名称	禁用作物	禁用原因
氨基甲酸酯杀虫剂	涕灭威、克百威、灭多威、丁硫克百威、丙硫克百威	包括梨在内的所有作为	高毒、剧毒或代谢物高毒
二甲基甲脒类杀虫杀螨剂	杀虫脒	包括梨在内的所有作物	慢性毒性、致癌
卤代烷类熏蒸杀虫剂	二溴乙烷、环氧乙烷、二溴氯丙烷、溴甲烷	包括梨在内的所有作物	致癌、致畸、高毒
阿维菌素		蔬菜、果树	高毒
克螨特		蔬菜、果树	慢性毒性
有机砷杀菌剂	甲基砷酸锌（稻脚青）、甲基砷酸钙砷（稻宁）、甲基砷酸铵（田安）、福美甲砷、福美砷	包括梨在内的所有作物	高残毒
有机锡杀菌剂	三苯基醋酸锡（薯瘟锡）、三苯基氯化锡、三苯基羟基锡（毒菌锡）	包括梨在内的所有作物	高残留、慢性毒性
有机汞杀菌剂	氯化乙基汞（西力生）、醋酸苯汞（赛力散）	包括梨在内的所有作物	剧毒、高残留
取代苯类杀菌剂	五氯硝基苯、稻瘟醇（五氯苯甲醇）	包括梨在内的所有作物	致癌、高残留
2，4-D类化合物	除草剂或植物生长调节剂	包括梨在内的所有作物	杂质致癌
二苯醚类除草剂	除草醚、草枯醚	包括梨在内的所有作物	慢性毒性
植物生长调节剂	有机合成的植物生长调节剂	包括梨在内的所有作物	

注：以上所列是目前禁用或限用的农药品种，该名单将随国家新规定而修订。

另外，准则中还规定，每种有机合成农药（含A级绿色食品生产资料农药类的有机合成产品）在一种作物的生长期内只允许使用一次，确保环境和产品不受污染。

（3）*农药购买过程中应注意的问题*　为了确保农户购买的农药真实有效，梨园种植户购买农药时应注意以下事项：应该选择正规的农药经销部门，并注意查看其经营执照。购买时应仔细检查农药的标签，正式合格产品的标签应包括农药名称（商品名、通用明、有效成分含量、剂型）、农药登记号（国产农药还要求有准产证号）、净重、生产厂名及其地址、农药类别（杀虫剂、杀菌剂等）、使用说明、毒性标志、注意事项、生产日期、批号等。每次购药的时候，要检查标签是否完整，除了看其使用方法等内容外，要特别注意查看有无农药登记证号，以免购买假冒伪劣产品。标签上注明是低毒或者中等毒性的农药才能购买；无生产日期或者日期超过两年的则不应当购买。购药时先从外观上检查是否有异常，并索取发票，购得农药后如怀疑质量有问题，应及时送农药检定所等单位检验。

2. 绿色食品梨肥料使用准则 绿色食品梨生产过程中，肥料对梨品质的影响也不可忽视，当然，肥料对梨品质的影响既有好的方面也有坏的方面，如大量使用化学合成肥料，会使得梨的口感变差，但梨的外观品质如梨的大小则有可能比不使用肥料的梨要好，但绿色食品梨不只对梨的外观有一定的要求，对梨的内在品质如各种重金属残留等的要求更为苛刻，所以肥料的使用应当以能够保护和促进作物的生长及其品质的提高，不造成作物产生与积累有害物质，不影响人体健康；并保证有足够数量的有机物质返回土壤，以保持或增加土壤肥力及生物活性；以对生态环境不会造成不良影响为原则。AA级绿色食品梨生产过程中除Cu、Fe、Mn、Zn、B、Mo等微量元素，硫酸钾、煅烧磷酸盐外，不得使用其他化学合成肥料，A级绿色食品梨生产过程中允许限量使用部分化肥（但禁止使用硝态氮肥），以减少对环境及作物产生的不良后果。因而，在绿色食品梨生产过程中，应走有机肥为基础，有机肥与无机肥相结合的路子（有机氮与无机氮之比至少1∶1）。

（1）生产AA级绿色食品的肥料使用原则 在AA级绿色食品梨的种植过程中，允许使用的肥料种类有农家肥，它是指就地取材，就地使用的各种有机肥料。它由含有大量生物物质、动植物残体、排泄物、生物废物等堆积而成的。主要包括以下8种肥料：

①堆肥　以各类秸秆、落叶、山青、湖草为主要原料并与人畜粪便和少量泥土混合堆制经好气微生物分解而成的一类有机肥料。

②沤肥　所用物料与堆肥基本相同，只是在淹水条件下，经微生物厌气发酵而成的一类有机肥料。

③厩肥　以猪、牛、马、羊、鸡、鸭等畜禽的粪尿为主与秸秆等垫料堆积并经微生物作用而成的一类有机肥料。

④沼气肥　在密封的沼气池中，有机物在厌气条件下经微生物发酵制取沼气后的副产物。主要有沼气水肥和沼气渣肥两部分组成。

⑤绿肥　以新鲜植物体就地翻压、异地施用或轻沤、堆后而成的肥料。主要分为豆科绿肥和非豆科绿肥两大类。

⑥作物秸秆肥　以麦秸、稻草、玉米秸、豆秸、油菜秸等直接还田的有机肥料。

⑦泥肥　以未经污染的河泥、塘泥、沟泥、湾泥、湖泥等经厌气微生物分解而成的肥料。

⑧饼肥　以各种含油分较多的种子经压榨去油后的残渣制成的肥料，如菜籽饼、棉籽饼、豆饼、芝麻饼、花生饼、蓖麻饼等。

AA级绿色食品生产资料肥料类产品，它是经专门机构认定，符合AA级绿色食品生产要求，并正式推荐用于AA级绿色食品生产的生产资料。在上述两类肥料不能满足AA级绿色食品生产需要的情况下，允许使用一部分商品肥料，主要包括以下几种：

①商品有机肥料　以大量动植物残体、排泄物及其他生物废物为原料，加工制成的商品肥料。

②腐殖酸类肥料　以含有腐殖酸类物质的泥炭（草炭）、褐煤、风化煤等经过加工制成含有植物营养成分的肥料。

③微生物肥料　以特定微生物菌种培养生产的含活的微生物

制剂。根据微生物肥料对改善植物营养元素的不同，可分成五类：根瘤菌肥料、固氮菌肥料、磷细菌肥料、硅酸盐细菌肥料、复合微生物肥料。微生物肥料可用于拌种，也可作为基肥和追肥使用，使用时应该严格按照说明书的要求操作。微生物肥料中有效活菌的数量应符合 NY 227 的技术指标。

④有机复合肥　经无害化处理后的畜禽粪便及其他生物废物加入适量的微量营养元素制成的肥料。

⑤无机（矿质）肥料　矿物经物理或化学工业方式制成养分为无机盐形式的肥料。包括矿物钾肥和硫酸钾、矿物磷肥（磷矿粉）、煅烧磷酸盐（钙镁磷肥、脱氟磷肥）、石灰、石膏、硫磺等。其煅烧磷酸盐及硫酸钾的质量应符合表 1-29 中的规定。

表 1-29　煅烧磷酸盐、硫酸钾、腐殖酸叶面肥料质量指标

肥 料	煅烧磷酸盐	硫酸钾	腐殖酸叶面肥
营养成分	有效五氧化二磷（P_2O_5）≥12%（碱性柠檬酸铵提取）	氧化钾（K_2O）50%	腐殖酸≥8% 微量元素（Fe、Mn、Cu、Zn、Mo、B）≥6%
杂质控制指标	每含 1%P_2O_5 Cd≤0.01% As≤0.004% Pb≤0.002%	每含 1%K_2O As≤0.004% Cl≤3% H_2SO_4≤0.5%	Cd≤0.01% As≤0.002% Pb≤0.002%

⑥叶面肥料　喷施于植物叶片并能被其吸收利用的肥料，叶面肥料中不得含有化学合成生长调节剂。包括含微量元素的叶面肥和含植物生长辅助物质的叶面肥料等。质量应符合 GB/T 17419 或 GB/T 17420。腐殖酸叶面肥料的技术要求如表 1-29 所示，按使用说明稀释，在作物生长期内喷施两次或三次。

⑦有机无机肥（半有机肥）　有机肥料与无机肥料通过机械混合或化学反应而成的肥料。

禁止使用任何化学合成肥料，禁止使用城市垃圾和污泥、医院的粪便垃圾和含有害物质（如毒气、病原微生物、重金属等）

的工业垃圾。另外，准则中还允许各地因地制宜采用秸秆还田、过腹还田、直接翻压还田、覆盖还田等形式对AA级绿色食品生产施肥。可以利用覆盖、翻压、堆沤等方式，合理利用绿肥。并且绿肥应在盛花期翻压、翻埋深度为15厘米左右，盖土要严，翻后耙匀。压青后15～20天才能进行播种或移苗。腐熟的沼气液、残渣及人畜粪尿可用作追肥。严禁使用未腐熟的人粪尿。

准则中还规定：①生产绿色食品农家肥料无论采用何种原料（包括人畜禽粪尿、秸秆、杂草、泥炭等）制作堆肥、必须高温发酵，以杀灭各种寄生虫卵和病原菌、杂草种子，使之达到无害化卫生标准（详见表1-30）。农家肥料，原则上就地生产就地使用。外来农家肥料应确认符合要求后才能使用。商品肥料及新型肥料必须通过国家有关部门的登记认证及生产许可，质量指标应达到国家有关标准的要求。②因施肥造成土壤污染、水源污染，或影响农作物生长、农产品达不到卫生标准时，要停止施用该肥

表1-30　堆肥和沼气发酵肥卫生标准

编号	项　目		卫生标准及要求
1	高温堆肥卫生标准	堆肥温度	最高堆温达50～55℃，持续5～7天
2		蛔虫卵死亡率	95%～100%
3		粪大肠菌值	10^{-1}～10^{-2}
4		苍蝇	有效的控制苍蝇孳生，堆肥周围没有活的蛆、蛹或新羽化的成蝇
5	沼气发酵肥卫生标准	密封贮藏期	30天以上
6		高温沼气发酵温度	(53+2)℃，持续2天
7		寄生虫卵沉降率	95%以上
8		血吸虫卵和钩虫卵	在使用粪液中不得检出活的血吸虫卵和钩虫卵
9		粪大肠菌值	普通沼气发酵10^{-4}，高温沼气发酵10^{-1}～10^{-2}
10		蚊子、苍蝇	有效的控制蚊蝇的孳生，粪液中无孑孓，池的周围无活的蛆、蛹或新羽化的成蝇
11		沼气池残渣	经无害化处理后方可用作农肥

料，并向专门管理机构报告。用其生产的食品也不能继续使用绿色食品标志。

（2）生产A级绿色食品的肥料使用准则 在A级绿色食品梨的生产过程中，允许使用的肥料种类有：

①在AA级绿色食品生产过程中允许使用的肥料。

②A级绿色食品生产资料肥料类产品是指经专门机构认定，符合A级绿色食品生产要求，并正式推荐用于A级绿色食品生产的生产资料。在上述两类肥料不能满足A级绿色食品生产需要的情况下，允许使用掺合肥（是指有机肥、微生物肥、无机（矿质）肥、腐殖酸肥中按一定比例掺入化肥，硝态氮肥除外，有机氮与无机氮之比不超过1∶1，并通过机械混合而成的肥料。例如，施优质厩肥1 000千克加尿素10千克或者厩肥1 000千克，加尿素5～10千克或磷酸二铵20千克，复合微生物肥料60千克）。

另外，城市生活垃圾一定要经过无害化处理，质量达到GB 8172中1.1的技术要求才能使用。每年每667米^{2}农田限制用量，黏性土壤不超过3 000千克，砂性土壤不超过2 000千克。在秸秆还田过程中，允许用少量氮素化肥调节碳氮比。

在绿色食品梨生产过程中，农药、肥料的使用必须按照以上规则进行。如果被查出，在梨的生产过程中使用了绿色食品生产禁用的农药、肥料，则当年不允许再次申报绿色食品，当然在已申报为绿色食品梨的生产过程中，我们更不应该存在侥幸心理。国家绿色食品发展中心每年都会对绿色食品进行年检，年检内容如下：

农作物（包括梨）种植区域、面积及具体农户管理档案。该区域是否是申报时已检测的区域。

种植过程中病虫害情况及使用的肥料和农药的品种、用量、安全间隔期，有机肥用量、来源、无害化处理措施及采用的生物防治或农业措施，是否有原始记录或其他实据。

企业与基地（农户）签订的收购合同及收购票据、收购数量。

企业购入生产资料票据，销给农户的生产资料记录。

企业监督、管理基地的办法及监督检查、培训记录。

贮运过程中防病、虫、草、鼠、潮等措施。

每年还有一定的抽样，如果被抽到的产品检测不合格，同样会被撤销绿色食品标志使用权。

（二）绿色食品梨的生产操作规程

绿色食品梨的生产操作规程主要包括梨生产的园地选择与规划，品种和砧木的选择、栽植，土肥水管理，整形与修剪，花果管理，病虫害防治和果实采收这几个方面在生产环节中必须遵循的规定，其主要内容如下：

1. 在植保方面　农药的使用在种类、剂量、时间、残留量等方面必须符合《生产绿色食品的农药使用准则》及《绿色食品梨的产品标准》的要求。

2. 梨树栽培方面　肥料的使用必须符合《生产绿色食品的肥料使用准则》，有机肥的使用量必须达到保护或者增加土壤有机质含量的程度。

3. 在品种与砧木的选择方面　尽可能选用适应当地地理环境条件、并对病虫害具有较强的抵抗能力的高品质的优良品种或者砧木。

4. 在耕作制度方面　尽可能的采用生态学原理，保持物种的生物多样性，减少或避免化学物质的投入。

三、有机食品梨生产技术标准

1. 品种的选择　栽培所用的苗木都应该是认证为有机的，栽培的类型及品种应该很好的适应当地的土壤和气候条件，对于当地的病虫害具有较强的抵抗能力。选择品种还应当注意保持品种遗传基质的多样性，不使用由基因工程获得的品种。如果没有认证的有机种苗，应当使用未经化学处理的常规材料，但应制定获得有机种苗的计划。如果没有其他的替代措施，可以使用未经有机食品生产禁用物质处理的梨树种苗。禁止使用经禁用物质和方法处理的种苗。

2. 转换期 从开始管理至生产单元和产品获得有机认证之间的时段，称为转换期。转换期时间长短不一定非得足够可以改善土壤肥力以及重新建立生态系统平衡，但应该是达到这些目标开始采取行动的时间，转换期的长度应考虑土地过去的使用情况、生态条件等方面。转换期的开始时间从提交认证申请之日算起。梨树的转换期一般不少于 36 个月。新开荒的、长期撂荒的、长期按传统农业方式耕种的或有充分证据证明多年未使用禁用物质的农田，也应经过至少 12 个月的转换期。转换期内必须完全按照有机农业的要求进行管理。

3. 设置缓冲带和栖息地 如果梨园的有机生产区域有可能受到邻近的常规生产区域污染的影响，则在有机和常规生产区域之间应当设置缓冲带或物理障碍物，保证有机生产地块不受污染。以防止临近常规地块的禁用物质的漂移。

在有机生产区域周边设置天敌的栖息地，提供天敌活动、产卵和寄居的场所，提高生物多样性和自然控制能力。

4. 施肥政策

（1）应通过回收、再生和补充土壤有机质和养分来将足量的微生物、植物和动物性可生物降解材料归还到土壤中，补充因梨树生长而从土壤带走的有机质和土壤养分，以增加或者至少维持现有土壤的肥力、营养平衡和生物活性。

（2）有机肥应主要源于本梨园或有机农场（或畜场）；遇特殊情况（如采用集约耕作方式）或处于有机转换期或证实有特殊的养分需求时，经认证机构许可可以购入一部分梨园外的肥料。

外购的商品有机肥，应通过有机认证或经认证机构许可。

（3）限制使用人粪尿，必须使用时，应当按照相关要求进行充分腐熟和无害化处理，并不得与作物食用部分接触。

（4）施肥时应尽量减少养分流失，应避免重金属和其他污染物质的积累，天然矿物肥料和生物肥料不得作为系统中营养循环的替代物，矿物肥料只能作为长效肥料并保持其天然组分，禁止采用化学处理提高其溶解性。应在土壤中维持适宜的 pH。

（5）有机肥堆制过程中允许添加来自于自然界的微生物，但禁止使用转基因生物及其产品，在土壤培肥过程中允许使用的物质见表 1-31。

表 1-31　有机作物种植允许使用的土壤培肥和改良物质

物质类别		物质名称、组分和要求	使用条件
Ⅰ. 植物和动物来源	有机农业体系内	作物秸秆和绿肥	
		畜禽粪便及其堆肥（包括圈肥）	
	有机农业体系以外	秸秆	与动物粪便堆制并充分腐熟后
		畜禽粪便及其堆肥	满足堆肥的要求
		干的农家肥和脱水的家畜粪便	满足堆肥的要求
		海草或物理方法生产的海草产品	未经过化学加工处理
		来自未经化学处理木材的木料、树皮、锯屑、刨花、木灰、木炭及腐殖酸物质	地面覆盖或堆制后作为有机肥源
		未搀杂防腐剂的肉、骨头和皮毛制品	经过堆制或发酵处理
		磨菇培养废料和蚯蚓培养基质的堆肥	满足堆肥的要求
		不含合成添加剂的食品工业副产品	应经过堆制或发酵处理后
		草木灰	
		不含合成添加剂的泥炭	禁止用于土壤改良；只允许作为盆栽基质使用
		饼粕	不能使用经化学方法加工的
		鱼粉	未添加化学合成的物质

（续）

物质类别	物质名称、组分和要求	使用条件
Ⅱ. 矿物来源	磷矿石	应当是天然的，应当是物理方法获得的，五氧化二磷中镉含量小于等于 90mg/kg
	甲矿粉	应当是物理方法获得的，不能通过化学方法浓缩。氯的含量少于 60%
	硼酸岩	
	微量元素	天然物质或来自未经化学处理、未添加化学合成物质
	镁矿粉	天然物质或来自未经化学处理、未添加化学合成物质
	天然硫磺	
	石灰石、石膏和白垩	天然物质或来自未经化学处理、未添加化学合成物质
	黏土（如珍珠岩、蛭石等）	天然物质或来自未经化学处理、未添加化学合成物质
	氯化钙、氯化钠	
	窑灰	未经化学处理、未添加化学合成物质
	钙镁改良剂	
	泻盐类（含水硫酸岩）	
Ⅲ. 微生物来源	可生物降解的微生物加工副产品，如酿酒和蒸馏酒行业的加工副产品	
	天然存在的微生物配制的制剂	

（6）微生物、植物、动物等可生物降解材料应成为施肥计划的基础。

（7）认证机构应根据当地条件和作物的特性，对投入梨园内的微生物、植物和动物可生物降解材料的总量进行控制，以防土壤有害物质累积。应严格控制矿物肥料的使用，以防止土壤重金属累积。

（8）在有理由怀疑肥料存在污染时，应在施用前对其重金属含量或其他污染因子进行检测。禁止使用化学合成肥料和城市污水污泥。

5. 病虫草的管理　病虫草害防治的基本原则应是从作物—病虫草害整个生态系统出发，综合运用各种防治措施，创造不利于病虫草害孳生和有利于各类天敌繁衍的环境条件，保持农业生态系统的平衡和生物多样化，减少各类病虫草害所造成的损失。优先采用农业措施，通过选用抗病抗虫品种，非化学药剂种子处理，培育壮苗，加强栽培管理，中耕除草，秋季深翻晒土，清洁田园，轮作倒茬、间作套种等一系列措施起到防治病虫草害的作用。还应尽量利用灯光、色彩诱杀害虫，机械捕捉害虫，机械和人工除草等措施，防治病虫草害。

以上方法不能有效控制病虫害时，允许使用表 1-32 所列出的物质。

表 1-32　有机作物种植允许使用的植物保护产品物质和措施

物质来源	物质名称、组分要求	使用名称
Ⅰ. 植物和动物来源	印楝树提取物及其制剂	
	天然除虫菊（除虫菊科植物提取液）	
	苦楝碱（苦木科植物提取液）	
	鱼藤酮类（毛鱼藤）	
	苦参及其制剂	
	植物油及其乳剂	
	植物制剂	
	植物来源的驱避剂（如薄荷、熏衣草）	
	天然诱集和杀线虫剂（如万寿菊、孔雀草）	
	天然酸（如食醋、木醋和竹醋等）	
	蘑菇的提取物	
	牛奶及其奶制品	
	蜂蜡	
	蜂胶	
	明胶	
	卵磷脂	

（续）

物质来源	物质名称、组分要求	使用名称
Ⅱ. 矿物来源	铜盐（如硫酸铜、氢氧化铜、氯氧化铜、辛酸铜等）	不得对土壤造成污染
	石灰硫磺（多硫化钙）	
	波尔多液	
	石灰	
	硫磺	
	高锰酸钾	
	碳酸氢钾	
	碳酸氢钠	
	轻矿物油（石蜡油）	
	氯化钙	
	硅藻土	
	黏土（如：斑脱土、珍珠岩、蛭石、沸石等）	
	硅酸盐（硅酸钠、石英）	
Ⅲ. 微生物来源	真菌及真菌制剂（如白僵菌、轮枝菌）	
	细菌及细菌制剂（如苏云金杆菌，即BT）	
	释放寄生、捕食、绝育型的害虫天敌	
	病毒及病毒制剂（如：颗粒体病毒等）	
Ⅳ. 其他	氢氧化钙	
	二氧化碳	
	乙醇	
	海盐和盐水	
	苏打	
	软皂（钾肥皂）	
	二氧化硫	
Ⅴ. 诱捕器、屏障、驱避剂	物理措施（如色彩诱器、机械诱捕器等）	
	覆盖物（网）	
	昆虫性外激素	仅用于诱捕器和散发皿内
	四聚乙醛制剂	驱避高等动物

6. 水土保持和生物多样性保护

（1）应采取积极的、切实可行的措施，防止水土流失、土壤沙化、过量或不合理使用水资源等，在土壤和水资源的利用上，应充分考虑资源的可持续利用。

（2）应采取明确的、切实可行的措施，预防土壤盐碱化。

（3）提倡运用秸秆覆盖、生草或间作的方法避免土壤裸露。

（4）应重视生态环境和生物多样性的保护。

（5）应重视天敌及其栖息地的保护。

（6）充分利用秸秆，禁止焚烧处理。

7. 污染控制　有机地块与常规地块的排灌系统应有有效的隔离措施，以保证常规农田的水不会渗透或漫入有机地块。

常规农业系统中的设备在用于有机生产前，应得到充分清洗，去除污染物残留。

在使用保护性的建筑覆盖物、塑料薄膜、防虫网时，只允许选择聚乙烯、聚丙烯或聚碳酸酯类产品，并且使用后应从土壤中清除。禁止焚烧，禁止使用聚氯类产品。

8. 有机食品梨的食品标准　有机产品的农药残留不能超过国家食品卫生标准相应产品限值的5%，重金属含量也不能超过国家食品卫生标准相应产品的限值。

第二章

梨品种介绍与栽培区域的划分

第一节 优良品种介绍与选择

一、优良品种

梨是我国重要的落叶果树之一，分布于全国各地。栽培梨树不仅能充分利用自然、土地资源，而且能改善生态环境，促进农村经济的发展。我国梨的栽培面积和总产量均名列世界第一，其中河北省的栽培面积和产量均居我国首位，其次为辽宁、山东、陕西、甘肃、湖北、吉林、江苏、安徽、四川、云南、新疆、河南、内蒙古、山西等。在单位面积产量上落后于美、法、日本等国，果品质量也远远不如欧美各国。梨的品种繁多，在不同地域条件下形成了很多优良品种。华北地区是全国最大的梨产区，栽培品种以白梨系统品种为主，栽培面积和产量占全国总产量的50％以上。长江以南主要栽培砂梨系统品种。吉林、内蒙古、辽宁北部、河北北部主要栽秋子梨。西北、西南地区凭借有利环境气候条件可栽培砂梨、白梨。华北、辽宁沿海部分果区宜栽培西洋梨。随着科学技术的发展，梨树的栽培方式也在发生改变，由过去的乔化稀植栽培向矮化密植栽培方向转变。新的优质高产品种不断涌现，当今世界已进入以优质高产为中心的发展时期，而选择和种植优良梨树品种是梨树生产获得优质、丰产、高效益的先决条件之一。所以要搞好梨树生产，就必须了解梨树优良品种的特点，从而做出正确的选择。

1. 绿宝石梨 中国农业科学院郑州果树所育成。是用早酥梨和幸水梨杂交育成的早熟梨新品种，属砂梨系统。

果实近圆形，中型果，平均单果重268克，最大单果重446克。果皮黄绿色，果点稀少，果面干净，外观漂亮。果肉白色，肉质细脆，汁液多，味香甜，含可溶性固形物13%～19%，品质上等。果实较耐贮，自然条件下贮存1个月，0～5℃恒温库贮藏80天品质不变。成熟早，长江流域一般果实在7月上中旬成熟，成熟后可一直延迟到8月上中旬采收，不落果。树势强健，幼树树姿直立，成龄树开张，萌芽力强，成枝力中等，有较多腋花芽结果，早果丰产性好。一般种植第二年见果，第三年每667米^{2}产1 000千克，第四年每667米^{2}产量达3 500千克。栽培时以线穗梨、金花梨、晚三吉梨等做授粉树。

该品种适应性广，适宜多种土壤环境条件栽培。抗性强，尤其耐涝、耐盐碱能力强。病虫害少，抗黑星病、缩果病、蚜虫及梨木虱等病虫害。经各地试种，其综合性状远远超过新水、幸水、丰水、早酥等品种，极具发展前途，是目前早熟梨品种中的佼佼者。

2. 玛瑙梨 中国农业科学院郑州果树所育成。是用早酥和新世纪杂交育成的早熟新品种，属砂梨系统。

果实倒卵圆形，萼片宿存，果顶明显，具五棱，平均单果重254克，大果重600克。早果丰产性强，栽后第三年667米^{2}产720千克，第五年667米^{2}产1 970千克。初采收时果实黄绿色，贮后或完全成熟时果面金黄色，果点小，中密，外观极美。果肉黄白色，肉质致密，细脆多汁，可溶性固形物含量为14.8%，味甜微酸，具香气，品质极上。果实不耐贮运，采后自然条件下可贮存4～5天。在山东泰安地区果实7月中下旬可上市，8月初果实完全成熟。恒温库（0～5℃）存放80天，品质没有变化。为梨果市场淡季最佳品种之一。幼树长势旺盛，结果后树势中庸健壮，树姿半开张。萌芽力中等，成枝力较弱，幼树以腋花芽和中短果枝结果为主，成龄树以短果枝结果为主。自花结实力弱，需配置授粉树。栽培时以线穗梨、金花梨、晚三吉梨等做授粉树。

该品种对肥水条件要求较高，宜选用肥沃的土壤栽植。坐果率高，丰产稳产。对黑星病和梨木虱有较强的抗性，不抗黄叶病，有采前落果现象，宜适当早采。

3. 黄冠梨 河北省石家庄果树研究所育成的梨中熟新品种。母本为雪花梨，父本为新世纪，1977 年杂交，1996 年定名，属砂梨系统。

果实椭圆形，平均单果重 235 克，大者可达 360 克；果皮黄色，果面光洁；果点小，果肉洁白，质细腻，石细胞及残渣少，松脆多汁，风味酸甜适口并具浓郁香味；含可溶性固形物 11.4%，可溶性糖 8.07%，可滴定酸 0.20%。树势健壮，萌芽率高，成枝力中等。以短果枝结果为主，果台副梢连续结果能力强，腋花芽结果，丰产。抗黑星病能力优于雪花梨和鸭梨。果实 8 月中旬成熟。授粉品种有冀密梨、雪花梨。

该品种外观美、品质优、抗性强、结果早且年年丰产。其适应区域广，不仅适宜黄、淮、海大部分地区栽培，也可在长江流域及南方各省引种、试种。对黑星病具高抗能力。

4. 鸭梨 原产于河北省，在华北各地、辽宁、山东、河南、江苏等省栽培最多，是我国古老的名优品种，属白梨系统。

果实倒卵圆形或短葫芦形，果肩一侧常具鸭嘴状突起，且有锈斑，平均单果重 185 克，本品种有 3 个大果形芽变。即四倍体晋县大鸭梨和二、四倍嵌合体赵县大鸭梨、怀来大鸭梨，以晋县大鸭梨果实最大，约 400 克左右；果皮绿黄色，贮后转为黄色，皮薄、果面光滑有蜡纸，果点小，外观美观；果梗基部肉质，几无梗洼；萼片脱落；果心小；果肉白色，肉质细嫩而脆，汁极多，味甜、微香；含可溶性固形物 12.0%～13.8%，可溶性糖

7.09%，可滴定酸0.18%，维生素C0.30毫克/百克。品质上或极上。果实一般可贮至翌年2～3月。树势较强，萌芽力强，成枝力弱，一般剪口下抽生1～2条长枝。枝条有弯曲的特点。始果较早，一般定植后3～4年开始结果，以短果枝结果为主。丰产性强。抗寒力中等，抗黑心病和食心虫能力较弱。在原产地河北省9月上中旬成熟，果实发育天数146天，营养生长天数216天。授粉品种有砀山酥梨、茌梨、雪花梨、锦丰梨、早酥梨、京白梨和库尔勒香梨。

该品种结果早，品质好，丰产、晚熟、较耐贮藏。适于华北、西北等冷地区栽培。

5. 晋酥梨　由山西省果树研究所培育的新品种，用鸭梨与金梨杂交培育而成，属白梨系统。

果实中等大，平均单果重195克，卵圆形。果梗极长，萼片脱落。果皮淡绿黄色，贮后变黄白色，果面平滑有光泽，果肉白色，果心小，肉质细、松脆，汁多，味甜，含可溶性固形物12.3%，可溶性糖8.9%，可滴定酸0.18%。品质上等。果实较耐藏，在土窑洞内可贮至翌年3～4月份。最适食用期为10月份至翌年3月份。幼树生长势较强，结果后树势中庸，树冠中大，萌芽率高，成枝力较弱，延长枝剪口下一般抽生1～2个长枝和1个中枝。结果较早，嫁接苗栽后3～4年结果。以短果枝结果为主，腋花芽结果能力较强。结果初期中、长果枝比例较大。果实9月中下旬成熟，11月上中旬落叶，营养生长天数220天左右。耐旱力强，亦耐涝，对土质要求不严，抗寒性较强，抗黑星病。授粉品种有酥梨、雪花梨、慈梨、库尔勒香梨、苹果梨、锦丰、早酥、抗青、宝珠梨、富源黄梨等。

树势强，萌芽力、成枝力亦强，定植4～5年结果，以短果枝结果为主，较丰产。在兴城地区5月初开花，9月下旬成熟，营养生长期214天。

6. 雪花梨　原产河北省赵县，为河北省主栽品种。陕西、山东、山西、河南、辽宁四川等地均有栽培，属白梨系统。

果实长椭圆形，平均单果重 210 克，大者可达 1 500 克左右；果皮绿黄色，贮后变黄色，有蜡质光泽，果点小而密，外形较美；梗洼浅，中广；萼片脱落；果心较小；果肉白色；肉质中粗，脆，汁多味甜；含可溶性固形物 11%～13%，可溶性糖 7.6%，可滴定酸 0.11%，维生素 C1.80 毫克/百克。品质中上或上等，树势中庸，幼树生长缓慢，萌芽率 72%，一般剪口下多抽生 2～3 条长枝。一般定植后 3～4 年开始结果，以短果枝结果为主，中长果枝和腋花芽结果能力也较强，短果枝寿命短，连续结果能力差。喜深厚的砂壤土，抗寒力较强，抗旱力与鸭梨相近，抗黑星病和轮纹病能力较强，但抗风力弱。在 9 月中下旬成熟，果实发育天数 210 天。授粉品种为鸭梨、黄县长把、锦丰和秋白梨等。

该品种质优，果实大，较丰产，适应性较广。适宜我国中西部栽培。

7. 茌梨 原产于山东茌平、牟平、莱阳，为最古老的优良品种之一。山东莱阳、栖霞等地栽培最多，品质极佳。在华北、西北地区和辽宁、江苏、四川、陕西、新疆等省均有引种栽培，但品质均不如原产地，属白梨系统。

果实多为不正纺锤形，肩部常有一测突起，平均单果重 233 克，大者可达 600 克；果皮黄绿色，后变绿黄色；果点大而凸出，褐色，果面粗糙，外观较差；萼片脱落或宿存，萼洼浅；果心中大；果肉淡黄白色，脆嫩多汁，味甜；含可溶性固形物 13.0%～15.3%，可溶性糖 7.70%，可滴定酸 0.19%，维生素 C2.05 毫克/百克。品质上。果实一般可贮至翌年 2～3 月。树势强，幼树直立性强，萌芽率 90.4%，剪口下抽生 2～3 条长枝。一般定植后 5～6 年开始结果。以短果枝结果为主，占 49%，腋花芽 24%，中果枝 14%，长果枝 13%。果台枝连续结果者达 40.2%，隔年结果者占 59.8%，丰产性强。适应性强，喜欢土层深厚的砂壤土，抗药力和抗风力较弱。在黏土栽培，成熟迟，品质差。在山东莱阳果实 9 月中下旬成熟。果实发育天数 138 天。

该品种丰产，优质，晚熟耐贮。适于山东、豫东和苏北等地砂壤土栽培。

8. 砀山酥梨 原产于安徽省砀山，是古老的地方优良品种。在辽宁、山西、山东、陕西、河南、四川、云南、新疆等省（区）均有栽培。在陕西渭北，山西南部及新疆栽培品质及外观均优于原产地。该品种有 4 个品系即白皮酥、青皮酥、金盖酥、伏酥，以白皮酥品质最好，属白梨系统。

果实近圆柱形，顶部平截稍宽，平均单果重 250 克，大者可达 1 000 克以上；果皮绿黄色，贮后黄色；果点小而密；梗洼浅狭，中广有条锈蚀片锈；萼片多脱落，果心小；果肉白色，中粗，酥脆，汁多，味浓甜，有石细胞；含可溶性固形物 11%～14%，可溶性糖 7.35%，可滴定酸 0.10%，维生素 C2.21 毫克/百克。树势强，萌芽率 82%，一般剪口下多抽生 2 个长枝。定植后 3～4 年开始结果。以短果枝结果为主，腋花芽结果能力强。短果枝占 65%，腋花芽 20%，中果枝 7%，长果枝 8%，丰产性好，管理好丰产稳产。适应性极广，对土壤气候条件要求不严，耐瘠薄，抗寒力中等，抗病力中等。在山东泰安 9 月中下旬成熟。果实发育天数 135 天，营养生育天数为 207 天。

该品种果大质优，外观好，比较丰产稳产，在晚熟品种中为适宜性最广的优良品种。在西北黄土高原冷凉地区有很大的发展前景。

9. 苹果梨 原产于吉林省延边朝鲜族自治州。在辽宁西部、沈阳地区，甘肃河西，新疆，内蒙古的一些地区均有栽培，有的地方已成为主栽品种，属白梨系统。

果实呈不规则扁圆形，形态似苹果，故名苹果梨，平均单果重 230 克，大者可达 600 克；果皮绿黄色，阳面有红晕；果点较小；梗洼深狭，有沟纹具条锈；萼片宿存，大而直立；果心特小；果肉白色，细脆，石细胞少，味酸甜，汁多；含可溶性固形物12.8%，可溶性糖8.99%，可滴定酸0.31%，维生素C4.4毫克/百克。品质上。果实极耐贮藏，可贮至翌年5月。树势强，萌芽力强，成枝力中等。定植后4～5年开始结果。成年结果树以短果枝结果为主，短果枝占71.0%。丰产性强。果实9月下旬至10月上旬成熟。授粉品种有茌梨、鸭梨、南果梨，延边谢花甜等。

该品种适应性强，抗寒力强，能耐－30℃低温，抗旱、抗黑星病，是一个抗寒、丰产的大果耐贮的优良品种。在我国北部和西北部冷凉地区有大的发展前景。

10. 京白梨 原产于北京附近，为秋子梨系统中品质最优良的品种之一。在辽宁西部，河北北部冷凉地区有少量栽培，属秋子梨系统。

果实扁圆形，整齐，平均单果重121克，大者可达250克；果皮黄绿色，贮后转为黄白色；果面平滑有蜡质光泽；果点很小不明显；果梗细长，梗洼近于无；萼片宿存；萼洼浅狭，多具皱褶；果心中大；果肉乳白色，质细脆致密，石细胞少，经10余天后熟，肉质变细软易溶于口，汁特多，味酸甜适口，微香；含可溶性固形物13%～17%，可溶性糖10.38%，可滴定酸0.67%，维生素C 0.67毫克/百克。品质极上。树势均中庸，枝条较开张。萌芽率达89.5%，剪口下多抽生1～2个长枝。定植后4～5年开始结果。以短果枝结果为主，占83%，长果枝占5%，中果枝12%，连续结果能力强，连续结果枝占40.5%，隔年结果枝31.3%，隔2年结果枝24.1%，隔3年结果枝4.1%。较丰产稳产。在辽宁兴城9月上中旬果实成熟。果实发育天数135天，营养生长天数271天。授粉品种有密梨、八里香梨。

该品种适应性强、抗寒、果实外观美丽，品质优，商品价值高，深受北方消费者欢迎。其缺点是易受黑星病、梨园介壳虫危害。可在较冷凉地区适量发展。

11. 苍溪雪梨 原产于四川省苍溪县，为我国砂梨系统中最著名的品种之一。该品种栽培历史悠久，分布较广，除四川省栽培较多外，安徽、浙江、湖南、湖北、辽宁等省均有引种栽培，属砂梨系统。

果实多呈倒卵圆形，特大，平均单果重 472 克，大者可达 1 900克；果皮深褐色；果点大而多，明显，果面较粗糙；梗洼浅而狭；萼片脱落；果心中大或较小；果肉白色，脆嫩，石细胞少，汁多，味甜；含可溶性固形物 10.7%～14%，可溶性糖 7.62%，可滴定酸 0.70%，维生素 C2.88 毫克/百克。品质中上。果实较耐贮藏。树势中庸，枝条开张。萌芽率 85.6%，剪口下抽生 2 条长枝。定植后 4～5 年开始结果。以短果枝结果为主，占 67%，中果枝 11%，长果枝 12%，腋花芽 10%。果台枝连续结果能力弱，连年结果枝占 5.6%，隔年结果枝占 50%，隔 2 年结果枝占 33.3%，隔 3 年结果枝占 11.1%，丰产性强。9 月下旬或 10 月上旬果实成熟，果实发育天数 147 天，营养生长天数 218 天。授粉品种有鸭梨、茌梨、金花梨、金川雪梨。

该品种适应性广，果实大，是砂梨系统中的名优品种。在我国南方可适量发展。

12. 早酥梨 中国农业科学院果树研究所育成的早熟新品种。母本为苹果梨，父本为身不知梨。全国各省都有栽培，属白梨系统。

果实多呈卵圆形或长卵形，平均单果重 250 克，大者可达 700克；果皮黄绿或绿黄色，果面平滑，有光泽，并具棱状突起，果皮薄而脆；果点小，不明显，梗洼浅狭，有棱沟；萼片宿存；萼洼中等深广，有柱状突起；果心较小；果肉白色，质细，酥脆爽口，石细胞少，汁特多，味甜稍淡；含可溶性固形物 11%～14%，可溶性糖 7.23%，可滴定酸 0.28%，维生素 C3.70 毫克/百克。品质上。树势强，萌芽率 84.84%，一般剪口下抽生1～2条长枝。定植后3年即开始结果。以短果枝结果为主，占91%，中果枝6%，腋花芽3%。连年结果能力强，丰产、稳产。8月中旬果实成熟。果实发育天数94天，营养生长天数209天。授粉品种有锦丰梨、雪花梨、砀山酥梨、苹果梨和鸭梨。

该品种为我国目前脆肉、大果型，丰产，鲜食制罐兼用，适应性极广的早熟优良品种。除极寒冷的地区外，全国各地梨产区均可栽培。

13. 南果梨 原产辽宁省鞍山，系自然实生后代。在辽宁鞍山、海城、辽阳栽培最多，在吉林、内蒙古、山西等省（区）和西北地区有少量引种栽培，属秋子梨系统。

果实圆形或扁圆形，平均单果重58克；果皮黄绿色，后熟后底色变黄色，阳面有鲜红色晕；果梗粗短；萼片残存或脱落；外观较美，果实采收后即可食用，肉脆较硬，汁多，经10～15天后熟，果肉白变黄白色，肉质细软，酸甜味浓易溶于口，有独特而浓郁的清香；含可溶性固形物14.4%～15.5%，可溶性糖11.01%，可滴定酸0.41%，维生素C2.39毫克/百克。品质极上。一般可贮放25天左右。树势中等，萌芽力强，成枝力弱，一般剪口下抽生1～2条长枝。定植后5年开始结果。以短果枝结果为主，腋花芽有一定的结果能力。短果枝占74%，腋花芽17%。在辽宁鞍山9月上中旬果实成熟，果实发育天数120～130天，营养生长天数203天。授粉品种有苹果梨、茌梨和巴梨。

该品种适应性强，抗寒力强，品质优良，其风味独特，是我国名特优品种，应予以适当扩大发展。

14. 库尔勒香梨 原产于新疆库尔勒地区，南疆栽培较多。北方各省有引种栽培，属白梨系统。

果实倒卵圆形，有沟纹，平均单果重109.8克；果皮绿黄色，阳面具红晕；萼片脱落或残存；果梗基部肉质状；梗洼浅狭，5棱突出；果心较大；可食部分占83.5%；果肉白色，肉质细嫩，味甜，有浓香；含可溶性固形物13.3%，可溶性糖9.62%，可滴定酸0.10%，维生素C4.10毫克/百克。品质极上。果实可贮至翌年4月。树势强，枝条较开张，萌芽力中等，成枝力强。定植后4年开始结果。以短果枝结果为主，约占73%，腋花芽和中长果枝结果能力也强。丰产性较强。适应性强，砂壤土，黏重土壤均适应，抗寒力中等，抗病虫能力较强，抗风能力较差。在新疆库尔勒果实9月中旬成熟。授粉品种有鸭梨、茌梨、砀山酥梨。

该品种适应性强，肉质细嫩，汁多味甜，很受消费者欢迎，是我国脆肉品种中有明显香味的名优特品种，值得在原产地大量发展。

15. 八月酥梨 中国农业科学院郑州果树研究所育成的中熟优良新品种。母本为栖霞大香水，父本为郑州鹅梨。1979年杂交，1988年命名，属白梨系统。

果实近圆形或卵圆形、整齐，平均单果重260克，大者可达800克；果皮绿黄色，果面光滑洁净；果心中大；果肉乳白色，爽脆无渣，汁多，风味酸甜可口，有香味；含可溶性固形物11.5%～12.8%，品质上。采后室温下可贮至国庆或元旦，冷藏可贮至春节。树势中庸，树姿开张，顶花芽、腋花芽、长中短果枝均可结果。以中短果枝结果为主，定植3年开始结果，5年生树大量结果，丰产稳产。喜深厚肥沃的砂壤土、黄壤土。抗寒、抗旱、耐涝、抗风能力均强。对轮纹病、黑星病、锈病和腐烂病均有很好的抵抗力，虫害较少。但干旱缺水时，果实发育差，果个变小，石细胞增多，叶片感染轻微的黑斑病。果实8月中旬成熟。授粉品种有酥梨、雪花梨、金花梨、鸭梨和早酥梨。

该品种果实大、外观美丽，结果早，品质好，栽培管理容易，适于矮化密植栽培。该品种枝条开张，注意培养骨干枝和结果枝组，易成花，注意调节负载量。

16. 八月红 陕西省果树研究所培育的梨中熟新品种。母本早巴梨，父本早酥梨，1973 年杂交，1995 年定名为八月红梨，属白梨系统。

果实卵圆形，果个均匀整齐，平均单果重 233 克，最大果重 280 克；果皮中厚，底色淡黄，阳面红色，着色部分占 1/2 左右，外观美丽，果面平滑，果点小而密；果心中等偏小；果肉乳白色，细脆，汁多，味甜，香气较浓；含可溶性固形物11.9%～15.3%，总糖 10.01%～11.30%，可滴定酸 0.185%～0.235%，维生素 C2.03 毫克/百克。品质上。树势强健，幼树直立，芽萌发力强，成枝力中等。栽后第三年果枝均能结果，幼树以长果枝、腋花芽结果为主，成年树以中短枝结果为主。早期丰产性强。当地 8 月中旬果实成熟，果实发育天数 120 天左右。该品种高抗梨黑星病、轮纹病和腐烂病，较抗锈病和黑斑病。自花不结实，早酥梨、砀山酥梨、秦酥梨均可作授粉树。

该品种外观美丽，品质优良，易于早期丰产，可以纺锤形密植栽培。适应性广，抗黑星病，较抗锈病和黑斑病，抗旱、抗寒。枝条直立应注意开张角度；坐果率高应注意疏花疏果。适于城郊、工矿、旅游区发展。

17. 锦香梨 中国农业科学院果树研究所杂交培育的新品种。母本为南果梨，父本为巴梨。1956 年杂交，1966 年定名。在辽宁兴城、锦州、营口等地有一定的栽培面积，新疆、甘肃、内蒙古、河北、北京、山东、四川、河南、黑龙江都有引种试栽，属西洋梨系统。

果实纺锤形，平均单果重 130 克，大者可达 200 克；果皮绿黄色，经后熟变黄色，有的阳面有淡红色晕。果面较光滑，有蜡质光泽；果点小而多，不明显，萼片宿存。果心中大，果肉白色或黄白色，质细，刚采收时肉质密而韧，后熟变软，易溶于口，汁多，并具浓郁芳香。含可溶性固形物 11%～16%。品质上等。树势中庸，10 年生树高 3.4 米。芽萌发力强，成枝力弱，定植后3年结果。以短果枝结果为主。在辽宁兴城9月中旬果实成熟。果实不耐贮藏，常温下贮放15～20天，既可鲜食，又可制罐。授粉品种为早酥、锦丰和鸭梨。

果实品质优良，是鲜食和制罐加工优良的新品种。适应性强，抗寒力较强，抗黑星病，较抗腐烂病，但抗轮纹病能力弱。可在东北、西北、华北等梨区发展。尤其在城郊和工矿区配合加工厂需要建立较大的生产基地。进行矮化密植栽培，适于株行距2米×4米。

18. 五九香　中国农业科学院果树研究所育成的中熟新品种。母本为鸭梨，父本为巴梨。1952年杂交，1959年命名。北京郊区，甘肃兰州、河北和辽宁等地已有栽培，表现良好，很多省有引种试栽，有的已列为推广品种，属西洋梨系统。

果实粗颈葫芦形，顶部略削瘦，平均单果重271克，大者可达625克；果皮绿黄色，有的阳面有淡红晕，肩部有片锈；果点小而多，不明显；梗洼浅而狭；萼片宿存，少数脱落，果心中大；果肉淡黄白色，质中粗、脆，采后即可食用，贮后肉质变软，汁多，味酸甜，有芳香；含可溶性固形物12.5%，可溶性糖8.05%，可滴定酸0.38%，维生素C3.43毫克/百克，品质中上。树势强，枝条直立。萌芽率87.43%，一般剪口下抽生2～3条长枝。定植后4～5年开始结果。成年树以短果枝结果为主，占53%；长果枝23%；中果枝23%；腋花芽1%。丰产稳产。果实9月上旬成熟。果实发育天数130天，营养生长时期215天。授粉品种以金花梨为好。

该品种果实大，外形美，质优，丰产稳产，商品价值高；果实脆肉、软肉均可食，深受消费者欢迎。适应性强，对土壤条件要求不严。抗寒力较强，较抗腐烂病，果实易受食心虫类危害，成熟时有轮纹病发生。可在城郊和工矿区适量发展。

19. 锦丰梨　中国农业科学院果树研究所育成的晚熟耐贮新品种。母本为苹果梨，父本为茌梨，1956年杂交，1969年定名。

现在辽宁、北京、河北、甘肃、宁夏、内蒙古等省（直辖市、自治区）的部分地区已推广，栽培面积6.67万公顷左右，属白梨系统。

果实近圆形，平均单果重280克，大者可达451克；果皮黄绿色，贮后转为黄色；果面平滑，有蜡质光泽；果点大而明显；果心小；果肉白色，质细嫩，松脆，汁特多，风味浓郁，酸甜适口；含可溶性固形物12%～15.7%，可溶性糖7.78%，可滴定酸0.22%，维生素C 4.09毫克/百克，品质极上。树势健壮，萌芽率为73.7%，剪口下多抽生3条以上长枝。定植后3～4年开始结果。成年树以短果枝结果为主，占91%，幼树各类果枝均可结果，产量高。喜大肥、大水，管理不善易出现大小年。果实9月下旬至10月上旬成熟。果实发育天数142天，营养生长天数209天。授粉品种有鸭梨、苹果梨、早酥梨、雪花梨和酥梨等。

该品种抗寒力强、抗黑星病，果大质优，丰产。果点大，易生锈斑影响外观和易受盲椿危害。对栽培技术要求较严，需进行果实套袋等措施加以解决。适于我国冷凉地区栽培。

20. 秦酥梨 陕西省果树研究所育成的新品种。母本为砀山酥梨，父本为黄县长把梨。1957年杂交，1978年正式命名。陕西省已列为推广品种，各省区均有引种栽培，属白梨系统。

果实近圆柱形，平均单果重285克，大者可达743克；果皮绿黄色，果面平滑，有蜡质光泽，外观较美；果点中大而多；果肉白色，质细、松脆，汁多、味甜；含可溶性固形物10.0%～14.5%；可溶性糖6.41%，可滴定酸0.15%，维生素C3.05毫克/百克。品质上等。果实一般可贮至翌年5月，极耐贮藏。树势强，萌芽率71%，一般剪口下可抽生2～3条长枝，开始结果年龄较晚，各类果枝均可结果，以短果枝结果为主，短果枝占41.6%，长果枝14.9%，中果枝21.1%，腋花芽22.4%。丰产稳产。果实9月下旬成熟。果实发育天数138天，营养生长天数210天。授粉品种有雪花梨、砀山酥梨、锦丰梨和金花梨。

该品种果实大，外观美观，质优，极耐贮藏。适应性较强，植株抗性较好，较抗轮纹病。适宜在白梨系统栽培区发展。

21. 秋白梨　原产于河北东北部地区。在河北省昌黎、抚宁、兴隆和辽宁的绥中、锦西、北镇等地栽培较多。是一个适应性强，优质、较丰产的品种，属白梨系统。

果实中等大，平均单果重151.0克。果实长圆形。采收时果皮绿黄色，贮后变黄色。果梗中长，萼片脱落。果心小，果肉白色，肉质细脆、汁较多，风味酸甜。含可溶性固形物13.5%，可溶性糖7.93%，可滴定酸0.21%，维生素C3.17毫克/百克。品质上等，果实耐贮，一般可贮至翌年4～5月份。

树势中等，枝条萌芽力强，成枝力中等，结果较晚，7年生树结果，成年树以短果枝结果为主，易形成短果枝群。短果枝寿命较长，较丰产。在兴城地区4月下旬开花，9月下旬成熟，营养生长天数209天。

22. 栖霞大香水　原产于山东栖霞县。安徽、陕西、河南等省有少量栽培，是丰产耐贮优良品种，属白梨系统品种。

果实中等大，单果平均重258.5克，果实椭圆形。果梗较长，萼片脱落。果皮黄绿色，贮后转绿黄色。果肉白色，果心中等大，肉较细、质脆、汁多，味酸甜较浓，含可溶性固形物14.0%。品质中上或上等，普通窖藏，果实可贮至翌年4月份。幼树生长健壮，发枝力较强，幼树半开张，枝量增长快，易形成中短枝及中短枝花芽。幼树结果较早，果台枝抽生能力强，在枝条稀疏时，易连续成花结果。成龄树丰产性强，花序坐果率高。适宜的授粉品种有茌梨、鸭梨等。

该品种地域适应性不强，在冬季气温较低的华北平原、胶东半岛常发生花芽、枝干冻害，抗旱性稍差，对立地栽培条件要求严，以砂壤土为最好。山地旱园、粗砂地，树势弱、果实小，易发生缩果病，盐碱地缩果病严重。抗黑星病、不抗轮纹病。在山东栖霞4月中旬开花，9月中旬成熟。

23. 黄金梨 是韩国园艺实验场罗川支场用新高×廿世纪杂交育成的。属砂梨系统品种。

果实中大，平均单果重350克左右，最大果500克以上。果实近圆形，果形端正，果肩平，果形指数0.9，不套袋果果皮黄绿色，贮藏后变为金黄色；套袋果，果皮黄白，果点小，均匀，外观极其漂亮；果肉乳白色，果核小，可食率95%以上，肉质脆嫩，果汁多而甜，有清香气味，无石细胞，含可溶性固形物12%～15%。0～5℃条件下，可贮藏6个月左右。该品种花器官发育不完全，雌蕊发达，雄蕊退化，花粉量极少，需异花授粉。因该品种花粉量少，必须配置2个品种的授粉树，如绿宝石、新世纪、丰水、新兴、水晶。

该品种生长势强，树姿较开张，幼树生长势强，萌芽率低，成枝力较弱，有腋花芽结果特性易形成短果枝，结果早，丰产性好。甩放1年生枝的叶芽，大部分可转化为花芽。幼树定植后第三年开始结果；大树高接后，第二年结果株率80%以上，第三年667米^{2}产量1 000千克以上。

24. 水晶梨 韩国品种，从新高枝条芽变选育而成的黄色梨新品种。属砂梨系统品种。

果实为圆形或扁圆形，平均单果重360克，最大560克；果实生长前期为深绿色，果点黄褐色，中等大，多而密，将近成熟时果皮逐渐褪绿，变成乳黄色，表面晶莹光亮，果实切开后有透明感，故名“水晶梨”，梗洼中深，周围果肉呈凹凸状；果肉白色，肉质细腻，致密嫩脆，香味较浓，可溶性固形物14%，石细胞极少，果心小，有浓郁香味，品质优；山东济南地区10月上中旬果实成熟，耐贮运，常温下可贮存3个月，冷库存至翌年5月份，货架期长。授粉品种有幸水、七月酥等。

该品种树势强健，树姿略直立，萌芽力弱，成枝力中等，花粉量多，易授粉；以僵芽状短果枝群为主，腋花芽结果能力较强，定植或高接后第二年即可挂果，第三年可大量结果，第四年即进入盛果期，采前不落果。水晶梨适应性强，抗寒、抗旱，耐瘠薄；基本没有黑星病、炭疽病和轮纹病发生，尤其对黑星病抗性强，在多雨年份和地区，易感黑斑病和褐斑病，应注意防治。

25. 大果水晶梨（金水晶）　韩国品种，是韩国从新高梨枝条芽变中选育出的新品种，属于黄色梨系列，砂梨系统。

果大美观，果实细腻，圆形或扁圆形，白色至金黄色成透明状，外观极美，品质极上，果肉细而多汁。果心小。可溶性固形物含量高达 16%，平均单果重可以达到 400～600 克，最大果重 1 200 克，在山东泰安 9 月底至 10 月初成熟，耐贮，北方在常温下可以存放到春节，南方在室温下可存放 70 天，冷藏条件下可以贮存到第二年的 4 月份。是目前国内品质表现最优良的梨品种之一，非常适应梨果生产的产业化发展趋势，是目前国内晚熟梨发展的有望品种。有自花授粉能力，但配备秋黄为授粉树，坐果率更高。

该品种抗逆性强，在盐碱地上也可正常生长，而且抗寒、抗旱，在我国大部分梨产区都可以种植。抗黑星、轮纹和炭疽等病。它的花序坐果率高达 90%，丰产性能极好，并且没有采前落果的现象。

26. 圆黄梨　由韩国园艺研究所用早生赤与晚三吉杂交育成的一个中熟梨树新品种，于 1987 年育成。属砂梨系统品种。

果实圆形，端正，平均单果重 560 克，大果重可达 1 000 克；果皮褐色，套袋果呈浅褐色，果面光滑，果点小而稀，近果柄处有 5 个浅沟；果肉乳白色，肉质细嫩酥脆，汁多味甜，香味浓，含糖量 14%～15%；石细胞少，果心小，可食率高；果实成熟期在 8 月中、下旬，较耐贮藏。该品种树势和萌芽力强，成枝力中等，枝条半开张，粗壮。成花容易，自然授粉坐果率较高。结果早，丰产稳产，一般种植后第二年结果，3 年生株产可达 25 千克以上，每 667 米^2 产量达 2 000 千克。授粉品种有黄金梨、大果水晶等。

该品种适应性强，较抗旱和抗寒，耐盐碱，抗病力与丰水相当，但其果形、品质均优于丰水。易管理，果实套袋后不生果锈。是目前公认的取代丰水和其他中熟梨品种的一个理想品种。

27. 爱宕梨 日本冈山县龙井种苗株式会社以二十世纪×今村秋杂交育成，1982年命名。为日本砂梨系统中的优良品种。

果实呈扁圆形，平均单果重415克，最大单果重2 100克。果皮呈黄褐色，皮薄肉细，汁多脆甜，石细胞少，含糖量15.5%～16%，可溶性固形物含量12.0%～16.0%，味酸甜可口，有类似二十世纪梨的香味，品质上。果个很大而核很小，果肉雪白而味甜，极耐贮，自然存放即可贮存到来年5月而新鲜如初。树势健壮，枝条粗壮，树姿直立，树冠中大，结果后半开张。萌芽力强，成枝力中等。各类果枝均能结果，以短果枝和腋花芽结果为主，花芽极易形成，自花结实率高。早果性好，定植后第二年见果，4年生单株最高产量26千克。果实10月下旬成熟。冬季耐寒，抗黑星、黑斑病。该品种自花结实率高，不需要配置专门的授粉树。

爱宕梨属极矮化品种，树体矮小，以短果枝结果为主。适应于高密度栽培。

28. 爱甘水梨 爱甘水梨是日本用长寿×多摩杂交育成，在日本被誉为早熟梨之珍品。属于砂梨系统。

果实圆形或扁圆形，果皮黄褐色。果实大，平均果重250～300克，最大500克，果心特小，可食率高达95%以上。可溶性固形物12%～14%。皮薄，有光泽，无果锈，果形正，美观。果肉细嫩，脆甜化渣，多汁，口感特好，品质优。在济南地区果实7月下旬成熟。树势较强，树姿开强，萌芽率高，成枝力强。初果期以顶花芽和腋花芽结果为主，盛果期后以中短果枝结果为主。连续结果能力强，无大小年现象。抗冻抗寒，抗黑星病、黑斑病。耐贮能力中等，常温下可贮5～10天。花粉量大，有一定自花结实能力，授粉品种有圆黄、丰水、新世纪。

该品种抗性强，适应性广，成花易，丰产性好，品质优，成熟期特早，耐粗放管理。由于花粉量大，既是一个优良的主栽品种，也是一个很好的授粉品种。是值得大面积发展的梨果优良品种。

29. 幸水　原产日本，为日本主栽品种。面积广，发展快。在我国上海、江西、江苏、四川和贵州等省（市）都有一定栽培面积。山东、山西、辽宁、北京和河南等省（市）都有引种试栽，属砂梨系统。

果实扁圆形，平均单果重165克，大者可达330克；果皮黄褐色，果面稍粗糙，有的有棱起；果点中大而多；萼片脱落；果心小或中大；果肉白色，质细嫩，稍软，汁特多，石细胞少，味浓甜有香气；含可溶性固形物11%～14%。品质上。果实常温下可贮放1个月左右。树势中庸，萌芽力中等，一般剪口下发1条长枝，枝条短，稍细。定植后2～3年便可结果。以短果枝结果为主，占84%，长果枝6%，中果枝6%，腋花芽4%。果台副梢抽生能力中等，2～3年便枯死，较丰产稳产。管理不当易出现大小年。在辽宁兴城果实8月中旬成熟。果实发育天数96天，营养生长天数204天。授粉品种有长十郎、晚三吉、菊水。

该品种果实优质、丰产、早熟，适应性较强，抗黑星病、黑斑病能力强，抗旱、抗风力中等，对轮纹病感病情况一般，抗寒性中等。对肥水条件要求较高。适宜长江中下游发展。

30. 丰水梨　日本农林水产省果树试验场培育的新品种，亲本为（菊水×八云）×八云。江苏、浙江有零星栽培。是日本优良新品种可在高湿的南方栽培，属砂梨系统。

果实中等大，在兴城梨资源圃平均单果重196.5克，近圆形。果梗长，萼片脱落。果皮褐色，果面粗糙。果肉黄白色，果心中大，肉质细脆，汁多，味甜。含可溶性固形物11.4%，可溶性糖9.0%，可滴定酸0.12%，维生素C3.85毫克/百克。品质中上等。授粉品种有金水1号、新鸭梨、金水酥、龙19、金川雪梨、龙泉酥。

树势较强，萌芽力、成枝力亦强，栽植3～4年结果，以短果枝结果为主，中长果枝、腋花芽也能结果。在兴城地区5月初开花，8月中旬成熟。

31. 二十世纪梨 原产于日本。在我国辽宁、河北、浙江、江苏等省有少量栽植。本品种可在南方地区栽培，属砂梨系统。

果实中等大，平均单果重136克。果实近圆形，整齐。果梗中长，萼片脱落，间或宿存。果皮绿色，经贮放变绿黄色。果心中等大，果肉白色，肉质细脆，汁多，味甜。含可溶性固形物11.1%～14.6%。品质中上，果实不耐贮藏，一般可贮放1个月左右。授粉品种有晚三吉、太白、博多青、砀山酥梨。

植株生长势在幼龄期较强，成年树势较弱。枝条的萌芽力强，成枝力弱。结果早，一般3～4年结果，以短果枝结果为主，短果枝群寿命较短，丰产性中等。果实在上海7月下旬至8月上旬成熟。

该品种适应性较强，抗寒、抗风力弱，易感染黑星病、轮纹病。授粉品种有晚三吉、太白、博多青、砀山酥梨等。

32. 巴梨 英国的一个古老品种，至今仍为世界上梨中品质最佳的软肉品种，深受广大消费者喜爱。该品种在世界上分布最广，栽培面积最大，尤其是美国和加拿大栽培面积约占其梨总面积的3/4。在我国栽培面积也甚广，辽东半岛、山东半岛栽培最多，黄河故道、山西、陕西、华北、西北、湖北、贵阳及昆明等地均有栽培，属西洋梨系统。

果实多粗颈葫芦形，平均单果重217克，大者可达500克；果皮绿黄色，贮后转黄色，间或阳面有浅红晕，果面稍有凹凸，具蜡质光泽；果点小，中多，不明显；梗洼浅狭，有沟纹并具条锈，常一侧突起；萼片宿存或残存，萼洼浅而狭，有皱褶；果心小；果肉乳白色，质细，石细胞少，经7～10天后熟变软易溶于口，汁多，风味酸甜可口，具宜人的浓郁芳香；含可溶性固形物

1.6%～15.2%。品质极上。果实常温下仅能贮放20天左右，冷藏条件下，可贮藏120天以上。果实既可鲜食又可制罐。幼树树势稍强，成年树中庸。萌芽率79%，发枝力中等偏弱。定植后5年开始结果。成年树长、中、短果枝及腋花芽均可结果，但以短果枝为主，约占85%。果台枝连续结果能力弱，寿命较长，可维持5～6年。丰产。在辽宁兴城果实8月下旬成熟。果实发育天数102天，营养生长天数213天。授粉品种有冬香、考密斯、伏茄和二十世纪。

该品种果大、质优，丰产，适合鲜食和制罐，是一个很受欢迎的品种。适应性较强，对土壤条件要求不严，但喜温暖气候及砂壤土。抗风、抗黑星病和锈病能力较强，抗寒力弱。在－25℃下受冻严重，抗腐烂病力差。可在渤海湾、黄河故道及适宜地区适量发展。

33. 茄梨　美国品种。在美国、加拿大和新西兰等国家栽培很普遍。我国辽宁大连、山东胶东地区栽培较多。四川奉节、河南郑州、山西、甘肃、陕西、云南及贵州省有少量栽培，颇受群众欢迎。内蒙古、北京等地也有引种试栽，属西洋梨系统。

果实葫芦形或短瓢形，平均单果重175克，大者可达269克；果皮绿黄色，阳面有红晕，果面平滑，有蜡质光泽；果点小，中多，周围有淡绿晕圈，外观漂亮；无梗洼，有的果肉与果梗连接处有环状皱褶；萼片宿存或残存，萼洼浅狭，有皱褶；果心中大；果肉白色，质细脆，采后即可食，经7～10天后熟，柔软易溶于口，石细胞少，汁多，味酸甜、微香；含可溶性固形物10%～15.5%。品质上。为早熟鲜食品种，也可制罐。果实常温下仅可放15天左右。树势中庸，萌芽率69.4%，一般剪口下多抽生2～3条长枝。一般定植后4～5年开始结果。以短果枝结果为主，占67.36%，长果枝25.62%，中果枝7.02%。果台枝连续结果能力强，较丰产稳产。在辽宁兴城果实8月中旬成熟。果实发育天数96天，营养生长天数207天。授粉品种有巴梨、伏茄梨等。

该品种果实较大，外形美观，品质好。为鲜食制罐兼可的优良早熟品种。商品价值高。适应性强，对土壤条件要求不严，在最黏重的土壤上栽培，生长也良好。抗寒力强，在甘肃河西地区能耐－28.5℃的冬季低温，枝干抗腐烂病能力较强，抗旱、抗风能力均较强。可在气候较冷凉和半干旱地区适量发展。

34. 红茄梨 美国品种。为茄梨芽变，是梨中外观漂亮全面紫红色的优良早熟品种。在我国江苏、辽宁和河北、河南等省有少量栽培，新疆、云南、北京、山西、山东、四川、湖北、甘肃、陕西、内蒙古、贵州、安徽、广东等许多省（直辖市、自治区）都有引种试栽，属西洋梨系统。

果实细颈葫芦形，平均单果重131克；果皮全面紫红色，果面平滑具蜡质光泽，外观漂亮；果点小而不明显；果梗连接果肉处膨大为肉质具有轮状皱纹，无梗洼；萼片宿存，小而直立；果心较大；果肉乳白色，质细而稍韧，经5～7天后熟变软易溶于口，汁多，石细胞少，味酸甜具微香；含可溶性固形物11%～13%。品质上。果实仅可贮放15天左右。树势生长中庸，萌芽率63.88%，发枝力弱。管理得当，定植后4年便可结果。成年树各类结果枝均可结果，但以短果枝为主，短果枝占76.06%，中果枝11.28%，长果枝12.68%，较丰产稳产。采前落果轻。在辽宁兴城果实8月中旬成熟。果实发育天数97天，营养生长天数204天。

该品种果实中大，品质上，外观美，丰产，适应性强，抗寒力亦强，除抗腐烂病不及茄梨，其他性状与茄梨相似。作为早熟优良品种可在城郊适当发展，也可作观赏品种进行盆栽。

二、品种选择依据

发展优质梨，在品种选择上应当以市场对路、气候适宜为基础，同时起点要高，目标要远，要不断了解市场动向，使得发展的品种具有领先地位。各地应当根据各地的实际情况，选择适合当地生长，适销对路的优良品种。近几年，一直是日韩梨品种在市场上具有较强的竞争力；另外，一些优良地方品种，栽培范围比较窄，市场供应量较小，市场前景较好，如莱阳梨品种。因而，在品种选择过程中应当掌握以下四个选择依据。

1. 适地适树　适地适树是选择品种的重要原则之一。不同品种对生产基地的环境条件要求有所不同，如白梨系统适宜于年平均温度为8.8～14℃，一月份平均气温－3～9℃，6～8月平均气温13.1～23℃的地区。包括渤海湾、华北平原、山东、河北大部、黄土高原、陕西关中与渭北、山西晋南、晋东南、新疆的南疆及甘肃、宁夏冷凉干燥区。代表品种有鸭梨、雪梨、秋白梨、黄县长把梨、茌梨、砀山酥梨、栖霞大香水、黄梨、金梨、金川雪梨等。秋子梨系统适宜的栽培区，年平均温度8.6～13℃，一月份平均气温－4～11℃，低于10℃日数在160～210天的地区。包括燕山、辽西、辽南冷凉半湿区，陕北和西北冷凉半湿区。代表品种有京白梨、南果梨、安梨、花盖梨、大小香水梨等。砂梨系统适宜的栽培区，年平均气温在15～23℃，一月份气温1～15℃，年低于10℃的日数在80～140天的地区。主要包括江南高温湿润区、淮河以南长江流域各省。代表种有二十世纪梨、苍溪梨、明月梨、新世纪、菊水、幸水、新水、晚三吉、黄花梨等。西洋梨系统适宜区年平均气温10～14℃，一月份平均气温3～3.5℃，6～8月份平均气温13～21℃，降水量450～950毫米的地区。主要有辽宁南部旅大及山东胶东温暖半湿区，晋中、秦岭北麓冷凉半湿区。主要品种有小伏洋梨、巴梨、三季梨等。当然适地还包括其他的环境条件。

2. 市场需求　梨的品种很多，但不同品种对环境条件、栽培技术要求以及经济价值各异。良种的选择必须以区域化、良种化为基础，以市场需求为导向，即市场上缺什么品种，发展什么品种，立足当前，着眼未来，面向较长期的市场需求，要长短结合，选用市场欢迎和畅销的优良品种。选择品种，必须做好市场调查研究，做出正确的市场预测，防止一哄而上，盲目发展的倾向。只有紧紧地贴近市场，根据市场的需求选择好品种，做好预测，才能产生大的经济效益，才能在市场竞争中站住脚。

3. 栽培目的 鲜食与加工品种的要求不同。鲜食品种要求果大、形正、外观美、品质优、耐贮运。加工品种应因加工的类型不同而选择不同的品种，加工果冻、果汁品种要求酸甜适口，加工果酒的品种要求糖度较高，加工果醋的品种要求酸度较大，大型的外销、加工出口基地，要求品质优、规模化发展。地区调节的要求早、中、晚熟品种搭配，多样性、小面积发展。经济基础和技术力量雄厚的地方，宜选用栽培技术要求高、能生产高档果的品种。经济基础和技术力量较薄弱的地方，可选择栽培容易，结果早、产量上升快，易丰产品质较好的品种，以迅速增加收益，脱贫致富。距城区市场近的，可选择早、中熟品种，以补充淡季。距城区远的，可选择耐贮运的优质、晚熟品种，以延长供应期，满足消费者的需求。外向型商品梨园，选择品种时应与国内外市场的消费习惯和水平接轨。生产加工原料的梨园，则宜选择适宜加工的优良品种。

4. 品种特性 在品种的选择过程中一定要选择优良品种，优良品种一般具有生长健壮、抗逆性强、丰产、质优等较好的综合性状。在此基础上，还应当注意其独特的经济性状，如美观的果形，诱人的颜色、成熟期的早晚、果品的风味、果核的大小、果肉的细腻程度等等。这些都是生产名、优、特、新优质梨果的种质基础。

第二节 梨树栽培的环境条件与区域划分

一、梨树要求的环境条件

1. 温度 梨树在我国分布广泛，适应性强，但种类不同对温度的要求也不尽相同。在我国的秋子梨产区，年平均温度8.6～13℃，一月份平均气温−4～11℃，生长季（4～10月）的平均气温为14.7～18℃，休眠期（11月至翌年3月）的平均气温在−4.9～−13.3℃；白梨系统产区年平均气温8.8～14℃，一月份平均气温−3～9℃，6～8月平均气温13.1～23℃，生长季为18.1～22.2℃，休眠期为−3～3.5℃；西洋梨系统产区，年平均气温10～14℃，一月份平均气温3～3.5℃，6～8月份平均气温13～21℃，生长季为18.1～22.2℃，休眠期为−3～3.5℃；砂梨系统产区，年平均气温在15～23℃，一月份气温1～15℃，生长季为15.8～26.9℃，休眠期为5～17℃。白梨、西洋梨、秋子梨喜暖温，冷凉气候，多在北方栽植。

不同品种梨的抗寒能力不同，一般情况下秋子梨系统能够忍耐−30～−35℃的低温，白梨系统可耐−20～−25℃的低温，西洋梨和砂梨耐寒能力最差，能够忍耐−20℃低温。在华北地区梨树容易受到晚霜得影响，严重影响梨树开花。一般情况下，花期遇到−1～−3℃的低温就会出现不同程度的冻害。

另外，昼夜温差对梨果的质量也会产生较大影响，特别是在果实成熟期，如果昼夜温差大有利于梨果着色和糖分积累，大大提高了梨果的外观品质和风味。

2. 水分 梨树体和果实中水分占到60%～90%，梨的种和品种不同所需的水量不同，砂梨需水量最多，白梨、西洋梨次之，秋子梨系统最能够耐受干旱。所需水分的不同也决定了不同梨系统主要的产区存在差别，砂梨主要分布在年降水量在

1 000～1 800毫米的区域，白梨和西洋梨系统主要分布在降水量在500～900毫米的区域，而秋子梨系统需水量最少，对水分不敏感，大约分布在年降水量在500～750毫米之间的区域。如果降水量不足或者年分布不均匀，应当及时对梨树进行浇水。根据林真二的研究表明，如果产梨4 000千克，年需水量达到640吨。在干旱状况下，梨果收缩发生皱皮，如果夜间能够吸收水分补足亏缺，可以恢复和增长，如果水分供应不足，果实小或者始终皱皮，严重影响果品质量，在果实成熟期，如果久旱无雨，当突然下雨的情况下，果实会产生明显的龟裂，影响品质。梨树比较耐涝，在我国梨产区有"涝梨旱枣"的谚语，但在高温死水中浸渍，1～2日就会死亡；在低氧水中，9天发生凋萎；在较高氧水中11天凋萎，在浅流水中20天也不至于凋萎。在地下水位高，排水不良，孔隙小的黏土中，根系生长不良，久雨、久旱对梨树生长不利，应及时进行旱灌涝排。

3. 土壤 梨树对土壤要求不严，砂、壤、黏土都可以栽培，但仍以土层深厚，土质疏松，排水良好的砂壤土为最好。我国的著名梨产区，大都在冲击沙地，或者排水良好的山地，或者土层深厚的黄土高原。但在渤海湾地区、江南地区普遍易缺磷，黄土高原、华北地区容易缺铁、锌、钙，西安高原、华中地区易缺硼。梨树喜欢中性偏酸的土壤，但要求不严格，在pH5.8～8.5之间均可以生长良好。不同砧木对土壤的适应力不同，砂梨、豆梨要求偏酸，杜梨可偏碱。梨树亦较耐盐，在土壤含盐量0.3%以下生长良好，杜梨比砂梨、豆梨耐盐力强。

4. 光照 梨树喜光，年需日照在1 600～1 700小时之间，一般以一天内有3小时以上的直射光为好。据有关研究表明，在肥水条件好，阳光充足的条件下，梨树叶片可以增厚，光合能力增强。在一定范围内，随着光照强度的增加，梨树的光合作用也在不断地增强，光合产物增多。在栽培过程中要充分利用这一特性，通过栽培技术保持梨树的通风透光，良好的光照对花芽形成，改进果实色泽、提高果实品质十分重要。在海拔高的黄土高原，光照强度大，紫外线强，白梨、西洋梨和秋子梨的果皮色泽光亮美观。

二、梨树适宜区域的划分

梨不同品种对生态条件的要求有很大差别，应统一规划，选择适合本地区发展的优良品种，建立优质梨果生产基地，形成整体优势，早熟梨多集中在长江流域各省，以江苏、浙江、湖北等省较多；而黄河流域光照充足，昼夜温差大，栽培的早熟品种其果实品质比长江流域有显著提高。日本和韩国梨适宜地区为长江流域、西北和华北地区，特别是陕西、山西、山东沿海地区。西洋梨喜光，较耐旱，在夏季湿润气候带栽培易出现生长旺、结果迟、病害严重、雨季红色消退等问题，最适栽培地区为胶东半岛、辽东半岛及黄河故道地区，这些地区的生态条件，较接近其原产地。北方干旱地区以发展库尔勒香梨、南国梨、锦丰梨、苹果梨比较适宜。中国农业科学院果树研究所李世奎、朱佳满等，根据各系统梨对不同生态条件的要求和生长表现，以及经济效益、社会经济条件等，对我国目前各系统梨的种植适宜区作了以下区划和评述。

1. 白梨品种群　白梨品种果实较大，果皮黄色或绿黄色，果形多为长圆、卵圆或倒卵圆形，果肉白色，质脆多汁，味甜清香，石细胞少，成熟采收即可鲜食。其适宜的种植区分渤海湾、华北平原暖温半湿区、黄土高原冷凉半湿区、川西、滇东北高原冷凉半湿区、南疆、甘、宁灌区冷凉干燥区。这些区域的年平均温度为8.5～14℃，1月平均气温－9～－3℃，夏季6～8月平均最低气温13.1～23℃；年降水量450～900毫米；土壤以棕壤、黄绵土、黑垆土、褐土为主。本区代表品种有鸭梨、慈梨、雪花梨、秋白梨、黄县长把梨、砀山酥梨、栖霞大香水、油梨、黄梨、金梨、秦安长把梨、金川雪梨。

白梨品种喜干燥冷凉气候。以华北、西北各省栽培为主，辽宁、华中及西南地区也有分布。

2. 秋子梨品种群 果实较小，果实圆形或扁圆形，果皮黄绿色或黄色，顶端萼片宿存。果肉硬，石细胞多，有涩味。经后熟果肉变软，甜味增加，香味浓郁。其适宜的种植区分燕山、辽西暖温半湿区、黄土高原及西北灌区冷凉半湿区。这些区域的年平均气温为8.6～13℃，1月平均气温－11～4℃，年低于10℃日数160～210天，年降水量500～750毫米，土壤以棕壤、褐土、黄绵土、黑垆土等适宜土类。适于秋子梨系统栽培的代表品种有京白梨、南果梨、安梨、花盖梨、面酸梨、大小香水梨、软儿梨等。

秋子梨品种抗寒力强，主要以东北、华北、西北地区寒冷地带栽培为主。

3. 砂梨品种群 砂梨品种果实近圆形或扁圆形，果皮褐色或黄绿色。果肉脆型，多汁，微淡甜。其适宜的种植区为江南高温湿润区。这些区域年平均气温在15～23℃，1月平均气温1～15℃，年低于10℃日数80～140天；年降水量800～1 900毫米；土壤为黄壤、红壤、黄棕壤、紫色土、赤红壤等。栽植代表品种有二十世纪梨、苍溪梨、明月、二宫白、新世纪、菊水、幸水、晚三吉、黄花梨等。

砂梨品种适宜温暖湿润气候，抗热、抗旱能力强，抗寒力较差。主要以长江和淮河流域，华北西北东北较温暖多雨的地区栽培为主。

4. 西洋梨品种群 西洋梨品种果实呈葫芦形或倒卵形，果皮黄绿色或黄色。果实需经后熟变软食用才佳，呈奶油质地，味甜香浓。主要分布在渤海湾，黄河故道和西北区。其适宜的种植区为胶东、辽南、燕山暖温半湿、秦岭北麓冷凉半湿区。这些区域的年平均气温10～14℃，1月份平均气温－5.5～3℃，夏季

6～8月份平均气温13～21℃，年降水量450～950毫米，土壤以棕壤、黄绵土、黑垆土、娄土、褐土等为主。代表品种有巴梨、伏茄梨、日面红、三季梨等。

西洋梨适应性较差，抗寒力弱，栽培品种在－25℃时即遭受冻害。

第三章

培育壮苗

培育壮苗，繁殖高质量苗木，这是梨树优质、早产、高产的基础。栽植苗木质量的好坏，直接影响着栽植苗木的成活率以及植株成活后的生长势、整齐度、结果早晚、产量高低等诸多指标。因而，培育壮苗也是整个梨栽培工作的基础，应充分引起重视，把好苗木关。

一、梨树砧木

（一）梨树砧木种类

梨树砧木包括三种类型：实生砧木、无性系砧木、中间砧三类，其中实生砧木又包括野生种实生砧木和品种实生砧木两种，无性系砧木又包括异属无性系砧木和梨属无性系砧木两种，中间砧又包括亲和中间砧和矮化中间砧两种类型。

（二）梨树砧木区域化

确定适合某一地区的梨树砧木种类，是培养优良苗木的重要条件，也是关系到建立规范化果园并获得良好经济效益的关键。梨树砧木不同，适应范围不同。在发展梨树生产区域内，根据当地生态环境条件，注意选用适宜的梨树砧木，才能充分发挥梨树的生物学特性，达到高产、优质、高效和低成本的经济效益。砧木区域化的原则是：因地制宜，适地适树，就地取材，育种和引种相结合，经过长期试验比较确定当地适宜的砧木种类。从当地原产树种中选择适宜的砧木种类，因其对当地的气候、土壤条件适应性强，通常均能表现较好，同时也适宜于环境条件差异不大的地区。从外地引入砧木种类，应该首先对于其生物学特性进行充分了解和栽植试验，观察其对当地土壤、气候条件的适应能力后，再进行大规模的引用推广。

（三）梨树嫁接常用砧木

梨树常用砧木主要有杜梨、豆梨、褐梨、秋子梨、砂梨等。

1. 杜梨 广泛野生于华北、西北各省。杜梨植株根系入土很深，富有须根，实生苗生长旺盛，耐寒、耐旱、耐涝、耐盐碱能力强，与白梨、洋梨嫁接易成活，幼树生长旺，早丰产，是我国北方主要砧木。

2. 豆梨 野生于华北、华南各省。植株适应性强，根系入土深，但抗寒性差。适于在温暖潮湿条件下做砧木，与洋梨亲和力强，是我国南方主要砧木，日本、朝鲜也多应用。

3. 褐梨 野生于华北各省。冀东用其作砧木，树势旺，结果稍迟。

4. 秋子梨 野生于东北三省最多。此种是梨属植物最抗寒者，可耐低温，较抗病。实生苗须根多，分枝旺盛；是东北地区主要砧木。

5. 砂梨 此种野生于长江、珠江流域各省。砂梨实生苗根系发达，苗干发育好，耐湿热；在长江以南用其做砧木。缺点是抗寒性差。

6. 其他梨树砧木，主要还有木梨、川梨、白梨、榅桲等。

（1）木梨和川梨 这两个品种易生萌蘖，对于各系统梨嫁接亲和力强，但抗腐烂病差，生长健壮，结果良好。

（2）白梨 该品种主要特点就是抗寒力较差，适合在南方地区应用，与梨品种嫁接亲和良好。

（3）榅桲　为西洋梨矮化砧。有A、B、C三个类型，其中A型亲和力强，C型矮化效果显著。扦插易生根，抗寒力较差，不耐盐碱。

（四）梨树砧木选择的原则

1. 与品种接穗有良好的亲和力，愈合良好，成活率高。

2. 对当地气候、土壤条件适应性强，根系发达，生长健壮。

3. 有利于品种接穗生长和结果，或能提早结果，增进品质。

4. 具有抗病虫危害、抗寒、抗盐碱能力或控制树体生长等特性。

5. 砧木材料来源丰富或易于大量繁殖。

（五）砧木的育苗技术

梨的繁殖一般均采用实生繁殖砧木，嫁接培育苗木的方法，其具体做法与通常的苗圃育苗方法无异。由于梨树是异花授粉，一般栽培品种的种子长出的苗木遗传特性相差很大，变异明显。野生种由于本身遗传性很强，其实生苗变异较小，所以繁殖优良品种用野生种作砧木较好，其技术体系如下：

1. 种子的采集　种子是育苗的基本材料，种子质量的好坏，直接关系着育苗得成败。因而，梨树砧木种子的采集应选择生长健壮的无严重病虫害的植株作为采种母树，种子必须在母本树上充分成熟时采集；采收后，用木杵捣碎果肉或用小四轮拖拉机压碎果肉，堆放使之腐烂。堆不宜太高大，以免发热过高，适当少量浇水，并及时的翻动，不使堆温高于40℃，经一周左右，果肉腐烂后，用水冲、淘、搓、揉取得种子，淘净晾晒和阴干。应按照标准要求进行精选和分级，使得种子的纯度达到95%以上，以提高出苗率和苗木整齐度。秋子梨（山梨）种子的适宜采集时期为9～10月，砂梨种子的适宜采集时期为8月，杜梨种子的适宜采集时期为9～10月，豆梨种子的适宜采集时期为8～9月。

2. 种子的沙藏　晾干的种子可装入新的塑料编织袋中，每个编织袋装10～20千克，然后置于无老鼠出没的阴凉干燥处或吊于不被老鼠危害和阳光照射的屋檐下，让其自然接受低温处理。一般在1月初进行沙藏，沙藏前，先把种子漂洗干净，用温水浸泡一夜。取5倍于种子体积的细沙（过筛并用水冲干净），加入800倍多菌灵液搅拌，使沙的湿度达到手握成团、一触即散的程度，再捞出种子和细沙混匀。然后倒入沙藏沟（坑）中，厚度20厘米左右，上覆20厘米厚的细沙。

3. 整地、播种　封冻前每667米^{2}施鸡粪750千克，然后耕翻土地30厘米，去除各种杂草和石块，耙平作畦。耙平后筑成1.2米宽的畦，畦与畦之间留50厘米的间距作人行道和取土压膜。当沙藏的种子有1/3露白尖时即行播种。播前每667米^{2}施复合肥50千克，硫酸亚铁8千克，将肥撒施在畦面上，然后划锄、整平。播时先在畦面开深1.5厘米浅沟，沟内浇足水，水渗后撒施神农丹，每667米^{2}用药2千克。然后播种、覆土1厘米，每畦播4行，行距30厘米。

4. 扣棚及管理　播种后立即扣棚，并喷一次防治立枯病的杀菌剂，一棚扣两畦。用3米长的竹片做拱架，两端插入土中，每间隔1.5米插1根竹坯，用3道麻绳串联，然后覆盖3米宽、0.03毫米厚的薄膜，四周压实，以防风刮。大约播后两周开始出苗，须注意观察棚内温度，当棚内最高温度30℃以上时即行放风。上午当棚内气温达20℃时开始放，下午及时关闭放风口，使小拱棚内气温控制在25℃以下，关闭放风口后棚内温度不超过35℃为宜。苗木全部出齐后，随着放风天数增加，棚内温度逐渐降低，须适度浇水。但浇水后要多放风，并延长放风时间，防止棚内湿度过度，否则苗木发生立枯病而死亡。

5. 除膜、追肥　5月上旬通过多点放风棚内温度也难控制在40℃以下时即行除膜。除膜前加强放风炼苗，逐步将棚膜全部去除。除膜后要立即浇水，结合浇水每 667 米^2 施尿素 25 千克，土壤墒情允许时立即划锄保墒。揭膜两周后叶面喷 0.3%尿素液加 500 倍光合微肥，每半月一次。叶面喷肥不能过早，否则发生肥害，使叶片黄化脱落。如有病虫害发生，应结合叶面追肥用 2 000倍 50%抗蚜威可湿性粉剂防治蚜虫；用 2 000 倍 25%灭幼脲 3 号防治食叶害虫；用 1∶1∶200 倍波尔多液防治叶斑病、800 倍粉锈宁防治白粉病。当砧木苗长到 60～70 厘米高时，及时摘心促使苗干增粗。

二、梨树育苗技术

（一）传统梨树育苗技术

梨苗的繁育主要通过无性繁殖的嫁接方式进行，主要嫁接方法有芽接法、枝接法、根接法。

1. 芽接法 以芽片作为接穗的嫁接繁殖方法，是梨树繁殖过程中常用的方法。嫁接时间长，成活率高，有利于大量的繁殖苗木。芽接法又根据芽片是否腹带木质部分为带木质部芽接和不带木质部芽接两类，在实际的操作中，根据皮层与木质部是否容易剥离来进行选择。芽接时期多在形成层细胞分裂旺盛时进行，容易愈合和成活。在南方，春、夏、秋三季都可进行，北方地区多在夏季到早秋进行芽接，华东、华中地区通常在 7 月中旬到 9 月中旬进行，在华南和西南地区在 8～9 月成活率最高。

2. 枝接法 以枝段为接穗的嫁接繁殖方法。每接穗带 1～3 个芽。与芽接相比技术比较的复杂。适于在砧木较粗、砧穗处于休眠期、高接换优以及利用坐地苗建园时使用。依据接穗的木质化程度分为硬枝嫁接和嫩枝嫁接。硬枝嫁接是用处于休眠期的完全木质化的发育枝为接穗，于砧木树液流动期至旺盛生长期前进行，这种方法为梨树育苗的主要方法之一。嫩枝嫁接是以生长期未木质化或半木质化的枝条作为接穗，在生长期内进行嫁接，又称绿枝嫁接，现在逐渐应用。枝接方法主要有切接法、劈接法、皮下枝接、腹接法等。

切接法适用于较粗的砧木，于近地面树皮平滑出剪砧，在砧木一侧切长3～5厘米的口，然后将削成马耳形的接穗插入，形成层对准，严密绑扎后，埋土保湿。劈接法多用较粗的砧木，于近地面树皮平滑处剪砧，在砧木横断面中间切长3～5厘米的口，然后将削成马耳形的接穗插入切口的一侧或两侧，形成层对准，严密绑扎后埋土。皮下枝接在砧木容易离皮的条件下，先剪断砧木，在砧木横断面的边缘掀开皮层，将削好的接穗插入，接后严密绑紧。腹接法适于砧木中下部与枝条纵轴成30度角斜切至枝条横径的1/3处，将砧木切口拉开后插入削好的接穗，砧穗形成层对齐，剪去砧穗以上砧木，接后严密绑紧。

3. 根接法 以根段为砧木的嫁接繁殖方法。多采用劈接、切接或倒腹接等方法进行嫁接。根接应于休眠期进行，注意根系不能倒插。若根段较细，可以将1～2个根段倒腹接插入接穗，根接完成后严密绑扎。在过去，在梨树繁殖中很少采用，现在推出了不少新方法。

（二）新型梨树育苗技术

1. 秋季绿枝嫁接技术 在梨树育苗中可以采用秋季绿枝嫁接方法，能够克服传统嫁接育苗的限制，操作容易，成活率正常达到100%，且其接穗发芽早，生长快，生长量大，利于树体早成形，早挂果。

秋季绿枝嫁接一般在7～9月进行。接穗在品种纯正，生长健壮，无病虫害梨丰产树体上采集，为树冠外围当年生新梢，长势中庸，发育充实，接穗采下后立即去掉叶片，留下叶柄，然后将接穗下端1/3～1/2插入水中，并存放在阴凉处，防止日晒失水干枯。采用劈接法嫁接，首先，嫁接时取一根接穗晾干，在接穗芽的下端削成长3～4厘米的楔形、削面要求对称、平滑，然后在芽的上端留2厘米平口剪下；其次，选一粗度与接穗相仿的砧木，在砧木基部5～10厘米处平口剪断，在断面中央垂直向下纵切一刀，深度与接穗削面长度相近，再把削好的接穗迅速插入劈开的砧木中，插入深度以接穗稍露白1毫米为宜，并使接穗、砧木形成层对齐。再次，用长40厘米，宽1厘米的薄膜从砧木顶端开始向下绑紧，再自下向上绑到接穗顶端（仅露出接穗芽眼），所有伤口包扎封严。

接后2周后检查成活率，如接穗芽呈新鲜状态，叶柄一触即掉，说明接穗已活；否则未成活，可重新补接。成活的嫁接苗于次年萌芽后解绑，以免影响加粗生长。

2. 梨树快速育苗技术 为加速繁育优良品种梨苗，满足生产需要，进行梨的快速育苗。在3月中旬定植一年生实生苗于苗圃地，促使早生根。待移栽苗萌芽后采用切腹接法嫁接，接后用地膜包扎。当有1/3的接芽穿破地膜时，在未穿破地膜的芽上挑开一小口放芽，以免高温烤伤。7月底解除绑膜。解除过早容易被风吹折，过晚则易形成缢痕。当苗高达1米以上时除萌。通过此嫁接方法可以使当年生梨苗高度达到1.5米以上，嫁接部位以上5厘米处的粗度0.8～1厘米，成苗率80%～85%，且根系发达，生长健壮。

3. 梨矮化中间砧嫁接苗育苗技术 矮化梨中间砧主要包括榅桲矮化梨和梨属矮化梨两种类型。

（1）榅桲矮化梨　即用云南榅桲做基砧，起矮化作用，用西洋梨哈代做亲和中间砧嫁接中国梨品种。榅桲和杜梨做砧木的乔化梨相比，其优点：一是树体矮化。二是早花、早果、产量高。三是果实风味浓，营养丰富，耐贮性强。矮化梨果实颜色鲜艳，味道浓。

但用榅桲做基砧存在以下缺点：一榅桲是梨的异属植物，做梨的基砧后，其亲和性不理想，大量结果后嫁接口处易发生风劈现象。二榅桲根系多分布在土壤浅层，缺乏抗寒、抗旱能力，同时固地性较差。三榅桲在盐碱地上栽植叶片易发生黄化现象。为克服以上缺点，采取下列措施：一是促进树体营养生长，控制结果不要过量；二是植株旁设立支柱，把植株绑缚在支柱上；三是主干基部培土，保证充分的肥水供应；四是避免在盐碱地栽植。

（2）梨属矮化梨　即用杜梨或豆梨做基砧，用梨属矮化砧木OH×F51，97，333等做矮化中间砧嫁接中国梨品种。它和乔化梨相比，有以下优点：一是早果丰产效益高。在未大量结果前，树体生长快，扩冠迅速，树冠甚至比乔化梨树还大；但随着树龄的增加，其树体矮化、早果、丰产的特点即表现出来。二是果实品质好。三是适应性强。和榅桲矮化梨相比，梨属矮化梨树嫁接亲和性良好，固地性强，树势旺盛，树冠成形快，抗逆性能强，适宜栽植的区域广泛。因而大多采用此法嫁接梨树品种，达到矮化的目的。

梨矮化中间砧嫁接苗的繁殖技术主要有以下两类：

一类为常规繁殖法：利用此种繁殖方法繁殖梨树苗木3年才能出圃，其中，第一年培育基砧苗，8月份在基砧上芽接中间砧；第二年春在接芽上方剪砧，生长出中间砧，8月份在中间砧的20～25厘米高处芽接品种；第三年在芽接的品种接芽上方剪砧，到秋季就可培养成梨矮化中间砧嫁接苗。

二类为快速繁殖方法，利用此类方法梨苗二年就可以出圃，主要包括以下三种方法：①分段（芽接）嫁接法。于当年8月份在中间砧母本树一年生枝条上每隔20～25厘米芽接一栽培品种的芽。冬季分段剪下贮存好，第二年春季用切接的方法将顶端带有栽培品种芽的枝段嫁接在准备好的基砧5厘米处，接前中间砧枝段基部剪掉0.5厘米，放在清水中一昼夜让其吸足水分。嫁接后用膜扣棚保温保湿，并注意及时除掉中间砧段上的萌芽，以保证成活的品种芽萌发生长。到秋季就可培育成梨矮化中间砧嫁接苗。②双重枝接法。先准备好砧苗，在冬季或早春将栽培品种用切接方法嫁接在20～25厘米长的中间砧枝段上，用塑料条绑紧包严、沙藏。在春季用切接法将带有栽培品种的中间砧枝段嫁接在苗砧上，到秋季就可培养成矮化中间砧嫁接苗。③双芽接靠接法。8月份在1年生基苗上芽接2个芽，在基砧基部芽接矮化中间砧芽，距中间砧芽5～7厘米的对面芽接栽培品种。翌春，从栽培品种芽的上方剪砧，同时在中间砧芽的上方刻伤，促使2个接芽同时萌发生长。于夏季在中间砧高20厘米处与栽培品种枝条靠接，靠接成活后，剪去愈合处上端矮化砧枝段，将愈合处下部接穗品种和愈合处上端中间砧枝段剪除，同时从靠近中间砧的基砧的基砧处剪截，到秋季即培养成1株矮化中间砧嫁接苗。

4. 北方寒地梨双砧高接栽培技术 山梨是北方寒地梨的最佳砧木，它是梨砧木中最抗寒的一种，能耐－52℃低温，抗腐烂病能力强，嫁接植株高大丰产，寿命长，因此在北方地区以山梨作为砧木嫁接，培养梨树苗，下面就以山梨苗作为砧木，介绍一种新的双砧高接栽培技术。

在梨园定植穴内相距10～15厘米同时栽植两株高、茎无明显差异的山梨砧木苗、培土、踩实、浇水，进行一系列的田间管理，待苗木成活后，做梨树嫁接砧木。嫁接时采取高砧嫁接，增强梨树抗寒能力。嫁接于砧木定植翌年春季树放叶前进行。嫁接时，先把两砧同在离地面50厘米处剪断，在两砧相对的一面，于砧木剪口下3厘米处，用枝接刀向上各斜削一刀，使削面接近或通过砧木苗的髓心。穗条选取与砧木苗粗细大致相等、一年生木质化嫩枝，接穗长4～5厘米，在接穗下1.5厘米处接穗相反两面各斜削一刀（削口要平且接口上保留1～2个芽），然后把接穗夹在两砧木削面中间对准形成层，用塑料带将接口包扎严密即可。

嫁接7～10天后检查是否成活，嫁接未成活，要及时补接。嫁接成活的要及时解绑，有的还需设支柱，以防风吹折新梢或两砧间劈裂。采取双砧嫁接，增强了梨树抗寒能力，提高了梨树养分的吸收能力，有利于养分积累、贮藏。双砧苗成活率可提高到98%以上，当年新梢生长达1米左右，且抽枝整齐、粗壮、根系发达，比单砧嫁接高生长增加2倍以上。

5. 梨树掘接育苗技术　掘接育苗时是利用梨树根系再生能力强的特点，在冬季落叶后至春季萌芽前将砧木根挖回室内嫁接后再栽植的一种嫁接方法。据调查，掘接比室外就地嫁接提高工效1倍，并且省去了在嫁接前移栽砧木的工序，具有省力、省时，省接穗的优点。下面以棠梨为砧木作例说明。

嫁接前4～5天砧木苗圃浇足水，嫁接前1天在砧木离地8～10厘米处剪去上部后，挖回室内按照大小分级，注意保鲜，避免风吹日晒。挖出的粗在0.5厘米以上的根系即可以作为砧木，将根截成6～8厘米长作为嫁接用砧木，选择光滑面作为嫁接面，在剪口上先斜削一小块，然后对准形成层稍向内纵切一刀，削面上面微显木质部而不带木质部，下部稍带木质部，削面长度依接芽削面而定。接穗一般选取一年生结果枝或长果枝，采回后在饱满芽上方约0.3厘米处用修枝剪剪成1芽1节植段，然后选取宽平面从芽基部起平削一刀形成长削面，再在背面离芽1.5厘米处削一45°的短削面。削好一个接穗就嫁接一个，使得接穗的下部与砧木切口底部抵紧，砧穗紧贴，形成层对准，嫁接完毕后及时地包扎。用宽2～3厘米薄膜长条，以嫁接部位为中心缠膜1～2圈，盖住接穗顶部断面，露芽，最后在砧穗结合部位向下缠绕1～2圈，拉紧打结。嫁接好后，及时移栽在整好的苗圃地里，株行距10×30厘米。栽植时注意垂直埋入，将嫁接部位埋入土中，接穗露出地面约3厘米，栽植后立即浇透水。为了保证苗木的生长，及时除萌至关重要，以便于营养集中。在肥水管理方面，在嫁接成活后的梨苗刚开始萌芽时，适量喷洒1～2次叶面肥（如磷酸二氢铵、微量元素复合肥等），待苗高长到60～70厘米时摘心促进分枝和加粗，选留3个不同方向的二次枝培养一级主枝。经过1年培养，到冬季落叶后，可以起苗出圃（杨爱娟，2001）。

（三）更换新品种的嫁接技术

随着科学技术进步和市场需求的不断变化，新品种不断出现，并将代替老品种，新发展地区可以直接栽培新品种。对于老品种为了迅速更换新品种，采用多头高接换种技术是一条实现良种化、高效益的有效途径，具有树冠恢复快、结果早的优点。正确选择市场前景好、需求量大、价位高、品质优、产量高的品种。在品种的选择过程中，各地应根据立地条件、生产技术等各方面条件，经充分论证后科学选择。选择品种时要充分考虑现有品种（高接后作中间砧木）与所选品种的嫁接亲合力、对生长结果的影响等。如黄金梨与鸭梨等白梨系统品种、晚三吉等砂梨系统品种亲合力较强，与西洋梨品种亲合力较差。选准主改品种后，还应正确搭配授粉树。决定好栽植的新品种后，接着要做好新品种接穗的准备。可先嫁接一部分树作为采接穗的母本树，也可从外地引入接穗。

1. 梨多头高接树体骨架的选择

（1）骨干枝的去留　骨干枝的选留要根据高接的良种特性及拟整形的要求去选留。以疏散分层形为例，选留 5～6 大主枝，原主枝长的 2/3 处高接；每一主枝要选留 2～3 个侧枝，主侧枝间要注意主从关系，中央枝不要过长，从最后一个主枝上留 20 厘米左右处锯掉。骨干枝头伤口直径以 6 厘米以下为好，最粗的不宜超过 8 厘米。

（2）辅养枝的选留　对尚有生长空间的部位，辅养枝可收缩到内膛，对影响骨干枝生长的枝条，从基部去掉，为保护伤口可留 10 厘米长。

（3）结果枝组的选留　对骨干枝、辅养枝以外的枝，尽量保留，作为结果枝组。锯留长度 10 厘米左右，使结果枝组尽量靠近骨干枝，以利于更新复壮。对光秃部位，在同侧每隔 20～30 厘米腹接一枝，作为大型结果枝组。

在确定全树的骨干枝、辅养枝和结果枝组的选留后，可分别采用皮下接（骨干枝）、皮下腹接、切腹接（细枝）等方法一次完成多头高接换种。在高接换种内膛未成活的部位，选留骨干枝上萌蘖枝，7～8 月采用芽接法进行补接，将芽接于萌蘖枝的基部。

2. 更换新品种的嫁接方法与应用

（1）枝头的嫁接法

①劈接　劈接在高接换种时，多用于树液尚未流动、树皮与木质部尚未离开时的枝头嫁接。将高接树按骨架去留的原则锯好后，在锯口的中心纵劈一刀，轻轻把劈口撬开，将接穗轻轻地插入砧木，使接穗厚侧面在外，薄侧面在里，注意使砧木与接穗的形成层对准，插接穗时不要把削面全部插进去，要外露 0.5 厘米。1 个接头接两个接穗。接好后用塑料条扎紧包严，一点小伤口也不能露在外面。

②皮下接　当树液活动、开始离皮时即可实行皮下接。此法的优点是技术简单，操作方便，易于成活。削接穗的方法是：左手拿接穗，用食指将接穗托住，右手持切接刀削接穗，削面要求长、平、薄，削面的长度依接穗粗度而定，一般为 3～6 厘米。大斜面背面的先端削成两个 0.5～1 厘米的小斜面，呈箭头形。接穗削好后，用切接刀将锯口削平，把树皮切一竖口，切口长为接穗大斜面长度的 1/2，用刀尖轻轻一拨，把皮微微分开，离皮不好时，用橇子插入，将皮撬开。接穗对准切口，大斜面贴着木质部，小箭头贴着皮，慢慢插入，左手按住竖切口。防止插偏或将接穗插到外面，插至大斜面在砧木切口上微微露出为止。一般 1 个枝头插 2 个接穗，左右排开，较细的枝头插 1 个接穗；伤口过大的枝头可插 3～4 个接穗，这样有利于伤口愈合。最后用塑料条包扎严实。

（2）光秃带生枝嫁接法

①皮下腹接　用于高接树内膛光秃部位插枝补空。当梨树离

皮时可以采用这种嫁接方法。先在要接枝干的上部刮掉老皮，切一“t”字形切口。竖口的方向与枝干成45度角，横口达木质部，竖口不切透，在横口上挖一半圆斜面，接穗的削法与皮下接相同，注意利用接穗节间的弯曲度削成大斜面，嫁接时用撬子先把接口撬起，将已削好的接穗插入切口内，然后用塑料条绑紧。

②带木质芽接　带木质芽接实际上是一种接穗短缩了的皮下腹接，用于大枝干光秃部位生枝。在大树离皮的情况下使用。先把要嫁接部位的老皮刮掉，露出白皮，先切一“t”字形切口，在接穗上要留芽子的背面削一长4厘米左右的斜面，另一面的先端削2个小箭头。手持削好的接穗插入“t”字形切口内，待芽距“t”字形横切口1厘米左右时，用切接刀对准横切口一刀切下，将接穗切断，带木质的芽即进入“t”字形皮内，然后用塑料条捆紧。

(3) 细枝上嫁接法

①切腹接　多用于树离皮前，高接树内膛直径2厘米以下的结果枝组枝条。接穗基部削长约3厘米斜面，在其对面削长1厘米的短斜面。在砧木嫁接部位平滑处以20～30度角向下斜切一刀，深度3厘米以上。将削好的接穗削面向内插入砧木，对齐形成层，略露白。绑紧包严。

②高芽接　用于高接后对骨干枝上的萌蘖枝和新梢上的补接。在高接树嫁接内膛枝未成活或缺枝部位，保留长出的萌蘖枝，于7～8月份用“t”字形芽接方法，将芽接于萌蘖枝基部。

3. 不同年龄梨树的高接方法

(1) 3～5年生的梨树可以用底位切接法　对三个主枝及中心干留20～30厘米锯截，在每个截面上接2个接穗，每个接穗上要保留2～3个饱满芽，接穗的二个削面需一大一小，大面约3厘米长，小面约2厘米长，削面必须平整光滑，先削大面，削好后将枝条转动30度左右，再削小面，这样二个削面都呈长斜三角形，削好后从枝条上剪下即成接穗（插穗）。在砧木的截面上开口时，刀锋与截面成60度左右，靠边上稍带有木质部，一般到木质部2～3毫米垂直用力向下，当外部树皮破至3厘米时将刀拔出，立即将削好接穗按大面向里，小面向外，并对准形成层，插好后用麻绳扎紧，最好套上尼龙纸袋，再次扎紧，以保温保湿，提高成活率。

（2）6年生以上树可以用高位多头腹接法　在主枝、副主枝的二侧每隔20厘米插上一个接穗，接穗削法及砧木上开口切法同上面相同，不同的就是接穗只留一个芽，接穗插好后用尼龙纸条子（宽约2厘米）扎紧，接穗要包住，但芽头要露出。这种方法费时费工，但只需去掉老树上的新生中长枝，大部分短果枝可以留下来，对当年产量影响不大。

4. 高接后的管理

（1）除萌　采用高接换头的树体地上和地下部平衡受到很大破坏，高接当年不仅高接枝生长旺盛，还会从原母树上萌发出很多萌蘖枝，除在适当部位留一部分萌蘖枝作补接外，其余应尽早剪除，以免浪费养分，影响高接枝生长。

（2）补接内膛　可利用萌蘖枝基部进行高芽接，补接内膛未成活枝。对未成活的接头，锯掉一段，利用高接前单独贮藏的接穗补接。接穗的贮藏方法是将其剪短捆好，基部包湿纸，用塑料薄膜包严捆好，放在0℃左右的冰箱内。补接时将接穗取出，基部剪去1厘米，用清水浸泡1夜后，次日进行补接。

（3）保护接穗新梢　低位切接的新梢生长迅速易被大风吹折，要插竹竿，以竹竿为中心，将几个新梢捆在一起。高位腹接的，若新梢垂直而生长迅速可在5月下旬，留20～30厘米摘心或剪梢，促使发生二次枝，并产生花芽，形成结果枝。

（4）拉枝　高接后，待枝条近成熟时调整枝条的间隔与方位，低位切接的接穗发的枝往往较粗壮直立，到冬季拉枝易折断或接口开裂，所以在9月份可以进行拉枝工作。

（5）高接枝的调整　高接后2年内，高接枝生长旺盛，应注意调整。1个枝头接2个接穗者，冬季修剪时留一高接枝作延长枝，正常进行短截修剪加以培养，另一高接枝则去强留弱加以控制，其余枝长放，以利于提早结果。

三、梨苗出圃

1. 出圃前的准备　苗木出圃是育苗工作的最后环节，出圃的准备工作和出圃技术直接影响苗木的质量、定植成活率及幼树的生长。出圃前的准备工作主要包括：(1) 对苗木的品种，各级苗木数量进行核对和调查。(2) 根据调查结果及订购苗木情况，制定出圃计划及苗木出圃操作规程。(3) 与购苗和运输单位联系，及时分级、包装、运输，缩短苗木运输时间，保证苗木质量。

2. 起苗　起苗时间多在秋季苗木新梢停止生长，并且已经木质化，顶芽已经形成的落叶期进行。在挖苗的前几天应该核对苗木品种、砧木数量、来源、苗龄等。在土壤干燥时应充分的灌水，以免在起苗时伤根太多，起苗时应当减少须根损伤，并蘸泥浆保根。

3. 梨苗的分级　挖出的梨苗要根据苗木的大小、质量优劣进行分级。对于出圃苗木的基本要求就是：品种纯正、砧木正确；地上部枝条健壮、充实，具有一定的高度、粗度，芽体饱满；根系发达，须根多，断根少，无严重的病虫害和机械损伤，嫁接苗的结合部愈合良好，具体要求如下：

(1) 根系　主根、侧根完整，具有3条以上，分布均匀、舒展、不卷曲的侧根。侧根长度在20厘米以上。

(2) 枝干　高度在0.8～1.3米以上，嫁接口以上10厘米处的粗度不小于0.8厘米。

(3) 芽体　嫁接口以上从45～90厘米的枝段内有邻接而健壮、饱满的芽6个以上，如整形带内发生副梢，其副梢上要有健壮的芽。

（4）**嫁接口** 完全愈合，接口光滑。梨树苗的出圃规格及分级标准见表 3-1，表 3-2（NY/T 475—2002）。按规定不符合一、二级要求的三级苗，不允许出圃。

表 3-1 梨实生砧苗的质量标准

项目		规格		
		一级	二级	三级
品种与砧木		纯度≥95%		
根	主根长度 cm	≥25.0		
	主根粗度 cm	≥1.2	≥1.0	≥0.8
	侧根长度 cm	≥15.0		
	侧根粗度 cm	≥0.4	≥0.3	≥0.2
	侧根条数 条	≥5	≥4	≥3
	侧根分布	均匀、舒展而不卷曲		
基砧段长度 cm		≤8.0		
苗木高度 cm		≥120	≥100	≥80
苗木粗度 cm		≥1.2	≥1.0	≥0.8
倾斜度		≤15°		
根皮与茎皮		无干缩皱皮，无新损伤，旧损伤总面积≤1.0cm²		
饱满芽数 个		≥8	≥6	≥6
接口愈合程度		愈合良好		
砧桩处理与愈合程度		砧桩剪除，剪口环状愈合或完全愈合		

表 3-2 梨营养系矮化中间砧苗的质量标准

项目		规格		
		一级	二级	三级
品种与砧木		纯度≥95%		
根	主根长度 cm	≥25.0		
	主根粗度 cm	≥1.2	≥1.0	≥0.8
	侧根长度 cm	≥15.0		
	侧根粗度 cm	≥0.4	≥0.3	≥0.2
	侧根条数 条	≥5	≥4	≥4
	侧根分布	均匀、舒展而不卷曲		
基砧段长度 cm		≤8.0		

（续）

项　　目	规　　格		
	一级	二级	三级
中间砧段长度　cm	20.0～30.0		
苗木高度　cm	≥120	≥100	≥80
倾斜度	≤15°		
根皮与茎皮	无干缩皱皮，无新损伤，旧损伤总面积≤1.00cm^2		
饱满芽数　个	≥8	≥6	≥6
接口愈合程度	愈合良好		
砧桩处理与愈合程度	砧桩剪除，剪口环状愈合或完全愈合		

四、梨苗的包装运输

1. 远途调运梨苗的包装运输　苗木出圃后应尽快包装。先把苗木按标准分级，然后按级打捆，每50株或100株一捆，打捆时把根系端摆齐，近根系部位和苗木上部1/3处各捆一道草绳，将苗木扎紧。把根系部分在事先准备好的黄泥浆中浸蘸一下，使根上沾满泥浆，然后把成捆的苗木根端装入蒲包（麻袋、纺织袋等均可），紧贴蒲包衬一塑料袋或大块的塑料布，周围填塞湿草，把根系全部用草围起来，最后用绳扎紧袋口。为防止苗干部分失水，最好用塑料布裹严。为节约起见，可以不分别包裹，装前在车厢中衬上大塑料布，然后把成捆的苗木排入车厢，最后将四周的塑料布掀起盖在苗子上，上面用蓬布包盖严密，既可有效地保持水分，又能减轻运输途中的风害。

在梨苗的运输过程中要及时进行检查，防止出现篷布漏风。同时查看苗木状况，发现苗木失水时应及时地补水。如果距离太长，应适当的停车通风，防止苗木自身散发的热量烧坏苗木。苗木运达后要及时的栽植，栽前注意对根系适当的浸水，以保证苗木成活率。

2. 近途调运梨苗的包装运输　如果苗木运输距离较近，对于梨苗的包装要求不慎严格，但应当在运输的过程中覆盖塑料布，防止苗木抽干。注意在苗木调运前，先挖好栽植坑，起苗后立即装车，苗木运达后立即栽植，栽后及时浇水，尽可能的减少中间环节的时间，保证苗木成活。

第四章

合理规划，规范建园

为了生产优质的产品，梨园应选择在没有工业企业直接污染及水域上游、上风口没有污染源对该区域构成污染威胁的地段，使得区域内的大气、土壤质量及灌溉用水、养殖用水质量均符合标准中对绿色食品、无公害食品以及有机食品的要求。从建设生态梨园入手，做到“适地适树”、因地制宜、集中连片、形成规模、排灌方便、交通便利，能满足果品生产的产业化、现代化的要求。在此基础上，进行统一规划、选择优良品种、栽植壮苗、做好土肥水的管理、做好梨园的山、水、田、林、路综合配套工作。

第一节　园地规划与选择

一、园地规划

（一）园地建设前的调查

为了选择合适的建园地点，做好前期的调查工作十分重要，调查应侧重于当地的社会经济状况、果树的生产状况、果树对当地环境条件的适宜性等内容。

1. 社会经济情况　建园地区及其邻近地区的人口，劳动力数量和技术素质；当地的经济发展水平，居民的收入及消费状况，乡镇企业发展现状及预测，果品贮藏和加工设备及技术水平；能源交通状况；市场的销售供求状况及发展趋势预测等。这些条件直接影响着果园的运行成本，影响果园生产环境，以及果园的经济效益。

2. 梨树生产状况　当地梨树栽培的历史和兴衰变迁的原因及趋势；现在梨园的总面积、单位面积产量、总产量；经营规模、产销机制及经济效益；主栽树种和品种生长结果状况及其熟期搭配比例；梨园管理技术水平等。对当地梨园生产状况的调查，有助于选择合适的梨树品种，进一步提高技术水平和市场竞争力。

3. 气候条件　包括平均气温、最高与最低温度、生长期基温、休眠期的低温量、无霜期、日照时数及百分率、年降水量及主要时期的分布，当地灾难性天气出现频率及变化等。这是梨园是否能够成功的基础条件之一，同时也是选择相应的主栽品种的依据。

4. 地形及土壤条件　山地梨园应调查掌握海拔高度、垂直分布带与小气候带、坡度、坡向及与土层相联系的雨量、光照及梨树品种的变化。丘陵地和平地应调查土层厚度、土壤质地、土壤结构、酸碱度、有机质含量、主要营养元素含量，地下水位及其变化动态，土壤植被和冲刷状况。这也是梨园是否能够成功的基础条件之一，决定了梨树品种的选择和以后土壤管理的方向。

5. 水利条件　主要包括水源、现有灌、排水设施和利用状况，这是梨园生产的基础条件，是梨园实现丰产的保证。

（二）梨园的土地规划

梨园经营以实现最大的经济效益为目的，土地规划中应保证生产用地的优先位置，并使各项服务生产用地保持协调的比例。通常各类用地比例为：梨树栽培面积80%～85%；防护林5%～10%；道路4%；绿肥基地3%；办公生产生活用房屋、苗圃、蓄水池、粪池等共4%左右。

1. 梨园小区的规划　梨园小区又称作业区，为梨园的基本生产单位，是方便生产管理而设置的。划分梨园小区，将直接影响梨园的经营效益和生产成本，是梨园土地规划的一项重要内容。

（1）划分梨园小区的依据

①同一区内气候及土壤条件应当基本一致，以保证同一小区内管理技术内容和效果的一致性。

②在山地和丘陵地，有利于防止梨园水土流失，有利于发挥水土保持工程防侵蚀效益。

③有利于防止梨园的风害。

④有利于梨园的运输及机械化管理。

（2）梨园小区的面积　梨园小区的面积因立地条件不同而不同。平地或气候、土壤条件较为一致的园地，每个小区面积可设计 8～12 公顷；山区与丘陵地形复杂，气候、土壤差异较大的地区，每一小区可缩小至 1～2 公顷。低洼盐碱地区，为便于排水洗盐和降低地下水位，多利用台田或条田栽植梨树，每一台田或条田作为一个小区。

生产实践证明小区面积应因地制宜，大小适当。面积过大的管理不便，面积过小不利于实行机械化作业，还会增加非生产用地面积的比例。

（3）小区的形状和位置　小区形状多采用长方形，长边与短边比例为 2∶1～5∶1。农机具沿长边行驶，减少转弯次数，提高工作效率。平地梨园小区的长边，应与当地主要风害方向垂直，使梨树的行向与小区的长边一致。防护林应沿小区长边配置与梨树一起加强防风效果。山地与丘陵梨园小区可呈带状长方形，小区的长边与等高线走向一致，可提高机械运转频率，保持小区内气候、土壤条件一致，提高水土保持工程效益。

2. 梨园道路系统的规划　良好而合理的道路系统，是梨园的重要设施，是现代化梨园的重要标志之一。梨园道路可分为主路、支路和小路三级。主路设在大区区界，贯穿全园，连接公路，宽度5～7米。支路筑在小区之间，供较大型车辆通行，外接主路、内连小路，宽度3～5米。小路即作业道，设在小区内梨树行间，宽度1～3米。山地、丘陵梨园，坡度小于10°的园地，支路可以直上直下，路面中央高，两侧稍低；坡度大于10°的山地果园，支路宜修成“之”字形绕山而上，路面适当向内倾斜，以防雨水冲刷。

3. 排灌设施规划　平原灌水一般采用垄沟输水、树盘灌溉的形式，可分为主渠和支渠。有条件的园片可采用滴灌、喷灌或EP管等方法。山区、丘陵地带必须做好蓄水和引水工作，靠近河流地区可用扬水机配EP管（或塑料管）进行穴灌，以达到节约用水之目的。

梨园地势低洼、土壤黏重、透性不良或于山地建园，需建立排水系统。一般分为排水明渠和暗渠两种。因明渠排水简便易行、省工省时，所以多为梨农采用。

4. 建筑物的规划　梨园内的各项生产、生活用的附属建筑，包括办公室、宿舍、库房、工棚、堆贮场、护果棚等，应根据梨园的规模大小、布局、交通、水电供应等条件进行相应的规划和设计。小型梨园可只设库房、工棚与护果园。大中型的梨园，可在适中的位置设办公用房，以便对各小区的监控管理；在梨园中央主路旁设包装与堆贮场，贮藏库要设在阴凉背风处并与主路相通。护果棚应建在路边视野开阔的地方或制高点位置。抽水泵房应建在水源的附近不会被淹没的地方。中型梨园可在中部道路边修建宿舍，大型果园则在适宜的作业区修建宿舍，以方便管理人员上下班。

5. 梨园防护林的规划　防护林对于改善梨园生态条件，减少风、沙、寒、旱的危害，保证梨树正常生长发育和丰产优质具有明显的作用。

（1）防护林的作用

①降低风速、减少风害。微风可以补充树冠周围的二氧化碳

含量，有利于光合作用，能适度促进叶片蒸腾和根系吸收，减少辐射伤冻的威胁。大风则会导致断枝毁树、撕叶落果的严重后果。

②调节温度、提高湿度。防护林对改善梨园的小气候环境，调节温度、提高湿度等方面有明显的作用。有防护林的梨园全年的相对湿度均高于无防护林的梨园，在干旱地区或灌溉成本高的地区，具有显著生态效益和经济效益。

③保持水土、防止风蚀。山地及丘陵梨园营造防护林，可以涵养水源，保持水土，防止冲刷。防护林落下大量枝叶，分解腐烂后，既增加了梨园有机质含量，又可保护地面免遭雨水冲刷及地面径流侵蚀。在风沙严重地区营造防护林，可以防风固沙、保护梨园。

④有利于蜜蜂活动，提高授粉受精效果。蜜蜂是重要的传粉媒介，其出现数量、活动能力及飞翔距离与风速的大小关系密切。

（2）防护林树种选择　防护林树种选择的是否恰当，直接影响防护林的生态效益，在防护林的选择过程中应注意以下条件：

①适应当地环境能力强，尽可能的用乡土树种；

②生长迅速、枝叶繁茂。乔木树种要求树种高大，树冠紧密直立，寿命长，防风效果好；

③抗逆性强，根系发达、深入土层，根蘖发生少、抗风能力强，对梨树抑制作用小；

④与梨树无共同病虫害，也不是梨树病虫害的中间寄主，最好为梨树病虫害天敌的栖息和越冬场所；

⑤具有较高的经济价值。可以作为架材、筐材、药材、建筑原木及加工材料以及作为蜜源植物等。

（3）防护林的配置　防护林的配置应全面规划，实行山、水、园、林、路综合治理，从当地实际出发，因害设防，适地适栽，早见效益。林带间的距离与林带长度、高度、宽度与当地的最大风速有关，通常是风速越大，林带间距离越短，防护林越长，防护的范围越大，林带的高度与防护范围密切相关，梨园防护林带背风面的有效防风距离约为林带树高的 30～40 倍（最佳防护范围为树高的 15～20 倍），向风面为 10～20 倍。防风林之间的距离要根据选用的防护林木种类、当地为害风速以及寒冬为害程度等而确定，林带密度以透风 30%左右为适。一般主林带之间的距离为 200～400 米，副林带之间的距离为 500～1 000 米，主林带宽一般 10～20 米，副林带宽 6～10 米。在风大或者气温较低的地区，要求林带要宽一些，距离要小一些。

山地梨园要充分考虑水土保持问题，主林带应当规划在山顶、山脊以及山垭风口处，与主要为害风的方向垂直。如因地势、地形、河流、河谷的影响，主林带的走向不能与主要为害风的风向相垂直时，林带与风向之间的偏角不能大于 20°～30°，防风效果不受影响。副林带与主林带垂直构成网络状。副林带常设置于道路或排灌渠两旁。地堰地边、沟渠两侧也要栽上紫穗槐、花椒、酸枣、荆条、皂角等，以防止水土流失。平地梨园的主林带也要与主要为害风的风向垂直，副林带与主林带相垂直，主副林带构成林网，平地梨园的主、副林带基本上与道路和水渠并列相伴设置。平地防护林系统由主、副林带构成的林网，一般为长方形，主林带为长边，副林带为短边。在防护林带靠梨树一侧，应开挖至少深 100 厘米的深沟，以防止其根系串入梨园影响梨树生长。这条防护沟也可与排灌沟渠的规划结合。防护林最好比梨树早 2～3 年，最迟也应与梨树同年栽植。

二、园地选择

（一）园地选择的基本要求

为了生产优质的果品，必须选择优良的环境，因而，园地应选在无环境污染的地方。生物和环境是一体的，在污染的环境中绝对生产不出优质安全的果品。在建园的时候注意选择没有工业企业直接污染及水域上游、上风口没有污染源对该区域构成污染威胁的区域。建园之前，必须对梨园周围的环境进行检测，特别是大气、土壤、水源等进行严格检测，有毒有害物质含量必须达到国家标准的要求，一般在远离城市和污染企业的农村和山区都能满足生产优质梨果的要求。

此外，生产优质安全果品的梨园应当与生产常规果品的梨园分离，保持二者之间达到百米以上的距离，或者在二者之间设立障碍，防止二者之间存在共同的病虫害，同时防止常规管理的果园或者农田的农药、化肥等对生产优质安全果品的梨园造成污染。

建园选址的时候，注意不要选择重茬地，在建立优质安全梨生产基地的时候，注意不要选择梨树或者苹果树的重茬地，防止在土壤中残存的病虫害对新建梨园产生影响。

此外，园地选择还应做到“因地制宜、适地适树”，只有这样，在最适宜的地方栽种最合适的树种，果树才会生长达到最好，减少病虫的影响。在梨树建园的时候，根据不同品种的最适宜地区，和相应的市场前景选择相应的品种。“适地适树”具有两重含义，即包括选择最适宜的环境条件建园，又包括在既定的园地里选择最为适宜的树种或者品种。两者都需要明确当地的气候条件和土壤特点。如在冬春气温偏低的地区或者干旱的地区，应注意把园址选择在离大水面较近的地方，这样可以调节气温和湿度，一定程度上减少冻害和旱灾；山地缓坡、丘陵地带，光照充沛，昼夜温差大，不易遭受霜害，并且果品质量好。

影响梨树生长的气候因素包括温度、降水、光照等气象因子，这些气象因子的综合效应决定园地能否适应梨树生长。绝大多数的梨品种，其经济栽培的最适宜区的气候条件为：年平均气温 7～14℃，最冷月份平均温度不低于－10℃，极端最低温度不低于－20℃，大于或等于10℃的有效积温为4 200℃，海拔高度为300米左右，年日照时数为1 400～1 700小时，年降水量为400～800毫米，无霜期为140天以上。在影响梨树生长的气象因子中，温度最为重要，每种品种都有自己最为适宜的温度范围。如秋子梨适宜的年平均温度为6～12℃，白梨系统为7～14℃，砂梨系统为12～18℃。影响梨树生长的土壤条件包括土层厚度、理化性状、土壤微生物、水、肥、气、热等多种因素。但梨树对土壤要求并不严，砂、壤、黏土都可以栽培。因而，梨树在我国的栽培区域很广，从淮河以南温暖湿润的南方诸省到冬季严寒的东北平原都有种植。但仍以土层深厚，土质疏松，排水良好的砂壤土为最好。我国的著名梨产区，大都在冲击沙地，或者排水良好的山地，或者土层深厚的黄土高原。梨树在渤海湾地区、江南地区种植普遍易缺磷，黄土高原、华北地区种植容易缺铁、锌、钙，西南高原、华中地区种植易缺硼。梨树喜欢中性偏酸的土壤，但要求不严格，最适宜的酸碱度为pH5.6～7.2，能够生长的酸碱度范围为5.0～8.5。不同砧木对土壤的适应力不同，砂梨、豆梨要求偏酸，杜梨偏碱。梨树亦较耐盐，能在含盐量低于0.2%条件下生长良好，能够忍受的极限盐浓度为0.3%，杜梨比砂梨、豆梨耐盐能力强。

（二）梨园适宜性评价

1. 园地环境质量评价　在建立优质安全梨园前，首先要检测园地自身的大气、土壤和灌溉水的所有污染物质浓度，将检测结果对照有关标准，对于生产AA级绿色食品和有机食品的梨园，检测所涉及的所有污染物都不能超出标准要求；对于生产A级绿色食品和无公害食品的梨园，要求相对较低。其次，还应当考察园地附近有没有污染源，特别是在梨园的上风头决不能存在污染源。

2. 土壤肥力评价　生产绿色无公害果品的梨园应当建立在

土壤肥沃、土层深厚、有机质含量高、质地疏松、营养丰富、坡度不大的地方，并且土壤的含盐量和酸碱度在梨树生长适宜的范围之内。园地的土壤肥力需要在检测各项指标的基础上，根据各因素的重要性进行综合的评价，生产AA级绿色食品或者有机食品的梨园建议达到1～2级指标要求，生产A级绿色食品或者无公害食品的梨园建议最少达到3～4级土壤肥力的要求，在具体的栽培过程中，注意加施有机肥、积极培肥地力，保证优质果品生产的稳定性和持续生产能力（具体肥力指标见表4-1）。

表4-1　梨园地土壤肥力分级表

分级	pH	有机质 %	全氮 mg/kg	速效磷 mg/kg	速效钾 mg/kg	阳离子交换量 cmol/kg	质地	含盐量 %
1	6.0～7.0	>2.0	>1.0	>15	>150	>20	轻壤	<0.2
2	5.5～6.0 7.0～7.5	1.0～2.0	0.8～1.0	10～15	100～150	15～20	砂壤、中壤	0.2～0.3
3	4.5～5.5 7.5～8.5	0.5～1.0	0.6～0.8	5～10	50～100	8～15	砂土、重壤	0.3～0.5
4	<4.5 >8.5	<0.5	<0.6	<5	<50	<8	粘土、砂石土	>0.5

（三）地势与坡度坡向的选择

山地和丘陵地地形复杂，尤其是山区，气候和土壤变化大，有垂直分布的特点，栽植梨树需考虑海拔高度、坡度大小及坡段坡向等。北方山地栽植，海拔高度一般不宜超过700米，南方可利用山地气候的垂直差异，选择适合梨树生长的地段栽植。在云南蒙自地区，梨树栽种在海拔1 500～2 000米地段，四川下川东山地栽种在海拔500～1 000米的中山区，气候温和，日照充足，空气和土壤都较干燥，是梨树的主要分布区。

在坡地槽谷或坡地中部凹地、平地地势低洼的地方，冬春季因为冷空气下沉，往往形成冷气湖或霜眼，物候期早的品种极易受到晚霜的危害；相反，在坡地上部、平地地势较高的地方，由于能够形成逆温层，温度反而偏高，霜害很少发生。因此，为了避开晚霜危害，早熟品种应栽种在坡地上部、平地地势较高的地方，切忌种在槽谷中。

山地的坡向不同，接受的光照和热量也不同，湿度和风量也不同。一般南坡、东南坡、西南坡，所接受的太阳光热量大，北坡、东北坡、西北坡接受的热量少，较冷凉。梨树对坡向要求不严，但梨树喜光，年需日照为1 600～1 700小时之间，以南坡为好。由于南坡光照充足、气温偏高，早熟品种果树成熟期进一步提前，果实色泽和品质优良，经济效益显著，东坡和西坡次之，北坡栽种早熟品种失去意义，可以利用北坡成熟晚的特点，栽种晚熟品种，延长鲜果的供应时期。

坡度对梨树的生长发育也有一定的影响。同一坡向，不同坡度，光照、水分不尽相同，如南坡，10°坡太阳直接辐射量是平地的116%，20°为130%。表土的含水量，5°坡为平地的52.38%，20°坡为34.78%，随坡度增加而降低。因此，坡度不宜超过30°，以5°～10°的缓坡为宜。

（四）授粉品种的选择与配置

梨具有自花不结实的特性，当栽培品种单一时，往往花而不实，造成低产或者绝产。即使是能够自花结实的品种，结果率也较低，不能达到商品生产的要求。在建设梨园时，必须配置授粉树。

1. 授粉品种应具备的条件 因为梨树的大部分品种不能自花结实（西洋梨可靠“孤雌生殖”获得产量），为提高坐果率，定植时需配置足够数量的授粉树，授粉品种应具备如下条件：

（1）综合经济性状优良，丰产，与主栽品种同样具有较高的商品价值，对当地条件适应。另外成熟期基本与主栽品种一致，以利整个梨园的统一喷药、看护、采收等。

（2）花粉量大、与主栽品种亲和良好，花粉发芽率高，二者最好能够相互授粉，如果不能相互授粉，应配置第二授粉树，以保证整个梨园丰产。授粉品种的选择应建立在授粉试验基础上，如河北省地方优种安梨，以鸭梨、雪花梨做授粉树效果较好，花朵坐果率达50%以上（表4-2）。根据授粉试验结果，几种主栽梨品种的主要授粉品种见表4-3。

表4-2　不同品种授粉坐果情况（万青艳等）

授粉品种	调查花序数（个）	坐果花序数（个）	花序坐果数（个）	调查花朵率（%）	坐果数（个）	花朵坐果率（%）
鸭梨	31	28	90.30	93	53	56.90
白梨	26	21	80.80	78	44	56.40
雪花梨	27	23	85.20	81	42	51.90
山梨	34	1	2.9	102	1	0.98
安梨	21	0	0	63	0	0
自然授粉（对照）	100	78	78.00	540	140	25.90

表4-3　几种主栽品种梨的主要授粉品种

主栽品种	授粉品种
鸭梨	雪花梨、砀山酥梨、胎黄梨、栖霞大香水梨、秋白梨、京白梨、锦丰梨、茌梨
二十世纪梨	晚三吉、太白、博多青、砀山酥梨
茌梨	栖霞大香水梨、鸭梨、砀山酥梨、秋白梨
雪花梨	鸭梨、砀山酥梨、秋白梨、胎黄梨、锦丰梨、茌梨
栖霞大香水梨	砀山酥梨、锦丰梨、茌梨、鼓梗梨
砀山酥梨	鸭梨、雪花梨、砀山马蹄黄
苹果梨	雪花梨、鸭梨、延边谢花甜、京白梨、锦丰梨、秋白梨、茌梨、南果梨
南果梨	苹果梨、茌梨、巴梨
锦丰梨	鸭梨、苹果梨、雪花梨、砀山酥梨、早酥梨
早酥梨	鸭梨、栖霞大香水梨、黄县长把梨、锦丰梨、苹果梨、雪花梨
巴梨	茄梨、伏茄梨、三季梨
库尔勒香梨	鸭梨、茌梨、砀山酥梨
秋白梨	鸭梨、雪花梨、茌梨、蜜梨、香水梨、京白梨

（续）

主栽品种	授 粉 品 种
京白梨	蜜梨、秋白梨
玛瑙梨	线穗梨、金花梨、晚三吉梨
茄梨	巴梨、伏茄梨
爱甘水梨	圆黄、丰水、新世纪
红茄梨	巴梨、伏茄梨
幸水	长十郎、晚三吉、菊水
绿宝石梨	线穗梨、金花梨、晚三吉梨
黄冠梨	冀密梨、雪花梨
苍溪雪梨	鸭梨、茌梨、金花梨、金川雪梨
晋酥梨	酥梨、雪花梨、慈梨、库尔勒香梨、苹果梨、锦丰、早酥、抗青、宝珠梨
八月酥梨	酥梨、雪花梨、金花梨、鸭梨、早酥梨
八月红	早酥梨、砀山酥梨、秦酥梨
五九香	金花梨
水晶梨	幸水、七月酥
锦香梨	早酥、锦丰、鸭梨
秦酥梨	雪花梨、砀山酥梨、锦丰梨、金花梨
大果水晶梨	秋黄
丰水	金水1号、新鸭梨、金水酥、龙19、金川雪梨、龙泉酥
黄金梨	绿宝石、新世纪、丰水、新兴、水晶
圆黄梨	黄金梨、大果水晶

（3）与主栽品种的花期相遇，并以提前1～2天为宜。因为梨属伞房花序，边花先开，而边花的发育较好，所结果实外观端正，品质较好。为保证边花授粉良好，需以授粉品种的盛花期恰逢主栽品种的花期。

（4）与主栽品种进入结果期的年限相同，否则主栽品种已大量成花，而授粉品种尚未形成花芽或花量很少，将影响整个梨园的产量。

（5）在果实品质日益受到重视的今天，外观品质无疑占有相当重要的地位。为保证果形标准、端正，在授粉品种的选择上需充分考虑到主栽品种的花粉直感问题。据河北省石家庄果树研究所对“黄冠”授粉特性观察，授粉品种不同生产出的果实的外观表现明显的不同，具体表现见表 4－4。

表 4－4　不同授粉品种对黄冠梨外观品质的影响

授粉品种	果实形状	果面颜色	果点	外观总评	备注
雪花梨	椭圆、猪嘴明显	绿黄	小、稀	较差	虽略有肉突，但不失端正，且具特色
鸭梨	椭圆、梗洼处稍向内突起	绿黄	小、稀	优	
廿世纪	椭圆、端正	绿黄	小、稀	优	
早魁	椭圆、猪嘴明显	绿黄	小、稀	较差	
慈梨	椭圆、端正	绿黄	较大、稀	较差	
冀蜜	椭圆、端正	绿黄	小、稀	优	
78－3－36	椭圆、端正	绿黄	小、稀	优	

（6）授粉品种不同，还可能对生产出的梨果的内在品质产生较为明显的影响。据傅玉瑚等对不同授粉品种对鸭梨果实品质影响的调查研究，可以看出存在较为明显的差别，具体情况见表 4－5。

表 4－5　授粉品种对鸭梨果实品质的影响（引自傅玉瑚等）

授粉品种	授粉花朵数（个）	观察果数（个）	可溶性固形物（%）	果肉硬度（毫帕）	锈斑面积（厘米^2/果）	果点数目（个）	果点平均直径（毫米）
砘子梨	50	30	12.5	6.21	6.41	80	0.46
雪花梨	50	30	13.1	6.13	7.78	89	0.38
银白梨	50	30	13.0	6.42	7.05	95	0.43

2. 授粉品种的配置　授粉树与主栽品种的距离，以传粉媒介而异，以蜜蜂传粉的品种，应根据蜜蜂的活动习性而定。据观察，蜜蜂传粉的品种与主栽品种的最佳距离以不超过 50～60 米为宜。授粉树在梨园中的配置方式，通常有以下三种：

（1）中心式　在小型梨园中，梨树做正方形栽植时，常用中心配置，即一株授粉品种在中心，周围栽 8 株主栽品种。

（2）行列式　在大中型梨园中配置授粉树，应沿小区长边，按树行的方向成行栽植。两行授粉树之间的间隔行数一般为 3～

7行。对于处于生态最适带的梨园，相隔的行数可以多些，间隔距离可以远些。

（3）等高式 在大中型的山地、丘陵地区的梨园，可以按等高梯田行向成行配置。相隔行数与行列式相近。

为防止授粉品种树出现小年时花量不足，在一个梨园内最好配置两个授粉品种。授粉树的数量一般占主栽品种的1/8～1/4，以保证主栽品种连年丰产、稳产，避免因授粉树的问题而引起主栽品种梨树的大小年现象。

第二节 梨苗木栽植技术

一、栽植前土壤处理

（一）整地改土

梨苗定植前，最好全园深翻压绿改土，但一次性费工较多。目前多采用壕沟改土，按确定的株行距顺行（一般南北方向）挖定植沟，沟宽1米，沟深0.8米，长度不限，以整块地挖通为宜，挖时将心土与表土分开堆放。将作物秸秆、杂草、绿肥、迟效磷肥等混合，表土分层压入，心土盖于最表层，但苗木处须用表土。底肥的最上层至沟表面至少保持30厘米以上土层。沟表面可高于周围地面10～20厘米。定植沟最好在栽苗一个月前完成，若在刚改好土的定植沟上栽植，壕沟泥土必须高出地面20厘米左右。苗木定植好后沿定植沟处逐年向外扩穴深翻压绿（压入杂草及作物秸秆），一般3～5年完成全园深翻。若资金不足，也可先确定定植点，然后在定植点挖大穴定植。穴长宽深为100厘米×100厘米×60厘米，同样按上述方法压入杂草秸秆等作底肥，栽植后逐年往外深翻。

经过改土的梨园土质疏松，有机质丰富，透气性好，苗木生长健壮，结果早而丰产，这是获得优质、高产的关键措施之一。

（二）土壤消毒

为了生产优质安全的果品，保证梨树生长良好，在梨树种植前，必须进行土壤消毒。园地土壤消毒主要依靠热力技术，如土壤暴晒、药剂处理等方式。

1. 土壤暴晒 土壤暴晒技术是指“在已经准备好种植作物的潮湿土壤上，在炎热的季节里，应用塑料薄膜覆盖土壤4周以上，提高一定深度土壤的温度，达到杀死或者减少土壤中有害生物”的一项技术。该项技术的主要原理是利用加热灭菌的作用，杀死土壤中的微生物。该技术的重点是塑料薄膜的覆盖，有两种使用方式，一种是种植前的处理，即将塑料薄膜完全平铺或者利用畦田的方式覆盖；另一种方式是在种植后的处理，即在果树树干周围的土壤暴晒消毒。土壤暴晒技术主要有以下5种方式：

（1）*单膜覆盖技术（膜的厚度建议在60～80微米）* 在亚热带气候地区应用单层膜覆盖土壤，足以达到消灭土壤有害生物的目的。

（2）*双层膜覆盖* 在暖温带地区，如日本和欧洲地中海地区，在温室中使用双层膜覆盖能防止热量的散失，提高温度3～10℃，增加防治有害生物的效果。

（3）*黑色膜覆盖加土壤热水处理* 田间应用黑色膜覆盖，同时结合热水处理（在10～20厘米的土壤中，灌进15～20℃的水），可以使得地温达到56～60℃，提高防治效果。

（4）薄膜下的土壤中埋设电热线，通过电加热的方式进一步提高地温。

（5）土壤覆膜和加入低度的溴甲烷熏蒸剂，覆膜以前在土中加入起土壤调节作用的有机物质，也有使用能吸收红外线的热塑料膜等技术，都能提高和保持温度，提高防治效果。

2. 药剂处理 土壤消毒可以使用含37％甲醛的福尔马林处

理。处理时将定植穴内或者栽植沟内的土壤挖起，然后边填土、边施福尔马林，喷洒后，地膜覆盖土壤，杀死土壤中的线虫、细菌、真菌。也可用1，3-D、EDB、BBCD等杀线虫剂，克菌丹杀菌剂，广谱性生物杀伤剂如三氯硝基甲烷、溴甲烷等杀死线虫、真菌和细菌。

3. 其他方式 深翻换土和土壤辐射等方式也能起到土壤消毒的作用。深翻换土，即在定植穴内进行深翻，把定植穴内0.5米^{3}的土壤挖起移走，换好土填入定植穴，然后栽植梨树；土壤辐射，即栽植前，对少量土壤用γ射线处理，以杀死土壤中的线虫和微生物。

二、苗木栽植

1. 栽植时期 一般梨树栽植应当在苗木地上部分生长发育相对停滞以后，土壤温度在5～7℃以上时进行苗木栽植。但具体的栽植时期还要根据当地的气候条件来确定，冬季温暖、气候湿润的南方地区适于秋栽，在11月中旬前后栽植，冬前有2个月时间。秋栽能使土壤与栽植的苗木根系充分密接，促进根系伤口的愈合并能长出新根，由于此时土壤中的水分和养分充足，树上部分于地下部分竞争养分的能力大大减弱了，所以秋栽的梨苗缓苗期短，苗木生长良好。而气候寒冷、干旱、风大的北方地区则适于春栽，以防苗木被冻坏和抽干。春栽一般在3月下旬至4月上旬栽植，但栽的越早越好。

2. 苗木处理 苗木起苗时一定要灌足水后再起苗，以保证苗木根系（特别是须根）完整，少受损伤。梨苗移栽最好在苗木的休眠季节进行，疏除部分枝干，减少水分蒸腾。运输距离较远的客户特别要注意苗木的包装和保护。

苗木运到栽植地后立即打开包装，取出苗木，在多菌灵等杀菌剂兑水的混合液中浸泡30分钟左右，使苗木充分吸水、消毒，然后打泥浆立即栽植。

3. 栽植密度与方式

（1）栽植密度　随着科学技术的不断发展，梨树栽培方式逐渐由乔化稀植向矮化密植变革。密植是获得早期丰产、提高单位面积产量的有效栽培方式，它可以增加叶面积，有效地利用光能，经济利用土地。生产上常用的栽植密度可归纳为3种。

①普通密植。株行距为4米×5米，每公顷栽500株。

②中度密植。株行距为2.5～3米×4米，每公顷栽1 000～833株。

③高度密植。株行距为1～2米×3米，每公顷栽3 333～1 667株。

要根据品种特性、梨园地势、土壤特点、管理技术水平、机械化程度确定合适的密度。幸水、早黄和北丰等品种树冠小，可适当密植。一般株距以2～3米、行距以4～5米为宜，这样便于小型农业机械的操作管理，充分截获和利用光能。山东郓城栽植金花梨，每公顷栽植3 330株，2年生每公顷产量15 000千克，3年生45 000千克以上。山东冠县在密植条件下，4年生树每公顷产量66 832.5千克，5年生树每公顷产量75 324千克，6～7年生树每公顷产量75 000～90 000千克。以上事实充分说明，密植栽培是早期丰产的关键，只要管理得好，就可以达到丰产、稳产。

（2）栽植方式

栽植方式是决定梨树群体及叶幕层在梨园中配置方式，对于经济利用土地，和田间管理具有重要影响。在确定了栽植密度的前提下，可以结合当地的自然条件和果树的生物学特性决定，常用的栽植方式如下：

①长方形栽植　这是在我国广泛应用的一种栽植方式。特点是行距大于株距，通风透光良好，便于机械管理和采收。栽植株数＝栽植面积/（行距×株距）。

②正方形栽植　这种栽植方式的特点是行距和株距相等，通风透光良好。管理方便。若用于密植，树冠易郁闭，光照较差，间作不便，故应当少用。

栽植株数＝栽植面积/栽植距离^2

③三角形栽植　三角形栽植是株距大于行距，两行植株之间互相错开而形成三角形排列。这种方式可以提高单位面积上的株数，比正方形多栽11.6%的植株，但行距较小，不利于管理和机械化作业。

④带状栽植　带状栽植即宽窄行栽植，带内由较窄行距的2～4行树组成，实行行距较小的长方形栽植。两带之间的宽行距（带距）为带内小行距的2～4倍，具体宽度视通过机械的辐宽及带间土地利用需求而定。带内较密，可以增加梨树群体的抗逆性（如防风、抗旱等）。

⑤等高栽植　适用于坡地和修筑有梯田和撩壕的果园，实际上为长方形栽植在坡地果园的应用。

⑥篱壁式栽植　这种栽植方式最适宜机械作业和采收。由于行间较宽，足够机器在行间运行，株间较密，成树篱状，也是适于机械化管理的长方形栽植形式。

4. 栽植技术

（1）定点挖穴。在测好的定点上挖大穴（长、宽、高为：100厘米×100厘米×80厘米），注意在挖穴的过程中，注意表层土和心土分别放置，填土时先填表层土，然后分层加施有机肥，最后将心土放于地表，以加速其熟化速度。

（2）苗木准备。要求苗木品种纯正，健壮，根系发达，枝粗节短，芽子饱满，嫁接口愈合良好，无检疫病虫害的苗木。

（3）栽植。栽植时应当把各条根系理直、理顺，在定植穴内各个方向均匀的分布，最好能保证与苗木在苗圃时的栽植方向一致，边埋土、边踏实，保证苗木根系与土壤充分接触。苗木的嫁接口要朝向迎风方向，以防风折，栽植深度到达根茎（即苗木在苗圃时与地面交界的地方）处为宜，太深，容易造成树木呼吸不畅而造成树木死亡。

（4）及时浇水，并覆盖。树苗栽植后，应当立即浇定根水，同时覆草保湿。注意浇水要一次浇透，不要经常浇水，造成根系出现水淹现象，致使根系腐烂，下次浇水要等到土壤表面干燥后进行。覆盖在保湿的同时，也起到提高地温的作用，有利于苗木根系的恢复生长，提高苗木成活率。

（5）及时定干。苗木栽植后，应当根据要培养的树形，及时定干，注意定干后伤口要进行处理，防止枝条抽干，可以采用猪油或者油漆涂抹。定干时要根据要培养的树形留饱满芽作为主枝。

5. 假植 当苗木暂时不能定植的情况下，对于苗木应当找地方集中埋土以保持苗木根系的水分，待定植时再挖出，这种情况称为假植。假植仅是对苗木的临时处理，不能使苗木长期处于假植状态，而影响苗木的生长，在假植过程中，要注意对苗木的管理，及时地浇水或者对树体喷水，保证苗木成活。具体技术如下：

（1）当苗木短期假植时，可挖浅沟，将苗木根系埋在地面以下，浇上水即可。

（2）当苗木越冬假植时，则应选择在地势平坦，避风向阳，不易积水处，挖沟假植。其具体做法为：选背风向阳的地方开挖假植沟，沟深50厘米，宽100厘米左右，东西走向，长度依苗量多少确定。挖出的土放在沟的北边，挖好沟把沟底的土刨松。从一端开始排苗，苗木斜放，成捆的苗应散开单株排放。最好像葱一样把一棵棵苗摆开，随即用土埋住根系，摆完一排再摆另一排，直到假植沟的另一端。苗的根系周围需完全用土填充，不能留有空隙或被土块支撑透风，因此，填充的土必须打碎。假植完后浇水，使土与根系密接。水渗后如有漏洞，需要填细土封埋。冬季随气温逐渐降低，不断加厚土层，严寒到来时，埋土深度达到苗高的1/3～1/2。

注意，假植沟不可过深，沟中的苗木要排放整齐，根系入土深度基本一致。否则，会出现上部苗埋土过浅而根系受冻；下部苗埋土过深，因过湿、过热出现烂根。

第五章

培 肥 土 壤

俗话说："肥养树，水长果"，梨园的管理也是如此。梨树只有在肥沃的土壤上，才能生长健壮，培肥土壤的措施有很多，其中合理的施肥不失为一种及时有效的方法，另外还有深翻改土，梨园生草、覆草等技术措施。施肥在一定程度上就是供给、补充树体正常生长、发育所需的各种营养元素，并可熟化土壤、改良土壤理化性状、促进根系吸收，为梨树生长发育奠定物质基础。施肥的早迟、多少、种类直接决定了梨果是否结得多、长得大、长得好。

一、梨树施肥依据

（一）树体缺素诊断

树体缺素诊断即树相诊断。因为树体的外观形态能够反映出树体的营养状况。此种诊断方法是目前以家庭为生产单位的小规模梨园种植中不可缺少的技术手段。此法是根据各种营养元素的主要功能，以及营养元素失调时树体、枝、叶、花、果等器官所表现出的外部症状，判断树体的营养状况，为合理施肥提供了依据。

1. 氮（N）　是树体各器官细胞质的主要成分，又是叶绿素和蛋白质的组成成分，是生命活动的基础。N素过多时枝梢徒长，节间增大，果实成熟期延后，且品质下降，贮藏期易发生黑心病。生长期缺N时，新梢生长量小，枝条冗细，叶片呈黄绿色，薄而小，老叶变为橙红色或紫色，脱落较早，花芽瘦小，落花、落果、果实单果重降低。如果长期缺N，则树势衰弱、植株矮小，甚至不能结果。

2. 磷（P） 是核酸、糖磷酯和一些酶的组成成分，对有机养分的合成、运转起主要作用，而且直接参与光合作用的生化过程，可起到增强树体活力，促进花芽形成，提高抗旱能力的作用，增强根系吸收能力，提高果实品质具有相当重要的意义。当P过剩时，会提高树体对Zn的需求，如不能及时补充即表现缺锌。缺P时，引起树势衰弱，根系发育缓慢，花芽分化不良，叶小而薄，枝条细弱，叶柄及叶背的叶脉呈紫红色，在新梢的末端表现明显。缺P时，首先于老叶表现症状，叶片呈青铜色，叶脉带紫红色，叶尖和叶缘焦枯，严重时整个叶片为紫红色；新梢变短，甚至枯死。果实产量和果实品质下降。另外，应当注意的是过多使用N肥会引起缺P，但P过高时又会影响N和K的正常吸收。

3. 钾（K） K可促进果实的膨大和成熟，促进糖的转化和运输，提高果品质量和耐贮性，并可促进植物的加粗生长，提高树体抗旱、抗寒、耐高温以及抗病虫害的能力。K素过剩会影响N、Ca等元素的正常吸收，使枝条发育不充实，抗逆性下降；并使果实肉质松软，严重影响耐贮性。缺K时，因光合代谢紊乱，碳水化合物的合成受到干扰，光合作用受阻，叶绿素遭到破坏，而使叶片边缘失绿变褐，严重者还会焦枯；果实个小，品质和耐贮性下降。同时还会影响枝条的加粗生长，使新梢细弱，甚至使顶芽滞育而造成“枯梢”现象，尤其在4～5月氮素营养时期，要注意补充钾肥。沙质土或有机质含量少的土壤上易表现缺钾症状。

4. 镁（Mg） 是叶绿素的主要组成成分，而且在磷酸代谢、N素及C素代谢中，能够起到酶活化剂的作用，对呼吸作用亦有间接影响。Mg元素可以迅速转移至种子，使种子的含镁量增高。因而，适量的Mg肥能起到促进果个、提高品质的作用，但镁过多会影响Ca素的正常吸收。而缺Mg时首先使叶绿素合成受阻，叶片表现失绿，严重时还会造成早期落叶，进而使枝梢生长缓慢甚至滞育，果实品质下降。缺镁的叶片自枝条的下部开始出现，严重时自枝的下部向上逐次提早落叶，同时严重影响了果实着色和风味。

一般沙质土、酸性土的梨园，Mg素流失较快，尤其以沙质土壤发病较为普遍；而水涝及P、K肥过量亦会引起树体缺Mg。

5. 钙（Ca） Ca参与细胞壁的组成，保证细胞的正常分裂，使得细胞质的黏性增加，提高抗性。其主要作用是平衡树体的多项生理活动，同时还是一些酶的活化剂。适量的Ca素可减轻K^+、Na^+、H^+、Mn^{4+}、Cl^-等离子的毒害作用，利于树体对N素正常吸收，从而促进生长；还可有效提高果实的耐贮性。Ca过多会使土壤呈碱性而板结，导致Fe、Zn、P、Mn等元素变成不溶性物质，进而造成树体其他的缺素症。缺Ca时，受害最重的当属根系——新根粗短、根尖枯死、吸收能力降低，同时影响树体对铵态N的吸收，使树体生长和果实发育受阻，严重时叶片变小，枝条枯死；果实还会在贮藏期感染黑心病等。土壤中N、K、Mg较多时，也易发生缺钙现象。研究表明，适量的硼可促使叶子中的碳水化合物向根中运输，使之不断生长新根，有利于Ca素的吸收，从而缓解缺Ca症状。

6. 硼（B） 虽然B不是树体内化合物的组成成分，但对碳水化合物的运转具重要作用，能够促进花粉萌发、药粉管伸长及子房发育，提高果实可溶性固形物含量；并有促进根系生长，从而提高产量、品质及树体适应性的作用。缺B，会使树体内的碳水化合物运转失调，糖不能及时运至根尖，致使根尖木质化，影响根系对Ca、N等元素的吸收，进而使叶片稀疏、黄化，新梢、小枝顶端生长点枯死，并向下枯萎，严重时甚至会造成多年生枝的死亡；而且对树体的生殖生长影响很大，如开花不良、坐果率降低、裂果或果面呈凹凸状——果农常说的“疙瘩梨”，果肉木栓化，大幅降低食用价值和商品价值。但 B 过量亦同样会产生毒副作用。秋季未经霜冻，新梢末端叶片即成红色。花期或花后喷 0.2%～0.5%的硼酸溶液不仅可以治疗缺硼症，还能提高坐果率。

7. 铁（Fe） Fe 虽不是叶绿素的组成成分，但是叶绿体功能维护的必需元素，还对吸收有间接作用。缺 Fe 时，由于叶绿素合成受阻，首先是新梢顶部的幼叶和短枝嫩叶先从叶脉间开始失绿，随之叶脉也失绿，变成黄色，故又有“黄叶病”之称。严重时叶片小而薄，呈黄白乃至白色，并形成不规则的坏死斑或枯边，随之枯死脱落；整株缺铁时枝梢滞育、细弱，并可出现枯梢现象。

梨树缺铁症是综合因子造成的，如果土壤 pH 高，铁与锰比值过大或者过小，都可引起树体缺铁，其主要成因是土壤的盐渍化。在碱性或者盐碱重的土壤里，大量可溶性的二价铁转化为不溶性的三价铁盐而沉淀，不能再被植物吸收利用。梨树需铁的临界浓度为 20～30 毫克/千克。防治梨树却铁症可在生长季节每月喷 1～2 次 0.5%的硫酸亚铁液，经多次喷施可使黄叶复绿，也可以在春季土施一定量的硫酸亚铁。

8. 锌（Zn） Zn 是某些酶的组成成分，与树体中吲哚乙酸的形成有关，又可影响树体内 N 素的代谢，从而间接影响树体的生长发育。缺 Zn 会使叶片变小，并呈簇状，即所谓的“小叶病”，一般与梨缺铁病同时发生；严重时会造成落叶、果实滞育并影响花芽分化。一般情况下，在沙地、盐碱地和瘠薄的土壤上种植梨树，较易发生“小叶病”。可在发芽前喷 4%～5%的硫酸锌液，发芽后喷 0.3%～0.5%的硫酸锌液防治缺锌症。

9. 锰（Mn） Mn 是叶绿体的组成物质，在叶绿素的合成过程中起催化作用，并直接参与光合作用。当树体缺 Mn 时，叶绿素合成及光合作用受阻，梨树各部位、各叶龄的叶片均表现出叶缘向脉间轻度失绿，但梢顶部新生叶症状轻或者不表现症状。

以上是梨树缺素时表现的各种症状，只有对每一种肥料元素的功能进行比较详细的了解以后，才能根据植物实际的生长状况，采用科学的肥料配比，重视施用有机肥，不断改良土壤的结构。为了能够科学地施用各种肥料，了解每种肥料的有效成分显得十分重要，主要肥料有效成分含量见表5-1。

表5-1 主要肥料有效成分含量表

肥料种类	N（%）	P_2O_5（%）	K_2O（%）
尿素	46.00	0	0
碳酸氢铵	17.00	0	0
过磷酸钙	0	18～20	0
钙镁磷肥	0	16～18	0
磷酸二氢钾	0	24.00	27.00
磷矿粉	0	20～30	0
硫酸钾	0	0	48.00
氯化钾	0	0	56～60
豆饼	7.00	1.32	2.13
棉籽饼	3.41	1.63	0.97
花生饼	6.32	1.17	1.34
芝麻饼	5.80	3.00	1.30
菜籽饼	4.60	2.50	2.00
茶籽饼	1.60	0.30	0.40
腐熟人粪尿	0.50	0.10	0.20
新鲜人粪尿	1.00	0.50	0.40
猪粪	0.60	0.45	0.50
鸡粪	1.45	0.77	0.49
牛粪	0.59	0.28	0.14
湖泥	0.40	0.60	1.80
稻草	0.51	0.12	2.70
麦秆	0.50	0.20	0.60

（续）

肥料种类	N（%）	P_2O_5（%）	K_2O（%）
玉米秆	0.60	1.40	0.90
大豆秆	1.31	0.31	0.50
花生秆	3.20	0.40	1.20
芝麻秆	1.31	0.26	2.90
甘薯蔓	1.18	0.51	1.28
油菜（鲜）	0.43	0.26	0.44
白三叶（鲜）	0.48	0.13	0.44
绿豆茎叶（鲜）	0.52	0.12	0.93
紫穗槐	3.12	0.68	1.81
印度豇豆	2.54	0.99	1.38
堆肥	0.4～0.5	0.18～0.26	0.45～0.70
厩肥	0.5～0.7	0.24～0.84	0.63～1.04
垃圾	0.2～0.36	0.11～0.39	0.17～0.48

（摘自：南方梨优良品种与优质高产栽培）

（二）土壤分析

土壤分析法用于栽植规模大，集中连片，又靠近科研机构的梨园。在这种情况下，可以相对降低费用，提高效益。而对于以家庭为单位的小规模梨园而言，土壤化验也是一项不小的开支。在土壤分析取样的过程中应采用“十”字交叉法或五点法取样，挖取代表性点上的土样，挖取深度分别为0～20厘米，20～40厘米，40～60厘米混合。主要测定土壤的质地、有机质含量、pH、含盐量和各种矿物营养的含量。将测定数值与标准值或相同栽植品种的丰产梨园数值进行比较，确定土壤养分的亏缺程度。

（三）叶分析

叶分析不仅能及时和准确反映树体营养状况，还能分析出多种矿质元素的不足或过剩，分辨两种不同元素引起的相似症状，并能在树体表现出缺素症状以前及时地发现。供作分析的叶片，宜在叶片营养元素变化较小时采取，而且应尽量做到标准一致。为减少取样误差，一般选代表性树 5～10 株，于树冠外围同一高度选 10～20 个外围枝梢，采取新梢中部叶一片，混合后进行检测。叶分析与土壤分析的原理一样，二者相比，叶分析更能准确判定树体的营养状况，从而制定出更为合理的施肥方法。

二、科学施肥，提高树体营养

梨树为高产树种，丰产园每 667 米^2 产量可以达到 5 000 千克以上，每年需要从土壤中吸收大量的矿质营养，而施肥能够补偿梨树从土壤中消耗的矿质营养，使得消耗与归还之间保持平衡。同时调节土壤中各种元素之间的平衡。同时梨树体要抗性强、少生病、壮而不旺、果多、果大而不伤树，也必须通过巧施肥，施好肥来调节。因为果要结得多，必先有花，花的多少和花的质量决定了坐果率的高低，从而决定果的大小、果的多少。而梨树的花芽均为前一年形成，所施肥既要保证当年的产量、品质，又要有利于来年花芽的形成。由此可见让树体积累充足的营养是成花和结果的关键。所以，必须根据树体的需肥特点，做到巧施肥，施好肥。若能熟练地应用施肥技术，就能为梨园的丰收打下坚实的基础。但如果施用时期、种类、方法不当，则会事与愿违，给正常生产带来负面的影响。因肥料的分解、根系的吸收离不开水，所以施肥后必须浇水，以便肥效的发挥。

（一）梨树需肥特点

1. 梨产量较高，性喜肥沃，施肥量较一般果树为多。

2. 根据梨树生产调控目标，一是氮肥施用做到早施、适量、中控、后补。梨树长枝与短枝生长时间分明，结果以短果枝为主，短枝一般花后15天即停梢，叶面积在早期大量形成，只有长梢一直生长至6月下旬。氮肥早施有利于及时满足梨树开花结果所需，和叶面积在早期大量形成，促进树体及时由异养转向自养；施用过迟与过量，不仅不利于叶面积早日大量形成，而且往往使长梢生长过旺，影响果实膨大、降低果实风味和影响花芽分化。果实采收后及时适量补施氮肥，有利于树体恢复，增强光合作用，增加树体贮藏养分积累。二是钾肥施用重稳两头。随着梨果的发育，梨果中钾的含量显著增加，钾吸收特别显著，幼果中氮、磷、钾比例为1∶0.2∶1.8，果实愈大，钾、磷吸收量越多，大果中氮、磷、钾比例为1∶0.3∶2.2。因而，钾素不足果实小，且大小不一致，风味淡、品质差，树体抗逆性弱，因此在果实迅速膨大期前宜施足钾肥。三是磷肥施用重头稳后。根据新梢、嫩叶、幼果等发生期细胞分裂需磷量较多，和磷移动性小、不易流失、但易被土壤固定的特点，磷肥多在结合秋冬基肥施用及早春芽前肥施用，一般其他生长期不再施用。

3. 梨根系在土壤中分布较深广，细根分布较匀，故宜深施，施肥面要广。

4. 梨如果控制不善，易发生大小年，施肥时应注意调节。大年应重施肥，并在花前早施追肥，促进叶面积形成，同时在新梢生长期以及花芽分化期（或在采果后）适当补施追肥，以促进营养生长，增加树体贮藏养分，小年与此相反，施肥宜减少，除基肥外，花前肥与花芽分化肥少施或不施。

（二）梨树施肥量的确定

合理的施肥量，也是保证梨树丰产优质的基础。如果不管梨树自身的需要，而只是一味的施肥，也会造成烧苗、土壤中营养元素不平衡等不良现象。确定合理的施肥量，要根据梨树的树龄、土壤状况、立地条件以及肥料的利用率等方面来考虑，做到既不过剩，又能充分满足梨树对各种营养元素的需要。除此以外，还可以根据树体的需肥量减去土壤的供应量，然后再考虑不同肥料的吸收利用率而确定合理的施肥量。一般每生产 100 千克的梨果，需要吸收纯氮 0.47 千克，磷（P_2O_3）0.23 千克、钾（K_2O）0.47 千克，这三种元素的土壤天然供给比例分别为 1/3、1/2、1/2，肥料利用率分别为 50%，30%，40%。由此就可以根据计划产量计算出所需的施肥量，计算公式为：

理论施肥量=（树体需要量－土壤供给量）/肥料利用率

确定好全年施肥量以后，基肥按照全年施肥量的50%～60%施用，追肥总量按 40%～50%施用。不过有条件的地区，建议通过叶分析与土壤分析来确定合理的施肥量，这种方法更加科学、合理，确定的施肥量也更符合实际。

通过土壤分析、叶分析确定梨树的合理施肥量，虽然科学，但由于花费较大，在一些比较贫困的山区还很难推广应用。一般土质疏松的砂土地、较黏重的园片需肥量大；相同土壤状态，生草栽培比树盘覆草需肥量大，更比清耕需肥量大；砂壤土梨园，进入盛果期的大树，基肥施用数量不宜低于生产 1 千克果施 1 千克肥的标准，亦即传统所说的“斤果斤肥”，主要施用的肥料包括圈肥、厩肥、堆肥等，但如果施用动物粪便，由于其有效成分含量较高，需适度降低施用量，以免发生“烧根”现象。以烘干鸡粪为例，有机质含量 35%，氮、磷、钾含量 6%，每株的用量不宜超过 10 千克。

（三）氮、磷、钾比例及最佳施肥时期

氮、磷、钾三要素的比例以氮为 10，磷为 5～7，钾为 8～10 为宜。由于在以往的施肥管理中，大部分梨园存在主要施氮肥现象，这个比例，说明在梨树的管理过程中注意增加磷和钾肥的比例。从总体上而言，氮肥以秋肥为主，钾肥应以 4～7 月夏肥为主，磷在一年中都需要，因为磷单独施用时易被土壤固定，所以常与基肥和有机肥混合施入，以提高其利用率。

决定施肥时期，主要看土壤的肥力，肥沃的土壤主要在秋、冬两季施肥，比较贫瘠的土壤，则要注意在5～7月果实发育时补充氮肥，满足果实膨大的需要。施肥的时期还要看树的生长状况。如幼年结果树生长旺盛，春季则要控制氮肥的施用量。而花多、生长弱的结果树，春季则应施氮，补充开花消耗的氮素以提高坐果率。根据生产实践，结合不同时期梨树对不同营养元素的需求，注意在以下4个时期施肥：

1. 花前、花后追肥，促进开花结果和枝叶生长，花前追肥以速效氮肥为主，花后追肥以磷、钾肥为主。

2. 果实膨大期，在各品种果实膨大期施，氮、磷、钾配合使用。

3. 采收后7～10天内施肥，以利于树势的恢复，并促进光合作用，增加养分以及秋根的发生等，以速效性肥为主。

4. 10～12月施基肥，以有机肥为主，占全年施肥量的40%～50%。秋施基肥十分重要，以氮肥为例，在梨果实膨大中后期，如果施氮肥过多则果形较大，但果实含糖量下降，风味变淡，病害较重，不符合优质栽培的要求。而6月上旬是梨新叶开始合成碳水化合物的主要时期，树体不需要太多的氮，但氮太少则不利于花芽分化，会影响第二年开花结果，解决这一矛盾的最好方法是秋冬季节多施一些有机肥。

（四）梨幼树施肥原则

对于梨幼树而言，因幼树根系不发达，施肥应以薄肥勤施为原则，以免烧苗。同时增加磷钾肥，以增强树势。

（五）施肥技术

施肥可分为基肥和追肥两种。不同施肥方式，所使用的肥料种类、施肥时间、施肥量以及施肥方法不尽相同，下面分别作以介绍。

1. 基肥 基肥是一年中较长时期供应养分的基本肥料，通常是以迟效性的有机肥为主，肥效发挥平稳而缓慢，可以不断为梨树提供营养。栽培试验证明凡重视基肥的梨园，果实光洁度高，极富蜡质，而且口感良好。相反，偏施化肥的梨园或不施农家肥的梨园果虽有光洁度，但不充分，几乎无蜡质可言，更谈不上香甜可口。可见，施基肥是提高果实外观品质的关键措施。

（1）*基肥的种类* 基肥以堆肥、厩肥、圈肥、绿肥、作物秸秆及人粪尿、鸡粪等为主。施用作物秸秆需加入少许N肥，以利微生物的活动，加速秸秆的腐熟；鸡粪等动物粪便需经50℃以上发酵7天，以杀死其中的细菌、虫卵、杂草种子等，现在生产的烘干鸡粪已经过腐熟和造粒处理，可直接作为基肥施用，但用量要求小于农家肥。以上涉及的有机肥料，肥效期长，能够源源不断地长期供给树体所需的氮、磷、钾等大量元素，亦可补充锌、磷、钙、铍等微量元素，是梨园的主要施肥种类。

（2）*施肥时间* 传统的基肥施入时期有春施和秋施两种，但近年的试验和生产实践证明，秋施基肥的效果要好于春施。一般在果实采收后立即进行，此时正值根系的第二次生长高峰（即使稍微延后，根系的活动亦较旺盛），有利于伤根的尽快愈合。挖沟时切断的一部分细根，恰可起到根系修剪的作用。且此时新梢已停长，根系的吸收能力强，秋季光照充足有利于树体养分的贮藏，为来年的生长、坐果奠定基础。同时树体内细胞液浓度的提高有助于提高抗寒防冻能力。同时，秋施基肥能有充分的时间腐熟，早春可以及时供树体生长使用。另外，秋施基肥还有减轻“大小年”结果和促进幼树提早结果的作用。

（3）*施肥方法* 基肥的施用应根据基肥的性质、土壤条件及树龄等而采用的不同的施肥方法。象厩肥、堆肥、沤肥等有机肥料，可以进行全园施肥，然后结合整地，将肥料翻入地下，但此种方法容易引起梨树根系上浮。为诱导根系向深处生长，扩大吸收面积，一般将基肥施在距离根系分布层稍深、稍远处，但也不应太远太深，以免影响根系对肥料的吸收。对于成龄果园，由于梨树根系已经遍布全园，适宜采用全园施肥，注意整地时深翻将其埋入土中。而幼龄果园则宜采用局部施肥，以利于根系肥料的吸收。局部施肥根据施肥方式不同又分为条沟施肥、环状施肥、放射沟施肥等。

①全园施肥　只适用于成龄梨园。具体方法是将肥料均匀地撒布于全园，之后翻入土中。密植园可采用全园施肥，但因施入深度不够，同时根系又具有向肥性，因此常会造成根系上浮，从而降低根系的抗逆性和树体的抗旱耐涝能力。幼树期因根系尚未布满全园，如进行全园施肥，会造成人力物力的浪费，所以不宜采用。

②环状施肥　于树冠外围20～30厘米处挖一宽50厘米、深40厘米的环状沟，将肥料施入既可。此法虽简单易行，但对水平根的伤害较多，且作用面积较小，一般多用于幼树期，通过环状沟施基肥，逐年外移达到全面改善土壤结构的目的。

③放射沟施肥　以树干为圆心，等距离挖6～8条放射状沟，深50厘米左右（砂地可适当浅挖，以30～40厘米为宜），且要求内浅外深，沟长因树冠大小而定，一般以树冠外围为中心，内外各1/2。然后将肥料施入，并注意冠外多施、冠内少施。次年以同样的方法，调换施肥位置，如此亦可达到全园施肥的目的。

④条沟施肥　条沟施肥是生产上使用的最多施肥方法。对成龄大树，于行间或株间挖长与冠径相同或稍长，深50厘米、宽50厘米的条沟，将肥料施入后覆土填平。幼树则于树冠外围挖沟（长、宽、深要求同成龄大树），将肥料施入即可。如此，今年于行间、来年于株间交替施入基肥，亦可收到环状施肥的效果。

⑤灌溉式施肥　近年来广泛开展灌溉式施肥研究，尤以与喷灌、滴灌结合进行施肥的较多。实践证明：任何形式的灌溉式施肥，由于供肥及时，肥分分布均匀，即不伤根，又保护耕作层土

壤结构，节省劳力，肥料利用率高，可提高产量和品质，降低成本，提高劳动生产率。灌溉式施肥对于梨树密植园较为合适。

2. 追肥 追肥分为土壤追肥和根外追肥两种方式。土壤追肥一般采用放射沟或环状沟施，方法与基肥的施用基本相同。另外，还可以随着梨树灌溉进行施肥，如随水撒施。一般与喷灌、滴灌相结合的较多，这样肥料利用率高，既不伤根，又不破坏土壤结构，省工省力。根外追肥方法比较简单，用肥量也少，直接将肥料喷洒在枝条或树叶上即可。根外追肥的适宜温度为18～25℃，湿度稍大效果较好，所以喷施时间一般在晴朗无风的天气，10点以前和下午4点以后较好。

梨园追肥常用的肥料种类有：氮肥（如尿素、硫酸铵、硝酸铵、碳酸氢铵等），磷肥（如过磷酸钙、钙镁磷肥等），钾肥（如硫酸钾、氯化钾、硝酸钾、草木灰等），多元素复合肥（如磷酸铵、磷酸二氢钾以及三元复合肥等），微量元素肥料（如硫酸亚铁、硼酸、硼砂、硫酸锌等）以及果树专用肥，追肥宜少量多次。

（1）土壤追肥　追肥以速效肥为主，可及时供给树体各种所需的营养元素。树体在不同物候期对肥料的需求量不同，即使基肥施用量充足，由于其肥效平稳、缓慢，所以仍有必要进行追肥。从一定意义上讲，追肥即是对基肥的补充，故又有“补肥”之称。追肥既可确保当年高产、优质，又可为来年丰产打下良好的基础，是不容忽视的生产环节。其施用量亦应建立在叶分析的基础上，施用时期及次数亦应依土质、树龄、树势等因素确定。一般追肥分3～5次进行。

①花前肥　以氮肥为主。因树体萌动、开花、展叶、新梢生长等一系列发育过程均需大量的营养成分，而此时土壤温度较低，根系的活动、吸收能力较差，所以消耗的养分大部分为树体自身贮藏的营养。如氮素供应不足，即会影响新梢的正常生长，还会导致落花而降低产量，故应及时补充。对树势衰弱的盛果期

树，此次追肥尤其重要；而对幼旺树可省去此次追肥。

②花后肥　此次仍以氮肥为主。因为此时正值幼果形成并迅速膨大、新梢旺盛生长、叶幕形成时期，树体需要氮肥较多，如树体营养不够，又不能及时补充，则不利叶片的生长，降低其光合能力，从而影响坐果，严重时还会造成大量落果。因而，花后及时追施氮肥，可以促进新梢生长，叶变大，叶色变深，有利于坐果。

③花芽分化及果实膨大期　此时中、短梢停止生长，花芽开始分化，同时果实处于膨大期，追肥对花芽分化及果实膨大具有明显的促进作用。此时追肥，要注意氮、磷、钾肥适当配合，最好追施三元复合肥或者全元素肥料。特别注意氮肥的施用量不宜过多，尤其是新梢粗壮、结果量小的幼旺树，高氮会促使新梢徒长，造成树冠郁闭，影响花芽分化，亦不利于树体贮藏营养的积累。

④果实发育期　为提高果实品质及增强果实的耐贮性，此次追肥应以磷、钾肥为主。而对晚熟品种，由于其果实发育期长，为解决果实发育和花芽分化对树体造成的营养缺乏问题，可适度加入部分氮肥。

⑤果后肥　为了提高树体的营养积累，应当在采果后立即施肥，此次施肥以氮为主，结合施部分有机肥，667 米^{2}撒施尿素10千克，结合稀薄清粪水施入。可以采用根外追肥的方式，0.5%尿素+0.3%磷酸二氢钾每10天一次，喷1～2次。

（2）根外追肥　除上述几种针对根系的追肥方法外，还有一种操作简单、肥效迅速的追肥法—根外追肥。主要是叶面喷施，故又称叶面追肥。叶片是有机营养的主要制造器官，其表面的气孔和角质层同样具有吸肥性，而且具有用肥量少发挥作用快等特点，同时可避免土壤对所施元素的固定作用。研究表明，一般喷后15分钟至2小时就可吸收，硝态氮喷后15分钟吸入叶内，氨态氮需2小时吸入叶内，叶背比叶表吸收要快。叶面喷肥能充分提高叶片的光合作用，还可起到促进根系发育、增强吸收能力、促进植株代谢的作用。但肥效较短，10～15 天最明显，30 天后作用消失。喷施肥料种类有尿素、磷酸二铵、磷酸二氢钾等，应注意掌握好喷肥浓度，一般最高不得超过 0.5%，否则易发生叶面损伤。不同的肥料采用的适宜浓度、施用时期以及喷施次数见表 5-2。

表 5-2　主要叶肥喷施浓度

元素名称	肥料名称	适宜浓度（%）	喷施时期	喷施次数
N（氮）	尿素	0.3～0.5	落花后至采收前	2～4
P（磷）	过磷酸钙	1～2	5～8 月	2～4
P、K（磷、钾）	磷酸二氢钾	0.2～0.5	落花后至采收前	2～3
K（钾）	硫酸钾	0.3～0.5	6～8 月	2～3
Fe（铁）	硫酸亚铁	0.2～0.3	落花后至采收前	2～3
Zn（锌）	硫酸锌	0.2～0.3	落花后至采收前	1
B（硼）	硼酸、硼砂	0.2～0.5	落花后	1～2
Cu（铜）	硫酸铜	0.05	落花后至 6 月下旬	1
Mg（镁）	硫酸镁	0.1～0.3	生长季	1～2

三、深翻改土、培肥土壤

梨树是高大乔木，根系分布深而广。土层深厚的土壤上生长 20 年的梨树，其根系可以深达 2 米以上，水平根系是树冠的 3～4 倍。在板结的土壤上生长的梨树，其根系主要分布在 30 厘米左右深的土层里。根深才能叶茂，为了获得高产，必须为根系创造一个良好的生长环境。在建园时开槽施肥的基础上，当年秋季结合施基肥，深耕改土。梨园深翻可加深土壤耕作层，为根系生长创造条件，促使根系向纵深伸展。原因是梨园深翻后，土壤中的水、肥、气、热等条件得到改善，树体生长健壮，新梢长，叶茂盛。有研究表明：土壤深翻后，水分含量比对照平均增长 7.6%，土壤空隙度增加 12.66%，土壤微生物含量增加 1.2 倍。

同时由于土壤微生物活动加强，还可加速土壤熟化，使难溶性营养物质转化为可溶性养分，提高土壤肥力。

深翻结合施肥，可以使土壤的有机质、全氮、全磷、全钾含量均较未深翻的梨园高。这说明深翻改土不仅改变了土壤的物理性状，还可以使得肥料的利用率提高，减少土壤对肥料的固化。有研究表明：深翻秋白梨园时果实体积为 61.6 厘米^3，而未深翻梨园的果实体积仅为 44.6 厘米^3，深翻梨园比未深翻梨园增产 38.1%。

梨园深翻时期的确定，应根据具体情况和要求因地制宜的进行。秋季，梨树地上部生长缓慢，养分开始积累，深翻后，可赶上梨树根系生长高峰，伤口容易愈合，并可长出新根。如结合灌水，可使土粒与根系迅速密接，有利于根系生长，其技术措施如下：定植后的第二年秋，紧接定植沟外边深挖施肥沟，这一年的施肥沟只需要 50 厘米深、宽。第三年在梨树的另一边也紧靠定植沟挖一条施肥沟施基肥，宽、深同样为 50 厘米。第四年的施肥沟则在第二年施肥沟外侧挖沟施肥，深度可增加 10～15 厘米。以后逐年向外扩大深耕改土的范围，即可以改良土壤，又可以诱根深扎。即平常所说的深翻扩穴式改土方式，适合劳动力较少的梨园。另外还有隔行深翻、全园深翻等方式，各地应根据梨园的具体情况灵活运用。

四、梨园生草、覆草技术在培肥土壤中的应用

（一）梨园生草技术

清耕制的土壤管理是在梨树生长过程中，梨园地面经常锄草，减少了杂草对营养和水分的消耗，减少了寄生在杂草中的病菌虫卵，果树病虫危害减少；但是由于地面经常裸露，特别是在烈日炎炎的夏季，土壤水分蒸发严重，梨树会遭受旱害。加之过

量使用化肥，土壤有机质的含量降低，增加了土壤矿化速度，土壤理化性劣化，尤其是蓄水保墒、持肥能力下降，缺素症状相继出现。权衡利弊，清耕制不利于培肥梨园土壤，而梨园生草技术则可以弥补清耕制的不足。

梨园推行生草制是绿色植物保护技术的重要内容，也是发展可持续农业的重要措施之一。梨园生草就是在梨园种植对梨树生产有益的草，能够持续增加土壤的有机质含量和肥力，保持水土，抑制杂草生长，保护并繁殖害虫天敌，减少梨树病虫害的发生，降低生产成本，提高梨果的产量和质量。梨园生草技术已成为梨园科学化管理的一项基本内容。推广梨园生草技术，首先要弄清梨园生草与以前的间作、种绿肥、秸秆覆盖不同。间作，收获间作的产物，是梨园还要生产果品以外的产品；种绿肥，绿肥作物要耕翻到土壤当中，常常一年种一次、深埋一次；覆盖秸秆或覆盖膜质材料及其他材料，都是非生命的材料；生草是指种植多年生牧草，使得梨园的行间、株间常年有植物活体材料覆盖，梨园土壤充分得到利用，但产品不收获走。搞梨园生草，一定要保证不再从生草上收获产品，才能达到生草的目的和保证效率。在年降水量500毫米以上或有灌溉条件的梨园均可实行生草制，生草方式有全园生草法和行间生草法。

1. 梨园生草的作用

（1）防止水土流失，保肥、保水、抗旱　梨园专用草种具有根系发达、茎叶密度、覆盖性强的特点，故能防止径流和雨水冲刷，有良好的水土保持效果，尤其是山坡易冲刷地和沙荒易风蚀地效果更为明显。

（2）改良土壤结构　由于梨园专用草种的地上与地下生物量较高，腐化分解后可较快提高土壤有机质含量。据专家测定，四年生草果园全氮、有机质分别提高100%和159.8%。有效营养元素，如速效磷、速效钾及各种有益微量元素的含量均明显提高。

(3) 延长梨树根系活动时间 梨园生草在炎热的夏季降低地表温度，保证梨树根系旺盛生长；进入晚秋后，增加土壤温度延长根系活动一个月左右，对增加树体贮存养分，充实花芽有十分良好的作用。

(4) 改善梨园小气候 由于绿肥作物对土壤理化性状的改良，土壤中水、肥、气、热表现协调，进而梨园空气湿度增加，夏季高温时节梨园比较凉爽，对梨树生长发育十分有益。

(5) 提高生物防治能力 梨园生草一方面可促进梨树健壮生长，从而提高梨树抗病力，一方面有利于寄生天敌，减少虫害，是生物防治的有效措施，减少了病虫害发生和农药用量。研究表明，种植紫花苜蓿梨园，天敌（主要指东亚小花蝽、瓢虫、食蚜蝇、黑食蚜盲蝽）发生高峰提前 7～10 天，持续时间长，种群密度比常规园增加了 2～7 倍。

(6) 提高梨果品质 一般梨园容易偏施氮肥，或盲目进行配方施肥，往往造成果实品质不佳。生草增加了梨园土壤有机质的含量，使梨树营养供给均衡，增加果实中的可溶性固形物含量和果实硬度，促进果实着色全面均匀，提高果实抗病性和耐贮性，生理性病害减少，果面洁净，从而提高了果品品质。同时，生草梨园由于空气湿度和昼夜温差增加，使梨果含糖量增大；对于套袋梨园，果实摘袋后最易受高温和干燥的影响，果面易发生日灼和干裂纹，梨园生草能有效避免和防止以上现象发生，提高梨的外观品质。

2. 梨园专用草种的特性及栽培要点

(1) 草种的选择依据 在草种的选择方面，为了充分达到生草的目的，一般应注意遵循以下原则：

①多年生；

②支柱低矮或匍匐生，有一定产草量和覆盖效果；

③根系以须根为主，浅生性好；

④与果树无共同病虫害，不是果树病虫和病菌的寄生或宿生

场所；

⑤易于管理，耐践踏，不怕机械倾轧；

⑥较耐荫，易越冬等条件。

（2）栽培品种　梨园适宜使用的草种主要有：草木樨、白三叶、黑麦草、苜蓿、毛叶苕子等。

①草木樨　二年生豆科草本植物，草木樨适应性很广，最适降雨量300～500毫米/年，根系发达、固氮能力强，根系多集中在0～30厘米的耕层内，此层根系约占总根系的80%，自然生长高度80厘米左右。鲜草产量在西北地区可达1 500～2 000千克/亩。粗蛋白17.6%，粗脂肪3.2%，粗纤维30.4%，无氮浸出物34.6%，灰分7.1%；种子内含粗蛋白高达23.35%，粗脂肪4.47%，粗纤维11.23%，无氮浸出物21.85%，粗灰分10.35%。对土壤要求不严，自粘土至砂土、砂砾土都可生长，耐瘠薄，但不适宜酸性土壤，适宜pH7～9。耐盐碱、抗旱耐寒能力都很强。草木樨的播期较长，早春、夏季和初冬均可播种。播期主要根据利用方式而定。在风沙较大的北方地区，草木樨通常是夏播，夏播一般不迟于7月中旬，以利于安全越冬。江淮一带，秋播以9月中为宜。北方地区冬播一般在土壤早晚微冻，中午化冻，地温低于2℃时播种。播种量撒播在旱地一般每667米^{2}2～3千克，水地约1千克；条播旱地一般每667米^{2}1～2千克，水地约0.5～1千克。

②白三叶　多年生豆科植物，适宜年降雨量450毫米以上，根系匍匐生长，茎节生根，集中生长在20厘米内，自然生长高度25～35厘米。年鲜草产量667米^{2}3 500千克，耐践踏及恢复力强。粗蛋白含量29.8%、粗脂肪含量2.7%、粗纤维含量2.5%、无氮浸出物含量47.1%，春、秋季播种都可，播种量667米^{2}1千克。管理好的可持续生长7年以上，开花早，花期长景观效果好。

③黑麦草　多年生禾本科植物。适宜年降雨量450毫米以

上，根系丛生分蘖，须根发达根系集中在20厘米内，自然生长高度30～50厘米，年鲜草产量667米²4 000千克，耐践踏力强，粗蛋白含量17%、粗脂肪含量3.2%、粗纤维24.8%、无氮浸出物42.6%。播种时间春秋两季，播种量667米²1～1.5千克，此品种出苗快，苗期短，可生长4～5年。

④苜蓿　多年生豆科作物。适宜年降雨量250～800毫米，根蘖型，根系发达，主根较深，自然生长高度30～50厘米，年鲜草产量667米²5 000千克，耐践踏及恢复力极强，粗蛋白含量18.3%、粗脂肪1.9%、粗纤维27.3%、无氮浸出物44.3%。播种时间春夏秋都可，播种量667米²0.75～1千克，抗旱性及冬季抗逆性优异。

⑤毛叶苕子　豆科野豌豆属一年生或越年生草本植物。抗旱性较强，在年降水量大于450毫米的地区均可栽培。但不耐水淹，雨量过多时，生长发育缓慢，开花和种子成熟不一致，水淹2～3天后，20%～30%的植株死亡。根部发达，主要密集在30厘米左右的表土层，根瘤发送，根瘤大小和数量因长势、土质和施肥情况不同而异。自然高度40～60厘米。年鲜草产量667米²1 500～2 000千克，干物质为13.06%，粗蛋白26.72%；粗脂肪6.66%，粗纤维19.76%，无氮浸出物33.77%，对土壤要求不高，喜沙壤及排水良好的土壤，在排水不良的土壤上生长不良。耐盐碱，在土壤pH为6.9～8.9间生长良好，在土壤含盐量0.2%～0.3%时能正常生长。华北、西北地区秋播在8月，淮河一带在8～9月，江南、西南地区在9～10月比较适宜。播种量667米²3～5千克。播种时最好基施磷肥（过磷酸钙667米²10～20千克），可大幅度提高鲜草产量。

（3）栽培方法

①播种整地　播种前，将梨园杂草及杂物清除，翻地20～25厘米深，墒情不足时，翻地前要灌水补墒整平耙细，加施底肥，墒情不足应补墒。

②播种方式　可采用全园生草或行间生草株间覆盖；可单播也可混播（如白三叶与多年生黑麦草按1∶2）；秋季可撒播，春季宜条播。条播更便于管理，宜浅播，一般播种深度0.5～1.5厘米。禾本科草类，播种时可相对深些，一般为3厘米左右。播种量667米^{2}0.25～0.5千克。

③苗期管理　春季播种的，如遇到天气干旱，要适量补水或少量覆草，确保出苗整齐，防止伏旱造成死苗；秋季播种的，冬季可覆盖农家肥或黄土，利于幼苗安全越冬。在幼苗期，要勤清除杂草，轻微追施少量氮肥，促使草尽快覆盖地面。成苗后，需要补充少量磷钾肥，促进草体健壮生长，促进草根扎稳，后期与刈割覆盖相结合。

④成坪后管理　成坪后应适时刈割，生草第二年以后，当草长至30厘米左右时，应及时刈割覆盖于树盘，刈割留茬5～10厘米。注意在梨树生长前期要勤割草，利于梨树早期生长；中期花芽分化时要割草一次，保证树体地下营养的供给；后期要利用草的生长，吸收土壤多余的氮营养，促进果实着色，同时保证最后一次割草时有部分草籽，为来年所用。割下来的草，用于覆盖树冠下的清耕带，即生草与覆草相结合，达到以草肥地的目的。生草果园要避开天敌繁殖期，结合树体喷药，对地面的草一起防治病虫害。

采用生草法应注意的是：长期生草易使得表层土壤的草根密度增大，从而截取下渗水分，消耗表层氮素。为减少草与树体之间的肥水争夺，应及时刈草压施绿肥，并补充氮素和适时浇水，生草5～7年后，应翻耕一次。休闲1～2年后，再重新生草。

（二）梨园覆草技术

乔密梨园进入盛果期后大多树冠交接，根系密布，不宜间作或行间生草，而梨园覆草对于根系分布浅而集中的密植梨园则大有好处。这是由于施肥易伤根，而梨树根伤口不易愈合，加之密植园需水量较大，中耕不便等。通过梨园覆草，草下施肥，既避免了养分挥发流失，又理化了土壤团粒结构，促进了根系对肥水的吸收。

覆草还能防止水土流失，抑制杂草生长，减少蒸发，防止返碱，积雪保墒，缩小地温昼夜与季节变化温度，还能增加有效态养分和有机质含量（如表 5-3 所示），防止磷、钾和镁等元素被土壤固定而成无效态。但是覆草也易招致虫害与鼠害，各地应根据自己的具体情况采取相应的措施，以使覆草的负面影响降至最低。覆草厚度以 5～10 厘米为宜。由于草不断腐烂减少，所以要不断补充新草。

表 5-3　覆草对土壤团粒结构、有机质含量和肥料要素的影响

土壤深度（厘米）	土壤管理方法	直径 1 毫米以上团粒（%）	有机物（%）	肥料要素（毫克/千克）			
				硝酸盐	可溶性磷	可溶性钾	可溶性钙
0～15.6	10 年覆盖区	30.4	5.5	18	204	1 062	2 700
	5 年覆盖区	12.4	5.4	38	261	852	2 760
	对照	2.2	4.2	8	238	566	2 700
15.6～31.2	5 年覆盖区	9.8	4.8	20	233	429	2 700
	对照	3.0	3.8	8	172	435	2 450

第六章

合理灌溉

有关研究表明，1个200克重的梨果，水分竟占180克，达总果重的90%，枝叶等含水量也占50%～80%，足见水对梨树的重要性。梨之所以能保持树体和果实的固体形态，都是因为根系从土吸收水分并运送到地上部各个器官，使细胞产生膨压。没有水，没有膨压，就没有这种固态的树体和果实。水的作用是：其一，根从土壤中吸收的无机养分，只有溶于水才能为梨吸收和运输到地上部各器官中。其二，叶片的光合作用，只有在有水参与下才能制成养分送到其他器官去。总之，吸收、制造、运输、光合、呼吸、蒸腾等一切生命活动，都非有水不成。根系吸收的水分，95%被叶片蒸发掉，以维持树体的正常体温，不然叶片就会被烧焦。梨树每产生1克干物质，要耗掉400克水。1米^{2}叶面积每小时要蒸腾40克水，少于10克时，各种代谢不能正常进行，叶就要从果实中夺取水分，使果皱皮或落掉。严重时萎蔫，气孔关闭，二氧化碳不能进入，光合作用不能进行。

梨树一旦缺水，轻则叶黄，生长不良，果小质劣；重则落花、落果、枯衰，乃至死树。为此，在淡水资源匮乏的今天，如何充分利用有限的资源进行合理灌溉显得十分重要。另外，为了生产高产优质的果品，对灌水条件和灌溉水质都应当有要求，如果只有适宜树体生长、有机质充足且无污染的土壤，而无灌溉条件或灌溉技术不当，灌溉用水达不到国家对无公害果品生产的水质标准，都不能进行正常的果品生产，“无公害”

将更无从谈起。

一、合理灌溉的意义

水是梨树重要的组成部分，梨树的生长发育对水的依赖性很大，梨果中有80%～90%的水分，树梢叶中含量达60%以上，树干中50%左右，根中水分含量也在60%左右。水体中的水分主要靠根系从土壤中吸收，通过木质部导管运送到树体的各个部分，经过叶片的光合作用合成梨树生长发育所需的有机物质，同时借助水分运输向植物体内输送各种矿质营养。

梨树所处的时期不同，其对水分的需求情况也不尽相同。芽萌动期和开花期的营养主要靠树体内储备的营养进行转化、运输和合成，因此要求有充足的土壤水分供给梨树。新梢旺长期需要大量的水分供应，此时如果水分供应不足，梨树的叶片变小，长势弱，新梢生长细短，生理落果严重。果实膨大期对水分的需求量也较大，此时如果缺少水分，会影响果实增大，造成早期落叶，使得花芽分化不良，影响梨树来年的开花结果。

二、确定合理的灌水量

最适宜的灌水量，应在一次灌溉中，使梨树根系分布范围内的土壤湿度达到最有利于果树生长发育的程度。只浸润土壤表层或上层根系分布的土壤，不能达到灌溉的目的，且由于多次补充灌溉，容易引起土壤板结，土温降低。因此，必须一次灌透，深厚的土壤需一次浸润土层1米以上，浅薄的土壤，经过改良后，亦应浸润0.8～1米。据试验测算，每形成1克光合产物大约需水150～400毫升。为了达到合理灌溉的目的，将每形成1克干物质所需的蒸腾水量称为需水量。据测算，在4～9月之间，二十世纪梨的需水量为401毫升。

在了解梨树需水量的基础上，可以参照以下两种方法确定梨树合理的灌水量。

方法一：根据不同土壤的田间持水量、土壤湿度、土壤容重、浸湿深度等计算灌水量。

灌水量=灌溉面积×土壤浸湿深度×土壤容重×（田间持水量−灌前土壤湿度）

方法二：根据需水量和蒸腾量确定每667米^{2}灌水量。

每667米^{2}灌水量=（果实重量×干物质%+枝、叶、茎、根生长量×干物质%）×需水量

三、确定合理的灌水时期和灌水方式

为了达到丰产、稳产的目的，根据梨树本身的生理需求确定合理的灌溉时期，梨树需水一般有几个关键时期。把握住这几个关键时期，才能在合理灌溉的基础上，达到优质丰产的目的。

1. 灌水时期的确定 一般认为，土壤中水分含量达到田间最大持水量的60%～80%时，最适宜树体生长。灌水时期科学的确定方法应建立在仪器测定的基础上，如土壤水分张力计等。但目前许多地方还达不到这样的要求，特别是对于一家一户的小型梨园更是如此，只能凭观察来确定，如叶子发蔫了等，由于植物的外观表现干旱比生理干旱出现的时期明显的拖后，如果植物外观表现干旱，其根系的吸收、碳水化合物的形成、花芽分化等均已受到了很大影响。所以灌水应在树体尚未受到缺水的影响之前，而不是以后，可以采用根据梨树物候期确定灌水时期的方法。

（1）树体萌动期 此时灌水可促进芽萌动、新梢生长和叶片增大，并有提高坐果率的作用。此遍水在春旱多风地区尤为重要，一般于花前追肥后马上浇水为宜。

（2）落花后 正值幼果形成、膨大期与新梢迅速伸长期，新梢、叶片、幼果等生长点多，是需水量最大时期，也是对水分和

养分要求最迫切、最敏感的时期。一旦出现水分亏缺，即会出现枝梢生长势减退、幼果发育迟缓及落果等现象。一般于在花后追肥后浇水即可。

(3) 果实迅速膨大期和花芽分化期　此时新梢停长或生长缓慢，果实体积增大速度相对较快，同时也正是花芽分化的开始期。此时期是梨树的需水临界期，最为重要。如遇水分胁迫，即会造成果实生长与花芽分化的水分竞争，既不利果实的增大，影响当年产量，又会影响花芽分化，不利来年的产量，故需及时浇水以便为连年丰产、稳产奠定良好的基础。此次浇水可以结合追肥进行，在追肥后，如果土壤干旱立即灌水，即补充了水分又有利于肥效的发挥。可以达到促进新梢和叶片生长，扩大同化面积，增强光合作用，提高坐果率和增大果实的作用，同时对花芽分化具有良好的促进作用。

(4) 采后水　采收前一般不宜浇水，以确保果实品质。而采收后浇水能起到保护叶片、提高光合效率的作用，对恢复树势、增加树体营养及促进根系发育具重要作用，以利于翌年春天梨树的发芽、开花、坐果。在北方梨区，此时正值天气干旱的秋季，此次浇水对于维持树势，延长盛果年限具有重要作用，浇水于秋施基肥后进行即可。

(5) 封冻水　封冻前宜浇透水一次，以使土壤贮备充足的水分，利于肥料的分解和根系的吸收，从而起到促进树体的营养积累，提高树体抗寒能力的作用，为翌年的生长结果奠定基础。

2. 灌溉方法　综合国外的浇水方法不外乎地下管道灌溉和地面灌溉两种。其中，地下管道灌溉是借鉴了传统的沟灌技术而改进的，既有沟灌的优点，又减少每次开沟引水的工作量。将塑料或合金管埋入地下，或用石块垒成管道，管道直径 30～50 厘米，管外按植株的株距开喷水孔。石砌管道每次每 667 米^2 用水 20 米^3。虽具节约用水、操作简便等特点，但造价较高。地面灌溉主要有分区漫灌、树盘灌和沟灌三种传统方法。传统的灌溉方法主要是采用漫灌，具有浪费水源，破坏土壤结构等问题；较好的地面灌溉方法是沟灌，行间开沟，沟深约20～25厘米，密植园在每一行间开一条沟即可；稀植园如为粘土可在行间每隔100～150厘米开一条沟，疏松土壤则每隔75～100厘米开1条沟，灌水渗入土中，土壤浸润均匀、蒸发渗漏量少、用水经济，并克服了漫灌恶化土壤结构的缺点，为广大果农采用。地面灌溉较先进的方法有喷灌、滴灌、穴灌等。一般规模栽植的梨园可采用喷灌、滴灌等方法，以利统一管理。在水资源相对匮乏地区可采用穴灌的方法。

3. 特殊灌溉方法 在澳大利亚果农，春季不给落叶果树浇水，使果树长得矮小，既减少了大量的修剪，又增加了水果产量。因为春季不浇水可以抑制细胞增长，夏季浇水可以促进果实增大。故虽然少浇20%的水，但果树还增产20%。

四、节水灌溉技术的应用

（一）梨园灌溉节水技术

喷灌，滴灌、微型喷灌是梨园节水灌溉的三种方法，灌溉不仅能保证梨树对水分的要求，而且能调节地温，也可以结合进行施肥（溶于水中的化肥或液肥随水而施），施药（管道喷药）等。

1. 喷灌 适于山地，坡地，园地不整齐的生草梨园。喷灌有固定式和移动式两种。喷头高度有在树冠上面，树冠中央，树干周围等几种。此法优点是省水，省工，除灌水外，还兼顾部分喷药，施肥，喷激素的作业，并能在春季防霜，夏季防高温，使梨树增产5%～10%。采用这种方法要求有专门设备，投资较多，设施长期留在梨园，不易看管。另外，喷灌强度较大，地面易出现径流，因为是遍地喷洒，水滴较粗，喷洒不均匀，灌溉质量较差，节水幅度较小，近年来应用渐少。

2. 滴灌 是一种值得推广的最新式节水灌溉法。滴灌可为局部根系连续供水，土壤结构保持较好，水分状况稳定。此法比喷灌更省水，省工，对防止土壤次生盐渍化有明显作用，可增产20%～30%。尤其对干旱，缺水严重的梨园比较适用。滴灌系统由水泵、过滤器、压力调节阀、流量调节器、输水道和滴头等部分组成。滴灌的次数和水量因土壤水分和梨树需水状况而定。春旱时，可天天滴灌，一般2～3天灌一次。每次灌水3～6小时，每个滴头每小时滴水2千克。首次滴灌必须使土壤水分达到饱和，以后可使土壤湿度经常保持在田间最大持水量的70%左右。利用滴灌技术灌溉梨树，能把灌溉水在输送过程中和田间灌溉时的径流、渗漏和蒸发等损失降到最低限度，还能把肥料注入灌溉水中，使整个滴灌系统做到肥水同步，达到省水、省工、省肥的目的。但该技术对于山丘梨园并不适用。虽然滴灌最省水，几乎没有浪费，但是滴灌对于水的要求很高，使输水阻力大增，不但耗电增加，而且灌溉效率很低，尤其是水分在垂直方向渗透速度过快的松散型土壤，它的水平方向湿润速度很慢扩散范围很少，滴灌只是杯水车薪，根本无法满足此类土壤的灌溉要求。

3. 微型喷灌 这是山丘梨园较为合适的灌溉方式。它的性能优点在于喷灌强度小，水滴细似粗雾，土壤湿润良好，水在纵横方向渗透慢，均匀，地面不产生径流。喷水范围可局限在果树根系面积内喷洒，节水幅度很大，能满足山区梨园灌溉且只需漫灌用水的1/5左右。微喷灌需对水进行过滤，但比滴灌要求低。

（二）其他节水技术的应用

除了应用喷灌、滴灌、微型喷灌等措施来提高水分的利用率，减少水分的无谓消耗以外，还可以通过采用以下三种技术达到节约用水的目的。

1. 发展抗旱树（品）种 在我国北方水资源匮乏，在果树生产中，注意选择抗旱的树种或者品种。据资料记载，不同的果树树种，需水量存在明显的差异，苹果每平方米叶面积每小时约蒸腾 40 克水，在生长季节每亩结果树需水 120 吨，折合降水量 180 毫米，田间土壤持水量一般需保持 60%～70%；而桃树田间土壤持水量 30%～40%，就可维持正常生长。最抗旱的果树树种是杏，年降水量 200～300 毫米即可满足生长需要。对于大多数的北方梨品种而言，抗逆性较强，对土壤、水分要求不严格，可适当发展。

2. 覆盖及穴灌技术 一是梨园覆盖：就是在梨园表面土壤上盖上一层覆盖物的一种土壤管理方法。根据覆盖物的不同，有覆草（秸秆、杂草覆盖）和覆膜两种。这是保水的最有效措施，经过覆草和覆膜后，可减少土壤水分蒸发 60%～80%以上，且覆草后一般不再地表产生径流。

（1）覆草 在草源充足的地区，因地制宜的选用麦秸、麦糠、稻草、豆秸、铡碎的玉米秸或杂草，覆盖树盘。梨园覆草一年四季都能进行，以春、夏为好，春季一般在 5～6 月份，20 厘米深土层地温达到 20℃时即可以覆草，最好在雨后或浇水后土壤墒情好时开始。覆草前先把地整平，顺树行做畦，近树干时略高，然后撒施尿素，一般初果期每株 1～1.5 千克，盛果期 2～2.5 千克，施肥后轻锄耙平，在均匀的覆草。作为秸秆要铡成 15 厘米左右的小段；覆草量为 15～20 千克左右，每 667 米^2 用草 2 000～2 500千克，覆草时要求留出距树干 0.5～1 米的空间。树行间留出 0.5 米的作业道，方便管理。覆草后，在草上覆盖一层薄土，既防止被风刮走，又可以促进腐烂。定行覆草后一般不再深耕翻，只需每年麦收后加盖一层草，保持原盖草厚度即可。春夏两季覆盖的梨园，也可在秋季浅刨，使草和表土结合在一起，连续覆草 4～5 年后，可以深翻一次，以便于增加土壤深层的有机质含量。

由于作物秸秆富含大量的有机质及大量元素和微量元素，把它们翻入土壤，有利于改良土壤结构，增加土壤肥力。覆草以后，梨园的蒸发量大大下降，土壤水分耗散显著减少，含水量常年稳定，全年基本不用灌水。这对于干旱、丘陵地区的梨园增产具有十分有益的作用。此外，覆草以后，梨园的温度比较恒定，年变化幅度小，在最冷的1月份，土壤温度也保持在0℃以上，生产季节在20～25℃左右，周年利于根系生长。另外由于覆草后，使土壤最肥沃的表土层变成了稳定层，扩大了根系伸展范围，增加了土壤深层的有机质和梨树必须的矿质元素，为梨树生长提供了一个良好的环境。

覆草技术最适用于干旱地，在平原地应用则综合考虑，特别是较黏重的地区，覆草可能会产生不利影响。

(2) *覆膜*　覆膜是利用透明或有色的地膜盖在梨树树盘及树行间的一种覆盖技术。梨树覆膜可提高并稳定地温，保持土壤水分，增加土壤有效养分，因而可以促进梨树根系生长发育，增强根系吸收能力，提高幼树栽培成活率，利于花芽分化和果实生长发育。浙江农业大学张上隆等通过对梨园进行无色、绿色、黑色的地膜覆盖实验表明：在地膜覆盖下，梨园单位土壤体积根系的吸收根和细根总量，较对照增加1.5～2倍以上；叶片厚度较对照增加5%～10%，比叶重增加4%～10%；绿膜覆盖的梨园总光和强度较对照提高30%；净光合强度较对照提高20%；各种覆膜的梨园667米^{2}产量较对照高37.1%～49.9%，单果重较对照提高24%～42%。此外，覆膜还可以避免或减轻部分病虫害的发生。如银色薄膜反光性强，可反射紫外光，而蚜虫惧怕紫外光，只要有一点紫外光，蚜虫就不会飞来，从而达到驱避蚜虫的目的。另外，地膜覆盖对在地下越冬，上树危害的害虫，也有一定的防治效果；还能防止杂草生长，反光增强，可以减少养分的消耗。

地膜覆盖春秋皆可，以秋季为好。秋季覆膜可以延缓地温下降，延长根系活动时间，促进发生新根和幼根生长。晚秋覆膜可完好地保持到第二年早春，在冬季起到保温防冻的作用，在春季可以及早提高地温，减轻春旱，促进根系活动和及时吸收养分供地上部生长，到夏季地膜已基本损坏，使得地面暴露，可以消除夏季覆膜土壤温度、湿度过高不利于梨树根系生长的弊端。

地膜覆盖一般分为树盘覆膜，树行覆膜及全园覆膜，可以随地形及树龄选择合适的覆膜方法，技术措施如下：

树盘覆膜：整修树盘后，立即灌水，水渗后2～3天，重新修好树盘，其大小随树冠大小而定。山地梨园修成外缘稍高的反坡状，以便雨水汇集到树干下渗，充分利用自然降水。新定植的幼树修成1米见方的树盘即可，然后将1米^{2}的地膜中间戳一个孔，套过树干铺到地面上，薄膜要平展、拉紧，四周压土固定。大树覆膜，树盘应稍大于树冠投影，然后以相应大小的地膜予以覆盖，因为树盘大，铺膜时需数幅地膜相连接，应注意将连接处适当重叠，并用土压实。覆膜后的追肥灌水，可在地膜上捅孔进行穴施和穴灌；灌水后用土将孔盖严。雨季雨量大的时候，将树盘开口，以利于排水。

树行覆膜：即顺树行做畦，然后灌水，待水渗后浅锄，再顺行覆盖地膜。刚定植的树畦宽1米，用幅宽1.2米左右的地膜覆盖正好合适，即先将地膜的一边压住，再将对应树干的另一边横向剪开约1/2，从剪开的口处，通过树干把膜铺向树干的另一面，要拉紧铺平，埋压好地膜的另一边及剪开的膜面。大树覆膜方法基本相同，只是需要增加地膜宽度或用2～3幅地膜连接铺严即可。

全面覆膜：一般适用于土层较厚，有一定灌水条件的间作幼果园，覆膜方法同前。为了促进梨树和间作物的生长，可在梨树行间的垄沟内施肥和灌水，并在间作物收获后，及时捡静废碎地膜，以防污染土壤。

覆膜时靠近主干的中心孔要稍大些，以免地膜与树干直接接触，因高温而灼伤树干，为了接纳雨水，可在膜上开一些透水小孔。

二是穴灌法，幼树与初果期树距离树下 30～40 厘米处均匀地挖 3～4 个直径、深各 40 厘米的筒式坑，里面用草或农作物秸秆捆把后填入坑内，然后灌满水，上面覆盖一小块塑料膜，塑料膜周围用土压实，中间扎个孔，留做下次灌水用。成龄树挖穴距树干稍远，穴的数量可根据树体大小酌情而定。总的看来，采取穴灌比漫灌节水 60%～70%。

3. 应用抗旱生长营养剂　目前国内推广的有旱地龙、抗旱型喷施宝、高脂膜。它们的主要功能是抗旱，营养剂中还有梨树需求的多种营养，能有效促进梨树生长，降低功能叶的蒸腾程度，维护梨树的水分平衡，起到抗逆、抗病虫和增产作用。

五、及时排水

如前所述，当土壤含水量达到田间最大持水量的 60%～80%时，土壤中的空气、水分最适宜树体的生长，水分过少、空气过多时，则出现干旱，需灌溉补水。而当土壤中水分多空气少时，首先由于土壤中缺少空气，迫使根系进行无氧呼吸，积累酒精，使蛋白质发生凝固，降低根系的吸收能力，从而影响地上部的正常生长。严重积水时，还会造成植株死亡。梨的抗涝能力相对桃、苹果等树种较强，但长时间浸泡亦同样会发生不同程度的涝害。据经验，以杜梨作砧木的鸭梨可于水中浸泡 10～14 天不死，但 7～10 天的涝水即出现新梢停长、果实滞育、变色、叶片枯黄等症状，所以梨园的排水亦是相当必要的。

梨树要求土壤不能有渍水，根系不能长期在水分含量高的土壤中生长，同时，土壤水分过高严重影响果实品质，不利于优质果品生产。因此，在地下水位高的园地，雨季要开沟排水，尤其是平地梨园应当更加注意排水，一般每 2～4 行开一条深 50 厘米，宽 30～40 厘米的排水沟排水。

根据《苍溪梨标准化生产技术规程》的规定，梨园排水根据不同的地形选择不同的排水方式：

山地梨园：开环沟切断周围来水，开断沟排出园内积水。

平地梨园：顺定植行，每两行开排水沟一条，沟深 0.6～0.8 米。

低洼地梨园：深沟高厢栽培，每一行开一排水沟，沟深 0.8～1.0 米。

第七章

整形修剪，优化树形

整形修剪是对果树树冠进行管理的一种方法。按照栽培的目的要求，通过人为整形，逐年地把树冠培养整理成合理的树形结构叫做整形。实行树形修剪的方法叫做修剪。两个概念相互依存，整形通过各种修剪的方法得以体现，修剪是在整形的基础上进行的，二者统称整形修剪。广义的修剪包括整形，果树幼龄期间，修剪的主要任务是整形；成形之后还要通过修剪维持良好的树体结构。

俗话说“没有不丰产的树形，只有不丰产的结构”。正确的整形修剪能使树冠中的大枝构成牢固合理的树形骨架；使得各类结果枝组得到合理的安排。通过整形可调节树势、光照、树冠大小及产量多少，从而达到光照良好，树势稳定，利于成花；使生长和结果相互协调，达到早产、优质、高产、稳产、经济寿命长和便于管理的栽培目的。合理的整形修剪可以使幼年树尽快成形结果；使成年树生长结果平衡稳定，延长果树的盛果年限；使老年树更新复壮，延续经济栽培寿命。因而，整形修剪是重要栽培技术之一，需要年年进行。

但是，整形修剪不是万能的，也不能抛开梨树的生长结果特性这个基础，以及相应的土、肥、水管理，而孤立存在的。只有将它们结合好才能充分的发挥作用。如果不顾梨的自身规律特性，或者忽视其他条件和有效的管理，把修剪孤立起来，机械地进行修剪，可能会起到相反的作用。在生产中常会看到，有的梨园虽然年年修剪下功夫不少，树体却只长叶不结果，没有起到提高结果的目的，修剪运用不当是出现这个问题的原因之一。因此，必须因时、因地、因品种和树龄进行修剪，必须以良好的肥水条件作为基础，以防治病虫害作为保证，这样整形修剪才能充分发挥作用。通过整形修剪主要达到以下目的。

1. 培养合理骨架 整形修剪可以促进梨树生长扩大，迅速成形，培养一个合理牢固的强壮骨架，形成结构良好、骨架牢固、大小整齐的树冠，使得新梢生长健壮，营养枝和结果枝搭配适当，不同类型、不同长度的枝条能保持一定的比例，并使结果枝分布合理，连年形成健壮新梢和足够的花芽，达到丰产、稳产的目的。因此应根据不同的砧穗组合和栽植株行距选择相应的整形方式，再根据整形方式的要求，整出合理的骨架。

2. 开角透光 光照对枝芽生长、丰产、优质都有重要意义。只有树冠内光照达到自然光照的30％以上才能形成花芽、结果，光照良好的树冠，叶幕成层，上光、侧光、反射光穿透树冠，无效区小，地面光点多，占投影的10％～15％。光照强度的大小直接影响着内部结果枝组的生长状况，影响着果实的质量和外观品质。因此，需通过整形开张骨干枝角度和依靠修剪达到透光良好的目的。

3. 均衡树势 一株梨树的枝条常有生长势强和生长势弱之分。如果强枝过粗过大，任其发展，强枝将会夺走树体大部分的养分，使得强者愈强、弱者愈弱，造成两种类型的枝条都不能结果。通过抑强扶弱的修剪技术达到均衡树势的目的。帮助树体合理的分配营养，使得营养生长和生殖生长养分均衡，达到树壮果丰的目的。

4. 保持有效结果树形 不同树龄修剪的目的要求不同，在幼树期要加速扩大树冠，力争用最少的年限占满应占的株行距空间，达到提前结果，早期丰产的目的。进入成年期当树冠超高超宽时必须通过修剪对树冠加以控制，使树体发育正常，维持良好的树体结构，生长和结果关系基本平衡，实现连年高产，并且尽可能延长盛果期年限。进入衰老期，通过修剪实现老树的更新复壮，维持一定的产量。

一、梨树与修剪相关的生物学特性

梨树树体高大，极性强、枝角小、萌芽力高，成枝力低，干性强，层性明显。与修剪有关的梨树生物学特性有：极性、萌发力、萌芽力、结果习性、芽的异质性等。

1. 极性强 梨树顶部的枝条和芽生长势强，以下各部位的枝、芽相对依次减弱的现象称梨树的极性。在同一株树上首先表现为上强下弱，树冠外强内弱，枝条为前强后弱；其次表现是中心干强，明显粗大；第三表现为层性明显；第四表现为枝条开张角度小；第五是生长期长。

2. 萌发力强，发枝力弱 梨树一年生枝条上面的芽，第二年萌发的能力强，除极少数瘪芽外，其他的芽都萌发。但它的发枝力弱，即一个枝条上的一年生芽的第二年能萌发并长成15厘米以上长度的新枝的能力弱。

3. 结果习性 梨树长大后，大多数品种以短果枝结果为主。结果部位（果台）上易发生1～2个果台副梢，如果树体营养条件好，果台副梢当年就可以形成花芽。生长旺的品种如金水梨、绿云等，果台副梢有的生长很长，成为中果枝或长果枝，所以梨树连续结果能力强，稳产性能好。梨树定植后第三年一般能结果，少数品种第二年可结果，如湘南、黄花、安农1号等。幼年树一般是中长果枝结果，修剪时要切实注意不要轻易短截，防止剪去花芽。

4. 芽的异质性 一年生枝上的芽，由于生长时期不同；温度、营养、水分等条件都不同，枝条上不同部位生长的芽的质量也不同，这种现象称芽的异质性。早春由于温度低、叶片小、肥水供应不充分，所以早春生长的芽（即枝条基部的芽）不充实，开始为隐芽，随之出现瘪芽，再出现小芽，之后是大而充实饱满的芽。到7月份，温度很高，光合作用减弱，呼吸强度增强，营养消耗多，积累少，这时的芽又不充实，枝条生长也弱，到秋季降温时，树体营养制造多，消耗少，顶部的芽又比较充实，质量较好。这样，使得一根枝条各个部位的芽的质量都不同。

二、梨树整形修剪的原则

1. 因地制宜，确定树形 因梨树栽培地理环境不同和栽植方式不同而确定不同的树形。集约栽培用矮干整形，房前屋后庭园内则可稍高定干。我国内地一般用疏散分层式，而福建、浙江及沿海一带，有些地方台风为害严重则采用棚架式，土质好的地区修剪不宜过重，山地丘陵则修剪要适当加重。

2. 因树修剪，随枝作形 梨树极性强，分枝力弱，不一定按照人们的愿望形成理想的树形，只能因树造形，不能强求一致。应根据每株梨树的长相、长势、发枝数量、伸展角度、枝条占据空间的情况，整形修剪时，使树冠各部枝条分布均匀，充分利用空间，不宜过分追求树形，要做到“有形不死，无形不乱”的原则，对各枝条要因势利导，轻剪为主，轻重结合，多留枝条，使其提早结果，早丰产，整形结果两不误。

3. 平衡树势，主从分明 梨树干性强，要求有中央领导干。还要在中央领导干周围配备主枝，主枝上配备侧枝。中央领导干比主枝强，主枝比侧枝强，侧枝比生长在侧枝上的二级侧枝强，生长枝比结果枝强。同层主枝间强弱和大小大体相同，保持树冠圆满紧凑，通风透光良好。因而，在整形修剪过程中，常采用抑强扶弱，控上促下，控前促后的办法来培养骨干枝、内膛枝组和开强角度等，同时做到主从分明。

4. 既充分利用空间，又通风透光 梨树直立性强，容易形成一把伞，影响通风透光。梨树成枝力弱，又往往容易造成局部空虚。对空缺部位要用拉枝、侧芽分枝、刻伤等措施来弥补。对过密的枝叶要用开“窗户”的方法去解决。为解决光照问题，要求梨树采用下大上小，上不打伞，下不着地，上空下不空的疏散分层式。

三、梨树修剪的主要手法及其作用

梨树修剪可以分冬季修剪（冬剪）和夏季修剪（夏剪），冬剪是指休眠期修剪，主要手段有：疏枝、短截、回缩、长放、破顶、折枝、留桩、开角等手法。夏剪主要指生长季修剪，常用的方法有：抹芽、摘心、剪梢、拿枝、抽枝、目伤、环剥、环割、环刻、倒贴皮、大扒皮、疏花、疏果等方式。

1. 疏枝　就是将枝条从基部疏除，也称为疏剪。疏枝能够减少枝叶量，改善光照条件，利于空气流通，提高光合效能。疏剪有利于花芽形成和提高果实品质。重度疏剪营养枝，可以削弱整体或者母枝的生长量，疏剪果枝，可以增强整体和母枝的生长量。疏剪对剪口上部的枝梢具有削弱作用，对剪口下部的枝梢具有促进作用。疏除密生枝、细弱枝、病虫枝和竞争枝，可以减少营养消耗，恢复树势和保持良好的树形。另外，疏剪可以控制旺长，减少营养消耗，抑制分枝数量，利于通风透光，提高光合效能，利于组织分化和花芽形成。

2. 短截　就是剪去一年生枝梢的一部分，也称短剪。短截可以增加树体的分枝；能够缩短枝轴，使得留下的部分更加靠近根系，缩短养分运输距离，有利于生长和更新复壮；采用“长枝短留、短枝长留”的办法，起到改变枝梢的角度和方向，从而改变顶端优势部位，达到调节主枝平衡的目的；注意短截对于一些强枝而言可以起到增强顶端优势的作用，修剪时此类枝条应慎用；利用短截可以起到控制树冠和枝梢的目的。短截的反应特点就是对剪口下的芽具有促进作用，以剪口下第一个芽所受到的刺激作用为最大。

3. 长放与回缩 长放就是对部分枝条任其连年生长而不进行修剪，也称为甩放。幼年果树长放可以加快果树的成形，提高早期产量。但连年长放的树，容易出现后部光秃和大小年现象，使得树体未老先衰。为了达到近期和远期兼顾的目的，对于梨园中的一些临时株进行长放，保证梨园的早期产量，对于永久株，要进行及时的回缩。

回缩就是在多年生枝上进行短截，也称为缩剪。回缩有促进生长和更新复壮的明显效果，因此，回缩多用于骨干枝和结果枝的更新复壮，保持旺盛的长势，抑制树冠衰老。回缩的反应特点是对剪口后部的枝条生长和潜伏芽的萌发具有促进作用，对于母枝则起到较强的削弱作用。

4. 抹芽和摘心 抹芽就是在树体发芽后至开花前，去掉多余的芽。此时芽子很嫩，易于抹除，起到了疏枝的目的，能够集中树体营养，使得留下来的芽子，得到充分的营养，以便于苗木更好的生长。

摘心就是摘去新梢顶端幼嫩部分的3～5节，以促发2次或3次枝的目的。摘心能够增加枝量，扩大树冠。摘心还能够抑制树体营养生长，增加枝条营养积累，利于花芽形成，也可以增加抗寒越冬能力。另外，摘心可以利用背上枝培养结果枝组。

5. 曲枝、扭梢和拿枝 曲枝就是改变枝梢的方向，达到加大分枝角度和向下弯曲的作用，达到削弱顶端优势，使近基部枝更新复壮，使所抽新梢均匀的作用；达到开张骨干枝角度，扩大树冠的作用；达到减缓枝内蒸腾液流呈单方面运输速度的作用。

扭梢是指在新梢基部处于半木质化时，从新梢基部扭转180°，使得木质部和韧皮部受伤而不折断，新梢呈扭曲状态。扭梢后的枝条，长势大为缓和，至秋季不但可以愈合，而且还可能形成花芽。扭梢的时间最好在上午10时至下午4时，此时枝条较软，不宜折断，扭梢效果好。

拿枝又称为捋枝，在新梢生长期用手从基部至顶部逐步使其弯曲，伤及木质部，响而不折，经过拿枝的枝条，削弱了顶端优势，改变了枝条延伸的方向，缓和了营养生长，有利于成花结果。

6. 人工造伤　主要的人工造伤方法有目伤、环剥、环割、绞缢、倒贴皮等。是调节果树生长发育和促进成花的有效措施。

目伤就是在果树芽眼上方0.5厘米处，用刀或者细锯刻伤一下，深达木质部，可以起到促进芽眼萌发的目的。梨树多数品种成枝力较弱，为了促进枝条的萌发，尽快地成形，经常采用目伤的方式。

环剥、环割和绞缢，是使得枝干韧皮部或木质部暂时受到轻微损伤，在伤口愈合前，阻碍或者减缓养分和水分的上下流通，以调节树体长势，促进形成花芽的目的。此类方法只能应用在那些生长过旺，结果能力差的树体或者枝条上，对于弱树或者弱枝不能使用。

倒贴皮就是在枝干的适当位置，整齐的割下一段树皮，倒转过来再贴到原来的部位，可以抑制幼龄旺树的生长，利于成花。

7. 疏花、疏叶和疏果　疏花疏果是调节生长和结果、克服大小年和提高果品质量的有效措施，是修剪工作的继续。疏花疏果都能够节省树体营养，提高坐果率。

四、修剪技术运用中应注意的问题

现在梨树的修剪方法很多，相应的作用和树体的反应也不尽相同，为了达到整形修剪的目的，单纯采用一种修剪方法，难以满足整形修剪中的复杂要求。因此，必须采用不同的修剪方法并合理的利用，取长补短，才能达到最佳的效果。同时还应当与其他农业措施相互配合。

1. 正确判断是制定合理修剪技术的前提 一个梨园或一株树应如何进行修剪，除了需要了解梨园的立地条件、肥水管理状况、技术水平等基本情况外，还应对树体进行全面的调查和观察，如树体结构、树势、枝量和花芽等。树体结构方面要注意骨干枝的配置、角度、数量和分布是否合理；树冠高度、冠径和冠形；行株间隔及其交接情况；通风透光是否良好等方面。在观察树势方面，一是要判断树体总体的强弱状况；二要考虑局部之间长势是否均衡；三是长、中、短枝比例。枝量和花芽方面，主要观察总枝量、花芽的数量及质量等。根据调查结果，抓住主要矛盾，因地、因树制定出综合修剪技术方案。

2. 修剪技术的综合运用必须考虑修剪的综合反应 修剪具有双重作用，不同的修剪方法、修剪对象、修剪程度以及立地条件均可能对修剪效果产生影响。所以，实施修剪时应根据具体的梨园、品种的实际修剪反应，综合采用不同的修剪方法。

修剪的双重作用是普遍存在的，一种修剪方法的主要反应是人们修剪所期望达到的积极的效果，次要反应是人们不期望看到产生的消极效果。如疏剪长放技术的应用主要有利于缓和树势和促进成花结果，但长期使用会造成树体的衰弱。如果不同剪法其作用性质相同，其反应将得到加强，如对缩剪后留下的壮枝再进行短截，其局部促进作用会得到加强；反之，如果不同修剪方法作用性质相反，二者之间的相互作用会减弱，如在拉枝上端又疏除大枝，由于伤口对其下枝生长具有促进作用，使得拉枝的缓势作用得到削弱。因此，任何修剪技术不可能只采用一种单一的修剪方法，应当与其他修剪方法相互配合，才能使得修剪的积极作用得到最大程度的发挥，消极作用得到适当的克服。

夏季修剪必须与冬季修剪密切结合，相互增益，才能发挥良好的效果。特别是幼树和密植梨园，夏季修剪已成为综合配套修剪技术的重要组成部分，其作用不是冬季修剪所能代替的。夏季修剪能够克服冬季修剪的某些消极作用，如冬季修剪局部促进作用较强，可以通过夏季抹芽、摘心、扭梢、拿枝等方法得到缓和。夏季修剪在促进花芽形成和提高坐果率等方面作用比冬季修剪更为明显。

3. 树体反应是检验修剪是否正确的客观标准　不论单一修剪方法，还是不同修剪方法的配合应用，因受到树种、品种、树龄、立地条件和其他栽培措施等多种因素的影响，其反应不完全相同。一种剪法在此地此时适用，彼地彼时就不一定合适，甚至出现相互的效果，这正是修剪技术较难掌握的原因之一。所以，调查和观察树体历年（特别是近 1、2 年）的修剪反应，可明确判断以前修剪方法是否正确，使得修剪趋于合理，真正做到因地因树修剪，充分发挥修剪应有的效果。

4. 修剪必须与其他农业技术措施相配合　修剪是梨树综合管理中的重要技术措施之一，只有在良好的综合管理基础上，修剪才能充分发挥作用。优种优砧是根本，良好的土、肥、水管理是基础，防治病虫害是保证，离开这些综合措施，单靠修剪是难以生产出优质、安全的果品的。

（1）修剪与土、肥、水管理　修剪主要是对树体内营养分配进行调节，并未在整体上增加树体的营养水平。土壤改良、施肥和灌水则能在总体上提高树体的营养水平，是梨园优质高产的基础，这是修剪所不能代替的。只有在肥水管理的基础上，修剪才能发挥积极的调节作用，达到合理利用养分，提高产量和品质的目的。

修剪应与土壤肥力和肥水水平相适应，土壤肥沃的梨园，冬季修剪宜轻不宜重，并应当加强夏季修剪，适当多留花芽多结果；土壤贫瘠的梨园，修剪宜重一些，适当少留花芽，也能收获优质果品。另一方面，要取得修剪好的综合效果，也必须与相应的肥水管理相配合，如在树体上部采用促花的修剪技术，那么在花芽分化前应适当的控制灌水和施氮肥，及时的补充磷钾肥。

（2）修剪与病虫害防治　在修剪得过程中直接剪去病虫枝，有直接防治病虫害的作用。通过整形修剪建成一个通风透光的树体结构，有利于提高喷药的质量和效率，增加防治病虫害的目的，同时，破坏了一些病虫的生存环境，达到防治病虫害的目的。

(3) 修剪与花果管理　修剪与花果管理都对梨树产量和梨果的质量起到调节作用，修剪主要起到“粗调”的目的，而花果管理主要起到“细调”的目的，两方面配合，才能真正获得优质、高产和稳产。在花芽少的年份，冬剪尽量多留花芽，夏剪的目的主要是促进坐果，如果再配合花期人工授粉、喷施植物调节剂或者硼等营养元素，效果更为明显。在花芽多的年份，修剪虽然可以剪去部分花芽，但总体花芽量偏多，因此，只有通过疏花疏果的方法，才达到克服梨树大小年的目的。

五、不同梨树系统修剪的特点

众所周知，我国的梨树品种繁多，分属于白梨系统、砂梨系统、秋子梨系统和西洋梨系统四个系统。不同的系统梨树的生长结果习性不同，正因为如此，应根据不同梨系统的生长结果习性的特点选择不同的修剪方法，下面就不同梨系统不同的修剪方法进行阐述。

1. 白梨系统的修剪　白梨系统包括：茌梨、鸭梨、雪花梨、黄县长把梨、栖霞大香水梨、辽宁秋白梨、库尔勒香梨、金川雪梨等都是白梨系统的品种，约有栽培品种500多个。

白梨系统的特点是，树体高大，寿命较长。幼树生长旺盛，干性一般很强。多数品种的幼树枝条直立性强，大树骨干枝容易开张；萌芽率高，成枝力强或中强；树冠枝条稀密中等；隐芽寿命长，骨干枝易于更新；较易抽生短枝，而且数量较多，许多品种的幼树，都是先由短果枝开始结果。短果枝抽生果台枝的能力，品种间的差异较大；有些品种容易形成短果枝群，有些品种不易形成短果枝群。

白梨系统中，不少品种有腋花芽结果的习性；长枝甩放后，也较易形成花芽。白梨系统各品种，多数适于应用主干疏层形或延迟开心形树形，多主枝自然形和开心疏层形也可应用。

白梨系统幼树修剪时，宜少疏枝，延长枝宜长留，适当利用缓放；主枝开张角度不要过大，以免造成中干过强；大树骨干枝的更新能力较强，角度开张过大，或下部光秃的主、侧枝，较易回缩更新。容易形成短果枝群的品种，盛果期大树，应注意维持短果枝群的健壮长势；不易形成短果枝群，或短果枝群寿命较短的品种，应注意发挥新果枝的结果能力，利用大型枝组的更新复壮，维持结果枝组的结果能力。

2. 秋子梨系统的修剪　秋子梨系统包括：南果梨、京白梨、小香山梨、麻梨、八里香和花盖等品种。

秋子梨系统的特点是：树体高大，多数品种树冠开张；幼树长势中强，干性一般不如白梨系统强。芽子较小，萌芽率和成枝力一般均较强。多数品种的长枝，较细较软。中枝数量较多，顶芽延伸力强，但细软较易下垂。树冠的分枝级次高，枝条较为密集，高级次的枝易于披散下垂。短枝的数量少于白梨系统。果台结果后，抽生果台枝的能力品种间有较大的差异。大部分品种不易形成分枝多而紧凑的短果枝群。果台枝连续结果能力也较差。多数品种以短果枝结果为主，部分品种有腋花芽结果的习性。

秋子梨系统各品种，幼树整形时，以选用主干疏层形和开心疏层形为好。

在幼树整形过程中，因其树体高大，树冠的结构也应当大些。因枝量较多，所以，选留主、侧枝并不困难。修剪时，骨干延长枝可轻度短截，其余长枝可适当缓放，以缓和营养生长，促进早成花，早结果。秋子梨系统的大部分品种，分枝能力较强，有高级次枝结果的特点，但短果枝群并不发达，对小枝组可不必过细修剪。

3. 砂梨系统的修剪　砂梨系统包括原产于中国的砂梨品种

和由日韩引进的砂梨品种。日韩砂梨主要推广品种有：爱宕、爱甘水、幸水、丰水、水晶、大国水晶、新高、丰月、圆黄、黄金、华山、晚秀等品种，中国砂梨品种主要推广品种有：早酥、黄花、黄冠、早绿、绿宝石、清香等品种。

由于砂梨品种多数树冠小，所以应低定干，以促进树冠的扩大，尽早占满有效空间。根据种植密度、肥水条件，干高一般为60～80厘米。幼树尽量不疏枝，对强旺枝、位置不当枝应采取拉枝、拿枝等方法加以控制。幼树的枝条少甩放，多通过摘心、刻芽、短截等方法促进发枝、培养枝组，用拉枝、撑枝等方法开张枝条角度、培养树形。幼树整形时，选枝较为困难。因此，对树形的要求不宜过严，可根据随树作形的原则，灵活掌握。以采用多主枝自然形较为适宜，目前生产中应用较多的为主干疏层形。

易形成短果枝群的品种，盛果期以后，主要是对短果枝群进行细致的修剪。不易形成短果枝群的品种，可通过对大、中型枝组的缩放修剪以及对转化为中、长果枝的果台枝，进行适度短截来维持树势。原产于中国的砂梨系统各品种，骨干枝的更新能力较强，对一些衰老的或后部光秃的骨干枝，可采用缩剪或落头等办法，维持和更新树冠。日韩梨品种，多数不耐更新，虽然骨干枝后部易发徒长枝，但仍应尽可能地利用原骨干枝结果。

4. 西洋梨系统的修剪 西洋梨原由欧美引进，其名沿用至今，主要是指英国、意大利、澳大利亚、美国等国家梨树栽培品种。目前推广的主要有：红安久、三季梨、玛丽亚、早红考密斯、巴梨、茄梨、红茄梨、阿巴特、康佛伦斯等品种。

西洋梨系统的不同品种间，树冠的大小差别较大。普遍结果年限较短，在山东、辽宁等地，经济寿命一般只有30～40年。幼树长势较强，干性也很强，枝条直立生长，骨干枝角度不开张，树冠呈圆锥形。多数品种的骨干枝及枝条较软，进入结果期以后，骨干枝自然开张，枝条披散下垂。芽子较小，但很充实。

萌芽率高，成枝力强，树冠枝条较密，幼树虽然长势较旺，但大树生长较弱，骨干枝不易更新。

不同品种间结果的习性差异很大。有些品种如巴梨，结果较早，定植后 3～5 年即可结果。另外一些品种如茄梨、伏茄梨、日面红等，结果较晚，一般定植后 5～7 年开始结果。还有一些品种如贵妃梨、康德梨等，结果也较早，定植后 4～5 年开始结果。结果较早的品种短枝较发达，短果枝也较易形成短果枝群。盛果期的大树，以短果枝和短果枝群结果为主，但仍有较多的中、长果枝结果。结果晚的品种短枝不发达，形成花芽的年限也较长，短果枝发生果台枝少而弱，不易形成短果枝群，但中枝数量多，可由中枝形成短果枝结果。

幼树整形时，以主干疏层形为宜。主枝的选留数量可较多，层间距离可以较小。幼树主枝角度不宜开张过大，一般 30°左右即可，因骨干枝弱，盛果期以后容易开张。幼树主枝延长枝的剪留长度，一般以 45～55 厘米为宜。

西洋梨要求光照条件较低，因此，可适当密留枝，少疏枝。西洋梨大量结果以后，主枝角度开张较大，甚至可能下垂。下垂枝条如背上有徒长枝发生，可利用背上枝重新培养新枝头，但原枝头仍应保留不要疏除。对老树或幼树，每年只宜对枝组进行维持修剪，不宜用大更新的办法，也不要轻易疏除大枝，以免缩短树体寿命，影响经济效益。

六、不同栽植密度梨树的整形修剪方式

1. 低密度梨树的整形修剪方式　低密度梨园是指株行距在 3～4 米×4～5 米左右，每公顷栽植的棵树大约在 495～834 株之间。对于此种密度的梨园宜采用小冠疏层形，一般采用乔化砧。小冠疏层形是由疏散分层形演化而来。这种树形的特点是：骨干枝少，层内距小，树体矮小，树冠紧凑，内膛丰满，宜于密植，

利于丰产稳产。留干60厘米，树高3米，冠幅3～3.5米。第一层主枝3个，层内距30厘米，第二层主枝2个，层内距20厘米，第三层主枝一个，第一层与第二层的层间距为80厘米，第二层与第三层的层间距为60厘米，在主枝上不配置侧枝直接着生大、中、小型结果枝组。

为了很好的培养小冠疏层形的结果树形，一般需要五年的时间。在苗木定植以后，选择饱满芽处定干，定干高度60～80厘米；在定植后的2年内，在基部3个方向选出3个主枝，相邻两个主枝的水平夹角为120°；在中心干上距离第三主枝80厘米的地方，培养第四、第五主枝，两个主枝最好相对，并且与第一、二、三主枝在垂直方向不重叠；在距离第五主枝60厘米的地方，培养第六主枝，其方位最好不要选在果树的南侧，以利于树体整体的采光。当树体的6大主枝配齐以后，顶部在达到3米以后落头开心，以利于光照。在定植后的前4年内，对于中央干和主枝延长枝进行轻度短截。主枝采用撑、拉、别、拽的方式开张角度，基角达到60°，腰角要达到80°左右。主枝上面不安排侧枝直接着生结果枝组。由于梨树的极性较强，为了缓和上部生长，在上部适当疏枝，少短截，多结果，以果缓和树势，对于下部一年生枝，适当增加短截数量，以增强下部枝势。幼树整形期间各主枝的延长枝进行中度短截，以扩大树冠。

2. 中密度梨树的整形修剪方式 中密度梨园是指株行距2～2.5米×3.5～4.0米，每公顷栽植100～14 254株。对于此种密度的梨园宜采用纺锤形，多用半矮化中间砧嫁接的梨树。纺锤形修剪方式的特点是结构简单、匀称协调、修剪量轻、管理方便，适于密植，早果、高产优质。主干高度60厘米左右，在中心干上着生着10～15个小枝。从主干向上螺旋式排列，间隔20厘米左右，插空错落着生，互不拥挤。小主枝与主干分生角度在80°左右，在小主枝上直接着生小结果枝组。树高不超过3米，修剪时以缓放、拉枝为主，很少采用短截的方式。

为了很好的培养纺锤形的结果树形，采用的定干高度在 80 厘米左右，中心干直立生长。第一年冬中心干延长枝剪留 50～60 厘米；第二、三年冬中心干的延长枝剪留 40～50 厘米；到第四、五年树体基本成形，中心干的延长枝不再短截；当小主枝已经达到所需数量，就可以落头开心。为了保持 2.5～3 米的树冠高度，每年可用弱枝换头或直接将强枝拉倒，作为主枝或者辅养枝的方式。

3. 高密度梨树的整形修剪方式　高密度梨园是指株行距 1 米×3～4 米，每公顷栽植 2 505～3 350 株。对于此种密度的梨园宜采用倒人字形。倒人字形修剪方式的特点是结构简单、培养容易，树体矮小，便于管理，光照条件好，适合高密栽培。此树形适宜于树势中庸或偏旺的品种，像砀山酥梨、秦酥、秋水晶、黄冠、黄金梨、水晶梨、美人酥、红酥脆、满天红等品种，而不适宜于树势较强的品种，如早酥、六月酥、八月红梨、红星、红安久、红巴梨等。干高 70 厘米，南北行向，2 个主枝分别伸向东南和西北两个方向，呈现斜式倒人字形。主枝腰角 70°，大量结果时达 80°，树高 2.5 米。该树形要求栽植大苗、壮苗，苗高在 1.5 米以上，苗木基部直径在 1 厘米以上。定植时直立栽植，不定干，待苗木发芽后按腰角 70°拉向东南方向，并在弯曲处选择一壮芽，距地面约 70 厘米，在壮芽的上方刻伤，促使其发出直立枝。第二年春天将第一主枝上萌发的直立枝拉向西北方向，为了培养好第二主枝，需要对主枝上的直立枝加以控制。对二大主枝背上直立芽在萌发后及时的抹除或者重摘心处理，最终培养成小型结果枝组。主枝延长枝一般不短截，如果树势较弱，对于主枝延长枝可以轻度短截，使得相邻植株主枝间呈平行状态。

七、不同生长时期梨树的修剪

1. 幼树期梨树的修剪　梨树的枝条生长虽有其特点，但受环境条件和各种因素的影响。往往不能很理想地发出所要求的枝条，切忌“强作树形”，一定要“随树作形”。另外一定要轻剪，除按整形要求修剪外，尽量多留枝条。树形如不够理想，待全树枝叶丰满以后，再逐渐调整。

早春新栽一年生苗，根据对干高的要求，首先进行定干，山地梨园定干高度为60～80厘米，滩地梨园干高70～90厘米。定干时剪口下要留10余个饱满芽，使将来发出来的枝条粗壮，以便选留主枝。一般剪口下第一二芽能发出较好的枝条，第三至五芽发枝较差，多形成中短枝，甚至不萌发。为了促进第三至五芽的萌发，而且发出好枝以便选留，在萌芽前在芽上方刻芽，促发长枝。如鸭梨、早酥梨及日本梨品种萌芽力较低，不刻芽当年发的枝条满足不了整形要求。其次要选留中央领导干与主枝。定干后经一年生长，冬剪时选顶端第一芽发出的直立枝条作中心领导枝，并加以短截，一般短截长度为50～60厘米，剪口下必须留数个饱满芽，以利于发枝和保持顶端优势。根据当年发枝的情况和欲培养的树形进行主枝的选留。再次选留侧枝。一般选留时不选背上枝、把门枝、对生枝，而选背侧枝。为选出理想的侧枝，应在短截主枝延长枝时，注意剪口下第三芽留在要求发枝的方位。如果实在没有理想的侧枝，可选用角度较高的枝用别、拉、撑和压等方法改造。一个大主枝上一般留3～4个侧枝，按一定距离左右错开配置。最后合理的利用辅养枝。多留辅养枝可以使得树体枝多、叶多、制造养分多，加快骨干枝生长，迅速扩大树冠和增加骨干枝粗度；可以充分占据空间，早结果。初结果树主要利用辅养枝结果，因而必须采取一些促花措施主要包括：加大角度；夏季进行环割或环剥；改变枝条方向等。辅养枝选留的数量、大小和年限，以不影响骨干枝生长为原则。

2. 盛果前期梨树的修剪 盛果前期是指6～12年生的树，树冠基本形成，产量逐年增加。这一时期修剪，已完成各骨干枝的选留，应掌握适当轻剪、轻重结合的原则，主要是调节生长与结果的关系，培养结果枝组，促其早进入盛果期。各地经验证明，在树势健壮的基础上，适当轻剪有利于健壮果枝的增加，并能提高产量。但是，连年轻剪会影响生长、削弱树势，果实虽多而坐果率低，果实变小，影响产量和质量。因此，轻剪 1～2 年之后，当植株生长转弱时，就应及时加重修剪，促使树势复壮；树势复壮后，再适度轻剪。

此时期修剪的重点，应以培养结果枝组为主。对前期保留的辅养枝，应根据着生部位和空间大小，分别进行处理。一部分可培养为半骨干枝，另一部分可逐步改造为不同类型的结果枝组。此时期在继续培养各级骨干枝和结果枝组的同时，要注意缓和树势，增加枝量，特别是中、短枝的枝量，以利于稳产增产。

3. 盛果期梨树的修剪 盛果期，在过去，是指树龄在 13 年生以上，已经大量结果的树，现在有所提前。盛果期梨树的树形早已形成，一般不需剪除大枝。这一时期修剪的主要任务是，在加强综合管理的基础上，维持健壮树势，调节生长结果的平衡，维持树冠结构，延长盛果年限。对于那些过去放任生长或管理粗放的梨树，修剪时应慎重处理，除过密确无空间的进行疏除外应尽量保留，并改造成大型结果枝组。各主枝先端衰弱，或主枝下部的枝组衰弱时，应进行回缩。根据其衰弱程度，可从 3～5 年部位缩剪，剪口下选留一个生长较壮并且向上斜伸的分枝，抬高枝头角度。

此时期的梨树，结果数量连年增加，因而必须加强土、肥、水综合管理，并控制适当的果实负载量，维持健壮树势，才能获得高产稳产和连年丰产。对长势中庸的树，可通过枝组的轮流复壮和外围枝短截，维持中庸树势；对长势趋弱的树，可以通过对骨干延长枝进行短截，对延伸过长的枝组进行回缩等措施，进行复壮；对角度开张过大的骨干枝，可在二三年生部位回缩或利用背上枝，更新换头。

进入盛果期的梨树，冠内光照容易恶化，引起枝组瘦弱，花芽分化不良，结果部位外移等不良现象，所以应根据不同情况，分别进行处理：对外围长枝多的树，可适当短截外围枝，对不影响树形的长枝，可以缓放，以缓和长势；对外围多年生枝过多、过密的树，可适当疏剪或回缩，以减少外围枝的密度；对骨干枝过密的树，可适当疏除一定数量的大枝，但疏除大枝时，应分年进行，以防返旺；对中干上层主枝多、长势旺的树，可采取疏枝或落头的办法，以缓和树势。对过多过密的层间辅养枝，可分批疏除，或缩剪改造为结果枝组。对长势过弱，分枝过多，结果能力下降的中、小结果枝组，可适当减少部分分枝；对组轴延伸过长，后部分枝过弱，结果部位外移的枝组，可在强分枝处回缩；对已失去结果能力而又无法更新的小型枝组，可以疏除，如有空间，可重新培养；对冠内发生的徒长枝，如着生位置适当，可用于培养结果枝组，以防冠内光秃。

进入盛果期的梨树，由于结果数量激增，树势容易转弱而出现大小年，因此，必须在加强土、肥、水综合管理的基础上，通过疏花疏果加以防治。

4. 衰老期梨树的修剪 梨树进入衰老期以后，树势逐渐减弱，生长量逐年减小，产量显著下降。如果修剪适当，肥水管理较好，还可维持相当产量。这一时期修剪的主要任务是：增强树的长势，更新、复壮骨干枝和结果枝组，延缓骨干枝的衰老死亡。梨树的潜伏芽寿命很长，骨干枝或枝组重回缩后易生新枝，但为使更新效果更佳，修剪只是一种措施，还必须加强肥水管理，以增强树势。

(1) 骨干枝的更新 大枝更新应从上层开始，然后下层。因为先缩剪下层枝反应差，有时抽不出新枝更新。大枝更新前应停止刮树皮2～3年，因为刮树皮有时把潜伏芽刮掉了，影响发新枝。更新回缩大枝时，应重回缩到有良好分枝处，待长出新枝时再调整方位。如果有可利用的徒长枝和背上直立枝，配合大枝更新，尽可能地加以利用，培养成新的树冠。内膛骨干枝上枝组死亡，出现大面积光秃带时，可用补接的办法嫁接新的品种，嫁接方法用皮下接、腹接均可。

（2）枝组回缩复壮　衰老树的结果枝组延长头，多因结果过量而下垂，或先端衰弱无力，这样的枝条若只回缩个别小枝，往往收不到复壮效果。因此，需要对一定数量下垂的多年生枝重回缩，并回缩到有良好分枝处，才能起到复壮作用。

（3）对放任不管的老梨树的修剪　此类老梨树的特点是：大枝过多，从属关系不明，结果部位外移，通风透光不良，发育枝少，树势衰弱，树形紊乱。对这类树的处理方法是：①确定骨架，调整从属关系，可选择位置适宜、生长健壮的大枝4～6个作为主枝，其余大枝逐年锯除。然后配备侧枝。如无侧枝，可用补接法填补侧枝。②打开天窗，解决通风不良。开天窗的方法是将保留下来的大枝重回缩，可以解决内膛通风不良问题，内膛枝才有可能发育良好。大枝重回缩可从树冠顶部大落头，使顶部开天窗；也可从树冠四周重回缩开天窗；或可从两侧重回缩开天窗。③多余大枝逐年锯除，对严重妨碍骨干枝生长的大枝也可一次锯除。④枝组更新，对衰弱枝组和短果枝群重回缩，或剪除一部分，逐渐培养新枝组。

老树骨干枝的更新修剪一般应分期分批逐年进行，并根据各骨干枝的衰弱情况决定回缩更新的先后和程度，且宜早不宜迟；极度衰老时再一次性全树更新的做法，不宜提倡。

八、不同情况下梨树的修剪

1. 放任树的修剪　多年未进行过整形修剪或修剪很少的梨树，称为放任树。这种树大枝多而密，无主次之分，通风透光不良，结果枝组极少，外围枝条细短密集，结果单位外移，产量低而不稳，大小年突出，果小质劣，病虫害严重。

对于放任树的修剪应当“因树作形，随枝修剪”。不能大锯大剪，去枝过多，使地上部和地下部失去平衡，削弱树势。应以原树形为基础，根据大枝的着生部位和分布情况，选留永久性的骨干枝，用以培养骨架。对多余的大枝，要逐年去除，对于留下的大枝开张角度，扩大树冠，削弱树势。可以利用撑、拉、背、坠和背上枝换头等方法，开张主枝角度，扩大树冠，增大冠幅，培养牢固的骨干大枝，改造成丰产树形。只要做到树势平衡，主从基本分明，枝条分布大致均匀即可。梨为喜光植物，需要有良好的通风透光条件，才能合成充足的光合产物，满足其生长发育和结果的需要。因此，凡树高超过4.5米的，应在4米高处选留一粗枝，落头开心，揭去顶盖，开天窗，并对该树上、中、下各部密集的枝条，进行适量的疏除和回缩。因为放任树大枝过多，侧枝少而又远离主干，因此应选挨着主枝的多余大枝，回缩改造成侧枝，用"以主换侧"来填补主枝侧面的空间，增大结果面积，创造丰产条件。利用环剥促芽和腹接补枝的方式充实内膛，解决下部"光腿"的问题。在距基部15～20厘米处进行环剥，促使上部形成花芽，保证来年产量，刺激下部隐芽抽枝，将其培养成结果枝组，结果后在环剥部位短截。于2月中下旬或秋天的8～9月，在"光腿"枝上每隔20～30厘米，用"腹接"、"皮下腹接"或"带木质部芽接"，接一个接穗或接芽，待其萌发后用以培养枝组。

2. 梨树出现大小年时的修剪　梨树进入盛果期以后，一旦留果过多，或肥水不足，很容易出现大小年结果的现象。防止和克服大小年的措施，一是加强肥、水综合管理，二是通过修剪进行调节。目前生产中经常采用的、调整和克服梨树大小年结果的修剪措施主要有两种：

一是在大年时，通过控制花、果数量，留足预备枝。要注意适当疏除短果枝群上过多的花芽，并适当缩剪花量过多的结果枝组。对生有花芽的中、长果枝，可采用打头去花的办法，促使翌年形成花芽；对长势中等健壮的中、长营养枝，可以采用缓放的方式，使之形成花芽在小年时结果；对长势较弱的结果枝组可采用去弱、疏密、留强的剪法，进行复壮，但修剪时应注意选留壮芽和部位较高的带头枝；对于过多、过密的辅养枝和大型结果枝组可在大年适当进行疏剪。

二是在小年时，尽量多保留花芽，同时缩剪枝组，控制花芽数量，使第 2 年的大年不致过大。对长势健壮的一年生枝，可保留 1～2 个饱满芽进行重短截，促生新枝，加强营养生长，以减少大年花量；对后部分枝有花，前部分枝无花的结果枝组，可在有花的分枝以上进行缩剪；对没有花的结果枝组，可多短截，少缓放，以减少第 2 年的花量，使大年不致过大。另外，在小年注意采用一系列保花的措施，尽可能保证小年多结果，减少形成花芽的量。

3. 梨树结构不均衡时的修剪　梨树顶端优势明显，上部枝条长势强，而树冠下部和骨干枝基部，不具顶端优势，长势较弱，成花较易，花、果数量增多，调整又不及时，基部各枝的长势，就越来越弱，造成梨树出现“外强内弱”的现象；与此同时，上部枝条极性较强，选用剪口下第一枝带头，其余侧枝又不及时进行疏剪，因而造成“上强下弱”。若不及时进行调整，基部枝条就会因衰弱而枯死。

调整“上强下弱”树的办法，一是疏除部分强旺枝，保留一部分长势缓和的侧生枝，缓放后促其成花结果；对留下的强旺枝，可以扳倒后，缓和长势，促进结果；二是回缩上部长势强旺的大、中枝条，减少树冠上部的总的枝量，对保留下来的树冠上部大枝上的一年生枝，可疏除强旺枝，缓放平斜枝，结果后再根据不同情况，分别进行处理；三是对保留在树冠上部的强旺枝，可适当多留些花果，以削弱其长势。同时，还可通过夏季修剪，适当予以控制。

调整“外强内弱”树的办法，可抑前促后，将外围枝的先端枝头回缩，减少先端枝量，同时选用长势中等生长平斜的侧生分枝代替原头。对枝头最近的一年生枝缓放不剪，过密者疏除部分枝条，对后部内膛枝多留或不疏除，多短截，少缓放，以促生新枝技术，增加后部枝量。同时，注意外围枝附近可多留果，后部内膛枝少留果，逐年使前后部生长均衡。

九、梨树常用修剪技术

（一）棚架式修剪技术

棚架式梨树栽培技术是我国近年由日本引入的优质高档梨树管理技术。棚架式梨树定干高度 80 厘米，主枝 3～4 个，主枝基角 40°～50°，全树一般 6 个侧枝，12 个副侧枝。枝条在棚架上的相互距离 20 厘米左右。树形采用十字开心形，只有一层主枝，无领导干，有利于通风透光，有利于生产优质果实与稳定产量；日常管理方便，树冠不高，容易套袋、喷药、喷肥、采收；使树势强健，缓解树体早衰，提高对病虫害的抵抗力；枝条牢固，能减少风害和机械损伤；树势均衡，结果稳定，果形端正，品质优良。其缺点是架材投资大，费工、费时，对肥水条件要求高，幼树期枝条修剪量大。

1. 架式与树形 棚架式栽培的梨园，一般用直径约 5 厘米、长 3 米以上的钢管竖直安装在土壤中的 30 厘米×30 厘米水泥基座上，钢管间相距约 5 米。其上依支柱平行纵横交错拉紧围绳（6 股 10 号铁绞丝，为果园棚架周边长）、围线（5 股 12 号钢绞丝，为棚架主线，每 50 厘米拉 1 条）、副线（10 号防锈钢丝，为主线间棚架副线），棚架高度 2 米左右，棚面用副线以 70 厘米×80 厘米的距离一上一下穿梭编织拉成网格，四周用支撑柱（混凝土灌铸底座）、拉锚等将棚面支柱固定牢，棚架即安装完毕。同一梨园中架面有水平与倾斜式两种。从梨树主干处拉起的架面一般为倾斜式，低处高 1 米左右、高处高 2 米左右。水平式架面高度为2米左右。

盛果期梨园株行距7.2米×7.2米，树高2.5米，冠径约7.2米，树冠投影面积约50米^2。树形为十字开心形，4大主枝，主枝开张角度为60°～70°，每个主枝上培养两个副主枝，副主枝上着生侧枝与结果枝组，着生在两个主枝上同一侧的相互平行的两个副主枝相距2米左右，同一侧的副主枝上的相邻的两个侧枝或两个副主枝上靠近的侧枝之间的平行距离约35厘米，侧枝之间可配置一些小型结果枝组。主枝、副主枝及侧枝都用塑料绳绑扎固定在铁丝上。

2. 整形修剪 第一年首先进行定干，定干高度在80厘米左右为宜。如定干太低，主枝长到棚面的时间长，太高上部枝梢容易超过棚面。定干后对剪口下3～5个饱满芽进行刻芽，促进发枝。7月中旬选留3～4个不同方向生长的健壮枝作为主枝培养，将枝条引绑至顶部的铁丝网格上，枝条基角为40°～50°，按适宜的方位均衡分布空间，够不着铁丝时，经引线将枝条悬吊在棚架铁丝上，不留中心枝。对主枝数目不足的可通过嫁接健壮枝梢、壮芽弥补空隙。第二年春天将主枝延长枝剪头，留3/4～2/3。每主枝上选留两个侧枝，第1侧枝距主干的距离不小于60厘米，第2侧枝在第1侧枝的对面，2个侧枝在主枝上的间距为30厘米以上。所留侧枝的芽必须是主枝上的侧芽萌发的新梢，背上、背下枝和其他枝芽应全部抹除。当树体高度超过棚面时，应将主侧枝超过棚面的枝条引缚在棚架上。引缚时，首先选择好主枝的伸展方向，尽量不交叉重叠，侧枝在棚架上的间距不应小于1米。第三年整要进一步调整主、侧枝的从属关系，每个侧枝再培养两个副侧枝，使树体形成3个主枝、6个侧枝、12个副侧枝的树冠。第四年主侧枝及副侧枝继续引缚上架，直至布满架面。进入盛果期后，整形修剪的主要对象是侧枝和枝组，主、侧枝的延长枝继续外伸水平引缚，始终保持主枝顶端的生长优势和侧枝、副侧枝维持一定的从属关系。主枝延长枝先端保持直立，侧枝顶端保持45°角，疏除过密的竞争枝和其他副侧枝，使枝条相互间距为20厘米左右。棚架树体结构，棚架面虽高2.0米，但果实、枝叶悬垂地面实际高度仅为1.6～1.8米。

（二）小冠二层开心形快速成形修剪技术

在正常的管理条件下，小冠二层开心形需要4～5年时间才能成形，而采用快速成形修剪技术可以3年就能够结果。主要技术如下：

第一年定植后，于春季发芽前进行定干。干高40～50厘米；8月中下旬，选留1条长势中庸的新梢，作为中心主枝，不进行拉枝开角，对其余长枝，全部向四周拉开，其开张角度呈70°～80°，作为第1层主枝。

第二年春季，剪截长枝促条；中心主枝剪留80厘米左右，第1层主枝剪留60厘米左右；中心枝修剪后，促发下部芽萌发枝条，选择距离第一层主枝100厘米，方位与第一层主枝错落不重叠，选择2个主枝，8月中、下旬，拉枝开角，第1层主枝角度，保持70°左右，第2层主枝保持45°左右。

第三年春季，缓放所有枝条而不进行修剪，至花序分离期进行疏花，每隔20厘米左右留整花序，每个花序留3朵优质花；疏果时每个果台单、双果间隔选留。

（三）小冠疏层形修剪技术

小冠疏层形的干高40～60厘米，树高3米左右，冠径3米左右。主枝5个，角度70°～80°，分二层，第一层3个，第二层2个。层间距1米以上，层内距20～30厘米或者邻接。第一层主枝上各留2个侧枝，第一侧枝距主干50厘米左右，或留把门侧枝，第二侧枝则在其对面，相距第一侧枝20～40厘米。第二层无侧枝，直接着生枝组。第一层主枝的垂直角50°左右，第二层主枝的垂直角度40°～45°。成形后，主枝5个，侧枝6个，1

个中心干。为培养此类树形采用下列整形修剪技术：

梨苗栽植后，当年在高度为0.8米左右定干。萌芽期，在40厘米整形带内、剪口两芽的下方选着生错落、方位角约120°的3个芽进行目伤，剪口下第一年选出1个直立新梢培养中心干延长枝，选出3个侧生新梢培养第一层3个主枝。5～6月，整形带内的侧生新梢在半木质化前，可用牙签初步撑大角度，培养3个主枝的新梢撑大至50°～60°；8月中旬至9月中旬，对培养3个主枝的新梢开张角度或捋枝至60°～70°。9月末对新梢进行摘心。冬剪时，对中心干延长枝剪留约65厘米；对3个主枝剪留约60厘米；第一层内的临时辅养枝长放。

第二年夏剪时，萌芽期，在中心干延长枝上，对其剪口下5厘米左右和25厘米左右处选方位相对、不与第一层主枝重叠的两个芽进行目伤，促使中心干延长枝顶端长出1个直立新梢，继续培养中心干延长枝，长出2个稍强的侧生新梢，培养层间的2个辅养枝；在第一层3个主枝两侧选2～3个未萌动芽目伤。5～6月，在第一层3个主枝上，分别距基部50厘米左右选一个稍强的新梢不作处理培养为第一侧枝，8月中旬至9月中旬，对第一层各主枝和侧枝的延长新梢分别捋枝至60°～70°和70°～80°。9月末对新梢进行摘心。冬剪时，对中心干延长枝和第一层3个主枝延长枝分别剪留约65厘米和约55厘米，其他枝条均长放。

第三年夏剪时，萌芽期，在中心干延长枝上，对其剪口下10厘米左右和35厘米左右，避开南面，选方位相对插在第一层3个主枝空间的两个芽目伤，促使中心干延长枝顶部长出一个直立新梢，继续培养中心干延长枝，长出2个稍强的侧生新梢，培养第四和第五主枝；5～6月，在中心干延长枝上，对培养第四和第五主枝的延长新梢和其他侧生新梢，分别用牙签撑大角度至45°左右和70°左右；在第三和第四主枝的层间，对2个辅养枝和其他侧生枝条长出的新梢，均捋枝至70°左右，并在2个辅养枝基部进行环剥；在第一层内，3个主枝上距离着生第一侧枝20～40厘米前部的另一侧，各选1个稍强新梢培养第二侧枝。这样小冠疏层形的树形培养完成，在以后的修剪过程中注意保持该树形，对于临时结果的辅养枝，在培养的枝组结果后逐渐疏除。

（四）纺锤形修剪技术

干高60厘米左右，全树高不超过3米，错落着生10～15个主枝，要求主枝粗度为中心干的1/2以下，以防与中心干竞争。中心干每隔20厘米左右留分枝，无明显层次，主枝不留侧枝，直接着生结果枝组，主枝与中心干分枝角度70°～80°。该树形是适宜密植栽培的树形，只有一级骨干枝，树冠紧凑，通风透光好，成形快，结果早，果实质量好。

梨苗栽植后，当年在高度为1米处定干。第一年不抹芽，对树干40厘米以上、枝条长度在100厘米以上者于秋分前后拉枝，与枝干夹角保持90°，不足100厘米的缓放，冬剪时对所有枝条全部缓放。

第二年对上年拉平的主枝背上萌生的直立枝，离树干20厘米以内全部除去，20厘米以外的每隔20厘米扭梢一个，余者去掉。中心干发出的枝条长度在80厘米可在秋分时拉平，距离小于20厘米的疏除，并注意留枝的角度，不能上下紧邻的两个主枝在同一方向，除中心延长枝过弱不剪，一般缩剪到弱枝处，将其上竞争枝拉倒或疏除。弱主枝不剪，对向行间伸得太远的下部主枝从弱枝处回缩。第三年按照第二年的方法继续培养主枝。第四年中心干在弱枝处落头。为改善下部光照，需防止上部过旺，多进行夏剪。以后中心干年年在弱枝处修剪，保持高度稳定。

十、几种主要栽培品种的整形修剪特点

梨树的生长结果习性，虽有其共性，但不同品种也有差异，

如有的品种成枝力很低，而萌芽力很高，以短果枝结果为主，且连续结果性能好，这类品种易于形成寿命较长的短果枝群。而有的品种易多发长枝，果台副梢也长，不能形成结果枝群，短枝寿命短，易枯死，中长枝与长果枝和腋花芽结果明显，这类品种主要靠新枝结果。总之，各类品种间的差异，对修剪反应不同。如能根据不同品种的特性要求，进行有针对性地修剪，就能获得好的效果，下面介绍几个品种的修剪特点。

1. 丰水梨 该品种萌芽率高，成枝力强，在二三年生树上，长势强壮的长枝缓放后，其萌芽率随枝条角度的开张而提高。丰水梨以短果枝结果为主，所结果实质量好。短果枝很易形成鸡爪状的短果枝群。进入结果期以后，短果枝群抽生中、长枝的比例仍然较高（与晚三吉梨相比较），中枝和长枝，当年都有形成腋花芽的习性，这是早期丰产的有利条件，修剪时应注意利用。具有一定自花结实能力。密植园（亩栽 333 株）第 4～5 年进入盛果期。

快成形早丰产的修剪技术，需以幼树旺盛的营养生长为基础，以加强土肥水的综合管理水平作为保证。关键是充分利用壮枝，增加短枝，特别是当年能够形成花芽的短枝，3 年成形。其措施是，对强壮枝，拉枝开角，缓放，夏季环割，促其当年形成 5～6 个带有花芽的短枝，第二年便可开花结果。根据丰水梨的生长结果习性和矮化密植及早期丰产的要求，树形宜选用小冠二层开心形；高密栽培可采用篱壁形。采用小冠二层开心形，利于提早结果和早期丰产。每公顷的适宜栽植密度为 1 125～1 650 株。如采用篱壁形，栽植密度每公顷可达 3 300 株以上。从生产中看到，采用篱壁树形的丰水梨，结果早，前期（2～4 年生）产量增长快，但 5～6 年生以后，树势容易出现上强下弱的现象，树冠中、下部的果实也往往偏小，商品质量不高，影响经济效益，所以较少采用。主要采用小冠二层开心形的修剪方法（见前面梨树常用修剪技术）。

2. 苹果梨 苹果梨幼树生长强旺，枝条直立性强，结果后逐步开张。幼树萌芽率和成枝力中等，一年生长枝中短截后，在剪口下可抽生2～3个长枝。进入结果盛期的树，基部芽和潜伏芽的萌发力仍然很强。当骨干枝接近于水平或下垂时，基部的潜伏芽常易抽生徒长枝。宜采用小冠一层、二层开心形或圆柱形。

小冠二层开心形适合普通栽植和果粮套种。树体结构为主干高50～60厘米，树高3米，第一层主枝3～4个，第二层主枝2个，层间距100～130厘米，达到树高后落头开心。小冠一层开心形适宜栽植行距为（2～2.5）×5米，主干高50～60厘米，树高3米，基部一层3～4个主枝，中心干上直接着生中、小枝组，螺旋式上升排列。圆柱式适合于密植园整形，主干高50～60厘米，树高3米，中心干上直接着生中、小枝组，各枝组插空上升排列在中心干上。

幼树以短果枝结果为主，长果枝结果的数量也较多，而且在长果枝上有时还能形成腋花芽。成龄树以短果枝及短果枝群结果为主，短果枝群的寿命较长，连续结果能力也较强。幼树宜适当轻剪，除骨干延长枝适度短截外，其余枝条一般可不短截。主枝宜适当多留，但需通过拉枝及时开张角度。对内膛直立枝，在不影响骨干枝生长时，可缓放后将其拉平，当年可萌发较多的中、短枝，并形成花芽，结果后再逐步疏除。结果枝组多次结果后，生长容易衰弱或下垂，应及时注意回缩和更新复壮。

3. 巴梨 巴梨幼树生长旺盛，枝条直立，但成龄后骨干枝较软，结果后容易下垂。顶端优势很强，如主枝角度开张稍大，背上即可发生直立旺枝。萌芽率高，成枝力强。幼树的长枝中短截后，顶端能抽生3～5个长枝，其下依次抽生中、短枝，中枝数量较多。枝条连续缓放2～3年后，才能形成短果枝。初结果树，往往有长达50厘米以上的长果枝，大树则以短果枝和短果枝群结果为主，但中、长果枝结果仍有一定数量。果台枝的发生率较高，每个果台可抽生1～2个果台枝，果台枝连续结果的能力强。短果枝形成花芽的年限较短，短果枝形成短果枝群的能力中等，短果枝群的分枝数量一般，短果枝群较易更新复壮，结果年限较长。

适宜树形为主干疏层形，主枝宜适当多留，第一层主枝留3～4个，第二层主枝留2～3个，层间距可适当缩小。进入结果期以后，可将第二层的主枝减少1～2个。除了对主枝延长枝轻剪长留，并注意与中干高度的差异不要过大以外，对中干可选留较弱的枝条为延长枝，一般可选剪口下第二枝为延长枝。侧枝比主枝更为细弱，很易形成主枝强、侧枝弱的现象，为此，需对侧枝延长枝适当长留，多留分枝，以增加总生长量。初结果的树，应注意保留长果枝结果，进入盛果期以后，长果枝仍然结果较多，仍应保护利用。长果台枝也易形成花芽，花少的年份可用于结果，花多的年份可短截后用作预备枝。长枝甩放后，很易形成较多的果枝；中枝连放2～3年后，也易形成大量短果枝，回缩后便可成为稳定的结果枝组。结果后骨干枝枝头容易下垂，可以将背上旺枝培养成新的枝头，代替原头。对主干一般不要换头或落头，主枝更新时要先培养好更新枝，再进行回缩，或培养为结果枝。

4. 砀山酥梨　幼树长势较强，萌芽率较高，成枝力中等，干性较强。幼树树冠直立，分枝角度较小，骨干枝粗长比大，进入结果期以后的大树，角度仍不易开张，树冠较小；副芽发育良好，易发更新枝；短枝转化为中、长枝的能力较强。幼树一般4～5年开始结果，以短果枝结果为主，但中、长果枝结果的数量也不少；成龄大树以短果枝结果为主，但中、长果枝结果仍较多。果台抽生果台枝的能力较弱，一般只抽生1个，不易形成分枝多而紧凑的短果枝群；短果枝寿命中长，结果部位外移较快。果枝连续结果能力较弱，多年生短果枝或短果枝群应及时的更新复壮。新果枝结果较好，小枝组对修剪的反应比较敏感，易于更新复壮。

树形以主干疏层形为好，修剪时应注意主枝角度的开张并防止中干过强。具体办法是轻剪长留主枝延长枝，并在主枝上多留分枝。对主枝上的分枝，应尽量少疏或不疏，以增加主枝生长量，防止中干过强。由于砀山酥梨发枝角度小，幼树期可采用拉枝的方法开张骨干枝角度；斜生中长枝缓放或直立旺枝拉平后，很容易形成腋花芽和短果枝待形成花芽结果后回缩。盛果期树体很容易上强下弱，外强内弱，结果部位外移，修剪时对上部、外部采用疏强留弱、环剥、拉枝开角等方法控势。对下部、内部枝多短截，向上斜枝换头抬高主枝角度等方法促势。另外可在上部、外部多留果，以果压势。

砀山酥梨由短果枝形成的小枝组，一般分枝不多，所以，多数无需对组内分枝进行疏剪。对连年延伸过长的大、中型枝组，应注意缩剪，以促进后部枝组转旺和稳定结果部位。长势较旺的树，中、长枝可多甩放，待形成花芽并结果以后，再进行回缩，以发挥新枝的结果能力。对砀山酥梨的中枝或由果台抽生的较长果台枝，都可应用先放后缩的修剪方法。

5. 茌梨　茌梨的特点是，长势强健，干性较强，成枝力中等。长枝中短截以后，一般还能发出2～3个长枝，以下则依次发生1～2个长枝，或者只发生中枝，基部发生少量短枝。幼树干性强，生长直立，一年生枝的分枝角度较小，大树骨干枝容易开张，枝头下垂。在茌梨一生中，需多次更换枝头才能保持骨干枝的适宜角度。幼树以短果枝结果为主，成龄后，长、中、短果枝均可以结果，腋花芽较多且结果能力较强。茌梨的始果年限较早，腋花芽较多，短果枝及腋花芽所抽生的果台枝少，而且较长，所以较难形成紧凑的短果枝群，茌梨的更新周期较短。

适宜树形为二层开心形，可以先按照主干疏层形整枝，应多留主枝，逐渐整成二层开心形，至20年生前后，逐渐调整为5～6个主枝，并处理层间的过渡性骨干枝，逐步改造为延迟开心形。在选留骨干枝的过程中，不必急于培养侧枝，如无适宜的侧枝可供选留，则可暂不配置，待树龄增长以后，随着主枝角度的开张和生长势力的缓和，主枝两侧发生较旺的分枝后，再选留侧枝。幼树主枝的开张角度，宜保持在30～40度之间，主枝两侧和背后的分枝，要充分注意利用。

茌梨枝组寿命较短，新枝容易结果，可在树冠空间较大处，多利用大、中型枝组延伸结果，待结果多年、后部出现光秃时，再进行回缩更新。充分利用长果枝和腋花芽结果，利用主枝背上的新枝培养结果枝组。对茌梨的小枝组，可不必进行细致修剪，对结果部位外移很重，下部又光秃的骨干枝或大型枝组，可通过缩剪进行更新复壮。

6. 秋白梨　秋白梨树势健壮，成枝力高，长枝短截后一般能抽生2～3个长枝，分枝角度中等。幼树的树冠较为直立，骨干枝较开张，枝条较细，分枝能力强，枝条较密，结果后易下垂。一般4～5年生开始结果，初期以短果枝结果为主，进入盛果期后，转为以短果枝及短果枝群结果为主，但也有一部分中、长果枝和少量的腋花芽结果。短果枝的果台枝多为1个，少数2个，无枝果台较少，分枝力弱，不易形成短果枝群。中、长枝与中、长果枝延伸力与分枝力都强，后部多形成果枝结果。果枝连续结果能力弱，短果枝寿命短。短果枝群的更新能力也不强，而且结果部位较易外移。隐芽萌发力强，有利于枝组或骨干枝的更新。

幼树整形时以选用主干疏层形树形为宜。秋白梨整形时，主、侧枝比较容易选留，骨干枝长留，有利于扩大树冠和减少枝条密度。在冬季修剪时，主、侧枝的剪留长度不要相差过大，以免形成主强侧弱的不平衡现象。

修剪时，少疏树冠外围的长枝，对骨干延长枝以下的长枝，应尽量予以保留，以便促使下部的短枝长势转旺，防止结果部位过快外移。

秋白梨的小枝组分枝不多，不耐细致修剪。只要小枝组或短果枝群不过长，可放任不剪；过长枝组势力衰弱时，可回缩至强壮分枝处。骨干枝两侧着生的枝组，除延长枝适当短截外，其上的中枝或中、长果枝任其自然分枝、结果。注意对外围密生枝的疏剪，以改善光照条件。

对结果部位外移较快的骨干枝，可通过回缩修剪的办法，复壮或更新后部的枝组。

7. 鸭梨 鸭梨树生长势中强，萌芽率高，成枝力低。长枝剪截后，剪口下常发生1～2个长枝，其下依次发生中、短枝，中枝少，短枝多。短枝易转化为果枝。长枝甩放时，顶芽延伸生长，其下发生少数中枝和大量短枝。枝条的分枝角度较大，幼树树冠较为开张。干性中强，枝条疏密适中，骨干枝粗长比大，角度较稳定。幼树一般3～4年开始结果，以短果枝结果为主；大树以短果枝群结果为主，中、长果枝结果比例较低，腋花芽结果数量较少。短果枝寿命长，果台枝多为2个，少数多达3～4个，无果台枝的极少。果台枝多为短枝，生长健壮，分枝率高，连续形成花芽的能力较强，容易形成分枝较多，而且比较紧凑的中型枝组或短果枝群，修剪特点如下：

（1）树形以主干疏层形和多主枝自然形为主。采用主干疏层形时，因其成枝力低，所以定干后第一年，往往不易选足第一层主枝，可于第二年再选，对侧枝的选留，也应灵活掌握。

（2）幼树短枝较多，应轻剪不疏；长枝较少，应予甩放，次年即能结果，结果后酌情回缩。为减少疏枝并选留侧枝，骨干枝延长枝剪口下的两个芽均留侧芽，次年第二芽枝可作为侧枝培养。

（3）盛果初期的短果枝群，由短果枝的果台枝，连年分生而成的小型枝组，可暂不进行细致修剪。中枝先放，有花再缩剪。中、长果枝可在结果后回缩。盛果期的树短果枝多，可短截中枝或中、长果枝作为预备枝。分枝多且生长弱的短果枝群，应疏除弱枝弱芽，集中养分，提高坐果率和果实品质。

（4）鸭梨的隐芽发生更新枝条的能力较弱，所以，对进入盛果期后，盛果期树冠内发生的徒长枝要充分利用，以防骨干枝基部光秃。

第八章

调控花果，精细管理

梨园的肥水管理、整形修剪、病虫害防治等系列技术措施均以高产、优质为目的。而花是果的基础，果是产量、收益的源泉，由此可见花果管理的重要性。能否科学运用花果的调控技术，是可否连年高产的主要决定因素。

一、人工促花措施

梨园为了达到早果丰产的目的，必须提早促花，使之形成足够的花芽，才能够达到丰产稳产的目的，人工促花主要采用以下几种方式进行：

1. 在4～6月新梢生长期间，喷施0.2%B_9、或100毫克/千克PP333、或6月上旬和8月上旬各喷一次PBO 250倍液等生长调节剂，可抑制新梢旺长，提高组织中内源激素的水平，对促进花芽分化有良好的作用。

2. 当新梢长达30厘米以后，对新梢反复摘心，或者在六月初新梢半木质化时进行扭梢。

3. 对于直立生长的旺长枝，如果为了结果，在生长初期进行及时的拉平，或者在六月初新梢半木质化时，进行扭梢。拉枝宜在树体生长初期（3月中下旬至4月上旬）和生长末期（8月下旬至9月下旬）进行，以生长末期效果最好。在拉枝时，首先要选好需拉枝条的伸展方位，使其能够充分占领空间，而又不出现重叠与交叉。为防止枝条拉劈，应在拉枝前对达不到角度要求的枝条进行软化，然后进行牵拉。

4. 对于旺长树，在6～8月花芽形成期，进行控水控肥，限制树体的营养生长，促进生殖生长。

5. 在生产上为提高萌芽率常在萌芽前环割，而为了促进花芽多，成花好，常在落花后30天内环割。每次只能割1～2道，不能多道，而且不能在上次伤口上重复环割。环割深度以达到木质部即可。多道割环之间的距离最好大于10厘米，但粗枝和旺枝割环之间的距离可小些，距离越近，作用越大，对于促进枝条的萌芽率和花芽形成的作用越明显。另外，可以采用倒贴皮的方法，在5～6月间，在主干上取下3厘米宽的环状剥皮，然后把皮倒贴，用塑料带包好，阻止养分下运，以增加地上部营养物质的累积，促进花芽分化。

二、人工授粉，提高坐果率

梨树的大多数品种需要异花授粉后才能结果，为提高坐果率，一般梨园在授粉树配置不当（花期不遇、授粉品种过少等）或遭遇阴雨、低温、大风等不良天气的情况下，为保证坐果，需进行人工辅助授粉。而且在提倡“提质增效”的现代生产中，为确保果形标准、端正并提高果实品质，即使是能够自然授粉的梨园，也有必要进行人工辅助授粉。

1. 花粉采集 采集花粉一般结合疏花进行，当授粉品种的花处于初花期时采集。

（1）鲜花的采集 采集花瓣已松散而尚未开放的大铃铛花，即在花蕾分离膨大，但尚未开放之前的1～2天。过早，花粉粒尚未发育充实，活力差，发芽率低，不利授粉受精；过晚，不利花药的脱取工作。采花的时间以天气干燥、花朵上无露水为宜。采花量根据授粉量而定。一般每25千克鲜花可采花药2.5千克干花粉 0.5 千克，可供 1.333 3～2 公顷（20～30 亩*）盛果期树授粉用。

（2）脱花药　刚采下的鲜花不能堆放，不能装在塑料袋内，要及时在室内将花蕾倒入细铁丝筛中。花药采集一般利用人工取药的方法，先将花瓣剥去双手各执一朵花，相互搓揉，直至花药全部脱落为止，然后将花梗拣出、筛净即可。亦可不去花瓣直接将花药搓下，但会增加花药提纯的工作量。大型梨园可使用机械脱药。

（3）花粉晾晒　将提纯的花药（纯度愈高愈好，尤其对液体喷雾授粉，如有大量花梗，会堵塞喷头）均匀、薄薄地摊晾于表面光滑的纸上，一般以硫酸纸最为适宜，不宜用报纸等表面粗糙的纸张，以免由于其黏附力而造成花粉的浪费。应注意晾晒过程是一个阴干的过程，需避免暴晒，否则会降低花粉的活力。温度保持在摄氏 22～25℃，一般经 25 小时左右花粉即可散出，然后将花粉过细筛，去除杂物。

（4）花粉的贮藏　过筛后，剔除花粉壁，将花粉装入干燥洁净的玻璃瓶中，在常温下可以贮放 10～15 天，如花粉较多，一时用不完可以在低温、干燥、黑暗条件下进行贮藏。据研究表明，将花粉装瓶，放入干燥器中，外罩黑布，然后置于 0～5℃ 的冰箱，花粉活力可保持 2～3 年。

2. 授粉　梨花开放当天授粉坐果率最高，因此，要在有 25％的花开放的时候抓紧时间授粉。据实验证明：八核胚囊于花朵开放时才成熟，开放 6～7 小时后柱头出现黏液，并可保持 30 小时左右，故开花当天或次日授粉效果最好，花朵坐果率在 80％～90％，4～5 天后授粉，坐果率仅为 30％～50％，而开花后 6 天再授粉，坐果率不足 15％。授粉宜在 9 点至下午 4 点之间进行，因 9 点之前露水未干，不宜授粉。另据研究结果表明：

* 亩为非法定计量单位，1 公顷＝15 亩。全书同。

授粉后2小时部分花粉管进入花柱，降雨不影响授粉效果，但在2小时内降雨，不仅流失部分花粉，还会使花粉粒破裂，丧失发芽能力，应重新授粉。一般整个花期授粉2～3次效果比较好，授粉方法如下：

（1）田间人工授粉　当需要授粉品种授粉的时候，可以到盛花期进行人工点授，可用毛笔、带橡皮头铅笔、纱布团、纸棒等工具，每沾一次粉可点授5～10朵花，每花序点授1～2朵，花多少点，花少多点。

（2）鸡毛掸子授粉　在有授粉树的梨园盛花期，将鸡毛掸子绑到竹杆上，先在授粉树上滚动沾上花粉，再在被授粉品种树上轻轻滚动，上下内外反复1～2次。此方法不适于在风大或阴雨天进行。

（3）花期放蜂　此法虽不是人工授粉，但也是授粉的一种好方法，一般一只蜜蜂可携带花粉5 000～10 000粒，每箱蜂可保证0.666 66公顷（10亩）梨园授粉。在开花前的2～3天即将蜂箱置于梨园背风向阳的高处，便于蜜蜂先熟悉情况，提高采粉和授粉的效率。

（4）喷粉或液体授粉　大面积梨园为提高工效，可用小型喷粉机或喷雾器授粉。喷粉时每份花粉可加20～30份干淀粉，立即使用；液体授粉可配成花粉悬浮液。其配制方法是：5千克水、10克花粉、250克白糖、15克硼砂和15克尿素，混合过滤喷布授粉，随配随用。

（5）电动采粉授粉器授粉法　电动采粉授粉器是河北青县职教中心研制的新型采粉授粉机械。该采粉授粉器重1千克，使用时开启开关将吸粉头靠近梨树已经开放的花朵，将花粉采下并收集在花粉袋里，收集到一定的量后，将花粉从花粉收集袋中取出，混合4～5倍的滑石粉后放于贮粉瓶中，贮粉瓶中装有送粉装置，开启开关后，花粉便能通过授粉管均匀的喷出，可以较传统的授粉方法提高工效30倍。

三、花期防冻，保花保果

梨树开花早，花整齐，花期晚霜造成损失很大，甚至绝收，特别是我国北方梨的开花期多在终霜期以前，花常受冻害而造成减产，梨树的耐寒能力因种（或品种）的差异而不尽相同，一般秋子梨系统的耐寒性较强，白梨、砂梨系统的耐寒力则相对较弱，但均以花期抗冻能力最低。根据观察，花最易受冻的部分为雌蕊，其次是雄蕊和花瓣，再次是花萼。鸭梨比茌梨抗冻，京白梨比鸭梨抗冻；晚开花的品种受冻害较轻。鸭梨休眠期能耐－20℃的低温，但随着萌动、开花，耐低温能力逐渐降低；花期受冻临界值分别为现蕾期－4.5℃、花序分离期－3℃、开花前1～2天为－1.1～－1.6℃，开花当天－1.1℃；而开花后经1天以上，其抗低温能力又有所提高，为－1.5～－2℃。即使在幼果形成后出现霜冻，也可能造成果实畸形，影响外观品质和商品价值。梨园常用的防霜冻措施如下：

1. 提高抵御能力 注意选择栽植抗冻品种，或者在园地的选择过程中注意选择背风向阳的地块。在管理过程中，加强综合管理，减少病虫为害，增强树势，防止徒长，使枝梢发育充实；并秋施基肥，提高树体贮藏营养水平，以增强自身的抵抗能力。

2. 延迟花期，避开晚霜为害

（1）春季浇水 萌芽前至花前多次浇水，可起到降低土壤温度，延迟发芽和开花的目的，喷灌亦可起到降低树体及土壤温度，延迟开花的作用。

（2）涂白 树干涂白可有效抑制树体对太阳热能的吸收，可使树体温度上升缓慢，延迟开花期2～3天。

（3）喷灌 在有喷灌条件的梨园，要收到当地气象部门发出霜冻预报后，在夜间温度下降到2℃时进行喷灌。

3. 人为预防 最常用的方法是熏烟。熏烟材料以刨花、锯末及落叶、作物秸秆为主，于天气预报有霜冻之夜，尤其是天气晴朗的后半夜，于梨园守候，待温度降至0℃时及时点火、熏烟，其程度以不冒火只发烟为宜，可用埋土的方法加以控制。在准备柴堆时，需注意风向，以"上风头"位置为佳，以便烟雾借风势迅速弥漫全园，减少为害。一般熏烟1小时即可增气温1.1～1.5℃。

四、疏花疏果，提高品质

疏花疏果即是对花果量过多的树疏除适量花果，是保证梨树丰产、稳产、优质的重要措施。梨树春季展叶、开花、坐果所需的营养均来自于树体上年储藏的养分。如何保证这些有限的养分充分转化到花果的发育上是提高果品质量的关键所在。疏花疏果的总体原则是：保证产量，提高品质，选优去劣，调节分布。有关研究资料表明，梨树每朵花仅开放过程中所消耗的纯氮就达1毫克，假如每667米^{2}梨园疏花芽20万个的话，既可节约10多千克纯氮，节约的营养物质能增产200千克优质果实。科学的疏花疏果，不但能改善果实品质、增大果个，而且增强了树势，延长了果树经济寿命，同时还可有效地控制隔年结果现象。

1. 留果指标的确定　1亩或1棵梨树，留多少果为适量，衡量"适量"二字的标志应当有三条：一是果个大小应达到该品种的商品果规格；二是又能形成下年够用的花芽数量（30%～40%以上）；三是树势较壮，不过弱又不过旺。这三条只有待到秋后才见，疏果时尚难确定。由于与适量留果的相关因素太多，诸如栽植密度、品种丰产性能、树龄、树势、个体差异、土肥水管理水平及技术水平等，这些因素都制约着负载能力和留果量。

（1）传统的确定花果适量标准的方法

①叶果比法　根据研究表明，不同品种叶果比也不同。如鸭梨、秋白梨的叶果比为15～20：1；雪花梨、二十世纪梨的叶果

比 25～30：1；西洋梨为 50：1。

$$单株留果量（个）=\frac{每株总枝量\times每枝叶片量}{每果需叶数（叶果比）}$$

②枝果比法　即几个枝留 1 个果为宜。根据有关研究表明：河北晋县盛果期鸭梨丰产园为 2.01；河北石家庄果树研究所幼年鸭梨丰产园为 2.98；山东果树研究所密植鸭梨园为 3～3.5，栖霞大香水梨园为 3～3.5；山东莱阳农学院研究茌梨为 3.85；中国农业科学院果树研究所试验早酥梨为 3.5～4.5，锦丰梨为 6。

$$单株留果量（个）=\frac{每株总枝数}{枝果比}$$

③果间距法　即果与果之间的距离，根据山东省主要梨区果农的经验，一般小型果梨（如京白梨）每 20 厘米留果一个；大型果梨（如雪花梨）30～35 厘米留一个梨；中型果梨（如鸭梨）每 25～30 厘米留一个梨，果与果之间的其他果序全部疏除。

④根据树干截面积确定留花留果量　树体的负载能力与树干粗度密切相关，树干越粗，树体的负载能力越强，地上、地下的物质交换能力也越强。有研究表明，梨树每平方厘米截面积可以负担 4 个梨果，不仅能够实现丰产、稳产，而且能够保持树体的健壮。按照树冠截面积确定梨树的适宜留花、留果公式为：$y=4\times0.08c^2\times a$

式中：y 指单株合理留花、留果量（个）；

c 指树干距地面 20 厘米处的干周（厘米）；

a 保险系数，以花定果时取 1.20，即多保果 20％的花量；疏果时取 1.05，即多保留 5％的幼果。

（2）新的留果方式　主要根据计划产量和 667 米^2 株数，平均出单株应留花果数量（因树势强弱稍有增减）。以每 667 米^2 栽 100 株呈细长纺锤形主栽品种的盛果期密植梨园为例，若计划产量为 1 500 千克，则单株应产 15 千克，若按单果重 250 克计算，则单株留果60个左右。为了保险加上一定的保险系数，单株只需80～90个花芽即可实现优质稳产。

2. 疏花疏果时间 为了减少养分消耗，集中营养促进保留花果的生长发育，疏花疏果的时间越早越好。疏芽比疏蕾好，疏蕾比疏花好，疏花比疏果好，越早节约养分越多。疏芽宜在芽体萌动时进行，疏花宜在盛花期进行，花后20～30天完成疏果定果工作。应提倡在无晚霜等自然灾害地区疏花芽、疏蕾和疏花为主，疏果定果为辅。早疏不但可以避免伤及新梢和叶片，而且一目了然，便于作业。

具体讲，当果（花）枝比例达全树总枝量的50%以上时，即需进行疏花。时期以花蕾期—当花蕾分离、并与果台枝分开时最为适宜。过早易将果台枝一并疏除或伤及果台枝，以致影响翌年产量；过晚花朵完全开放，会降低工作效率。一般将整个花序的全部花朵掐掉（整花序疏除），以利果台枝的生长和花芽分化。疏花的程度因品种、树势、花量等因素而异。保留花序的数量和距离与本品种所要求的留果标准相同即可。此项工作除疏去过密花序外，还应将病虫为害的花序及发育不健全的花序一并疏除。

3. 花果的选留方法

（1）间隔疏花 按树定产后，花序隔一去一，留出空枝，以保证花芽分化，保证来年的产量。一般疏去弱枝花序，保留壮枝花序，再进行适当疏花疏果。

（2）按距离留果 一般梨树每15～20厘米留一个果，强树壮枝留果距离稍近，弱树、弱枝留果稍远。

（3）看果台副梢留果 果台副梢强壮，2个副梢留双果，一个副梢、中弱副梢留单果，无副梢的花序不留果。

（4）以花序位置留果 在一个花序中，应注意选留下部的1～2个果，疏去花序上部的花果，下部营养供应充分，生长的梨果果柄长粗，能长成大果，果形标准。

（5）整棵树协调布局 树冠内膛和下层适当多留，外围和上层少留；辅养枝多留，骨干枝少留；骨干枝中部多留，下部少留；盛果期树背上枝多留，背后枝少留；花多树弱时少留；选留先开花果，边花果，不留晚开花果，腋花果；选留中短枝果，壮枝果，不留长枝果，弱枝果；选留有果台副梢的果，不留无果台副梢的果。资料表明，鸭梨是否发生鸭突与其在花序上的着生部位关系很大，花序基部第一序位的果实有鸭突的达80%左右，随着序位的升高，有鸭突果的比例逐渐降低。

总之，为保证每个果实长到正常大小，要求必须保持叶果比在25～30左右，枝果比以4为宜。

4. 疏花疏果的方法

疏花疏果的方法分为人工疏花疏果和化学疏花疏果两种。

（1）人工疏花疏果　人工疏花疏果可以在花前复剪开始，以调节花芽量，开花后进行疏花和疏幼果，疏果应于幼果第一次脱落后及早进行。人工疏花疏果目的明确，但较费工费时，对劳动力紧缺或面积较大的果园及时完成疏除任务带来一定的困难。

（2）化学疏花疏果　用化学药剂疏除花果，在一些国家已成为果树生产中的常规措施，可以大大提高劳动效率。常用的化学疏花疏果的药剂有西维因、石硫合剂、萘乙酸及萘乙酰胺、乙烯梨等。研究表明，鸭梨在盛花期使用40毫克/升的萘乙酸取得了良好的疏除效果。

五、梨果套袋技术的应用

我国加入WTO后，梨果市场竞争日趋激烈，其中除品种因素外，更主要的是要求果品的优质化和无公害化。套袋虽然使果实的含糖量稍有下降，但确是提高外观品质，减少环境污染对果实影响，生产无公害或绿色果品的有效手段。

1. 梨果套袋的作用

（1）可避免多种为害果实的病虫害　梨果套袋后可有效地避

免梨黑斑病、黑星病、轮纹病、炭疽病等果实病害，以及梨食心虫类、蛀果蛾、吸果夜蛾、梨虎、椿象等果实虫害。防虫果实袋还具有防治梨黄粉虫、康氏粉蚧等入袋害虫的作用。因此，套袋后可减少打药次数，提高梨果的卫生品质，使所生产的梨果达到绿色无公害果品的要求。

（2）能明显提高果实外观品质　梨果套袋能改善果实的色泽、形状、洁净度、整齐度等外观品质，还可以使梨果避免机械损伤及病虫害造成的果面损伤。原因是梨果套袋后，长期处于阴暗的环境中，影响了叶绿素的生产，使生产的梨果呈现出比绿色更诱人的浅黄色或浅黄绿色，有的梨果还可由黑褐色转为浅褐色或红褐色。另外梨果套袋，避免了风、雨、强光、农药、灰尘、枝叶磨损等对果面的刺激，使得果面比较的光滑洁净；套袋后还延缓和抑制了果点、锈斑的形成，果皮细腻而有光泽。对于外观品质差、果点大而密的茌梨品种群、锦丰梨效果尤为明显。大大提高果实整齐度，提高等级果率。还可防止意外伤害：如防鹊雀等鸟害，防治大金龟子、大蜂类危害果实，防冰雹碰伤等。

（3）对成熟期及生长不一致的品种，可分期采收；先成熟的大果可先采收，余下的小果由于有袋保护，采前可不喷防果实病虫的毒药，延期采收也不致受病虫为害；并且能迅速增大果个，提高果品等级。

（4）能提高果实耐贮性，因套袋果无机械碰伤，无病菌虫附着，贮藏安全，不烂果。

2. 果袋的选择　现在生产上用于梨果套袋的纸袋种类有多种，有单层袋、双层袋、不同颜色的纸袋、不同原料做成的纸袋等。用于套袋的纸袋应当透气、有韧性、抗淋洗、不易破碎。每一种不同种类的纸袋，其用于梨果套袋后，其袋内的微环境各不相同，如温度、光照、湿度等。进而会对梨果的色泽以及内在品质产生重要的影响。因此，具体选择哪种纸袋及选择什么规格的纸袋，应根据主栽品种的特点、生产效果及经济情况而定。以生产高档出口梨果为目的的最好选择质量较好的进口双层袋，如小林袋、星野袋、佳田袋等；以生产内销优质梨果宜选择质量可靠的国产双层袋，如凯祥袋、天津袋等；以防止果锈、提高果面光洁度为主要目的时，可选用成本较低的单层袋。不需要着色的梨果，选用单层袋即可；而对于果点大而密的茌梨、锦丰梨宜选用遮光性强的纸袋；丰水梨宜用涂布石蜡的牛皮纸单层袋；幸水宜选用内层为绿色、外层为外白里黑的双层袋；晚三吉宜用内层为红色的双层袋；对于易感染轮纹病的西洋梨品种，用双层袋比用单层袋好。

3. 套袋操作技术要点

（1）套袋时间　落花后 20 天（约 5 月中下旬），幼果如拇指肚大小时，疏完果即套袋，用 10 天左右时间结束。套袋太晚，果点已木栓化，效果大减。

（2）套袋前疏果　套袋前要按负载量要求认真疏果，留量可比应套袋果多些，以便套袋时再有选择余地。

（3）套袋前杀虫杀菌　套袋前一定要喷杀虫杀菌混合药 1～2 次，重点喷果面，杀死果面上的菌虫。用药对象主要针对梨黑星病、轮纹烂果病及黄粉虫、梨木虱等。喷布 70％甲基托布津 800 倍液加 10％氯氰菊酯 2 500 倍液或者选用 35％赛丹1 500倍。

（4）套袋时严格选果　选择果形长、萼紧闭的壮果、大果、边果套袋。剔除病虫弱果、枝叶磨果、次果。

（5）套袋顺序和要求　先树上后树下，反之，易碰落。上下左右内外均匀布开。就一个园片或一棵树而言，要套就全片全树都套，不套全不套。这样才便于在全套的园片统一减少打药次数。

（6）套袋操作方法　先把手伸进袋中使全袋撑起，然后一手抓住果柄，一手托袋底，把幼果套入袋口中部，再将袋口从两边向中部果柄处挤，当全部袋口叠折到果柄处后，最后将铁丝卡反转 90 度，弯绕扎紧在果柄上。注意不要套绑在果台枝上，也不要扎得过分用力，以防卡伤果柄影响幼果生长。套完后，用手往上托打一下袋底中部，使全袋膨胀起来、两底角的出水气孔张开。幼果悬空在袋中，不与袋壁贴附。

（7）套袋操作注意事项　因果袋制作时涂有农药，操作后应及时洗手，以防中毒。套袋时注意确保幼果处于袋内中上部，不于袋壁接触，防止椿象刺果、摸伤、日灼以及药水、病菌、虫体分泌物通过袋壁污染果实。套袋时不要人为碰触幼果，以免造成"虎皮果"，用力不要过大，防止折伤果柄，扎口不要过紧，以免影响果实生长；也不要太松，以防脱落，雨水、药水流入袋内或病虫入袋，袋口不要扎成喇叭形，以防积水。

（8）除袋　对于不需要着色的梨果，可以不除袋，带袋采收，一并摘放入筐中，待装箱时再除袋分级。既可防果碰伤，保持果面净洁，又可减少失水。而对于需要成熟期着色的梨果，则需要适时除袋，如红皮梨及褐梨的双层纸袋，应在采收前15～20天摘除，摘除时为防止日灼，可先除外袋，过2～3个晴天后再去除内袋，阴雨天时应延长内袋保留时间。摘袋最好在晴天，果实温度已升高时进行，一般从10点到下午4点，上午摘袋重点摘除背阴面即树冠东侧和北侧的果实，下午则重点摘除树冠南侧和西侧的果实，这样不易发生日灼。

（9）果袋的运输和保管　果袋运输时要防日晒雨淋，在低温干燥条件下存放。用前稍增加湿度以提高韧性。用过的废袋下年不可再用，因药蜡已经失效。

4. 套袋梨树的管理技术　对于套袋栽培的梨树，一定要选择名优品种，效益才更大，销路才更好。如国内外畅销的鸭梨、早酥梨、锦丰梨、西山酥梨、二十世纪梨、巴梨、雪花梨、茌梨等。套袋栽培作业80%～90%在树下操作（如授粉、疏花疏果、套袋、采收及冬夏修剪、打药等项），树体过高各种作业都不便，费工而且效果不好。为此，再建新园时，一定要以利于套袋栽培为出发点建矮化密植梨园。为使套袋的梨果都能长成大果、好果，首先要作好辅助授粉，使其受精良好，种子多，从而产生的生长素多，这样才能长成大果；其次，要适量留果，确保套一个保一个，都长成完美无缺的一级商品果，把不适宜套袋的多余幼果疏掉，控量增质。

套袋使为害果的病虫无法接近果实，减少了打药次数，这势必要改变过去的打药制度，要侧重枝干、叶片病虫的防治。对轮纹病、梨黑星病、炭疽病、黑斑病、早期落叶病以及蚜虫、螨类等的防治应狠抓全园早期防治；对于黄粉虫，康氏粉蚧和梨木虱要抓好早春发芽前的防治和套袋前的防治。

果实套袋可使糖度稍有降低，可以通过改变肥水制度完全可以弥补。要坚持如下的肥水制度：（1）以农家肥为主，化肥为辅；（2）控制氮肥用量，增加磷、钾肥比例，保持氮、磷、钾的比例为1∶1∶1；（3）前中后控，重视喷肥，灌水和氮肥主要用在前期，以促幼果细胞分裂多、果个大，后期增加磷、钾肥，严格控制氮肥，控制用大水；（4）密植园提倡多层面施肥，农家肥施法不必年年深施，幼树期深施，结果树地面撒施翻埋（或刨埋），有深有浅，有粗有细，保证营养供应。

六、其他调控花果的措施

1. 适时追肥 梨果大小取决于果实细胞的多少，而果形的培养则在于细胞分裂期和膨大期的管理措施。梨果实细胞数为3 000万～4 000万个，其细胞数量多少与上年秋季树体贮藏营养状况密切相关，而细胞大小则取决于夏季管理。花后的5月中下旬是梨果细胞迅速分裂期，如此期施氮不足，细胞分裂停止较早，果小；在7月中旬到8月中旬果实细胞迅速膨大期增施磷肥、钾肥则有利于生产出优质梨果。

2. 适时浇水 果实膨大期对水分的需求量较大，同时也正是花芽分化的开始期，如遇水分胁迫，即会造成果实生长与花芽分化的水分竞争，既不利果实的增大，影响当年产量，造成早期落叶，又会影响花芽分化，不利于来年的产量。故需及时浇水以便为连年丰产、稳产奠定良好的基础。此次浇水可于果实膨大期追肥之后进行。

第九章

运用生态技术，建设生态型梨园

随着科学技术的发展和人类文明的进步，西方发达国家和一些发展中国家（包括中国在内）的食品，在数量上已经完全能够满足人们的需要，有的还出现了大量的盈余，但这是依靠大量的农药、化肥的投入所带来的结果。众所周知，大量的农药、化肥的使用虽然能够提高作物的产量，但是也给周围的环境带来了严重的污染，随着人们生活水平的提高，食品安全问题日益引起人们的重视，人们迫切需要安全、优质、无污染的食品。为了生产优质、安全的梨果，靠传统的梨园难以达到，为此探索采用生态建园的方式实现梨园的优质高产。因此，必须从生态角度出发，通过建设相关的生态工程，构建物质、能量、信息良性循环的生态经济梨园，以满足生产安全、优质、无污染梨果的要求。使得梨园成为一个整体协调，循环利用的生态系统，达到经济效益、社会效益和生态效益的有机统一，实现梨园的自我调节、自我控制、有益和有害微生物的和谐共存，无需大量的农药、化肥投入，就能够达到持续、稳定、高效的输出优质、安全、无污染的梨果的目的。

近年来，人们在长期的生产实践中，越来越意识到建立生态梨园的重要性，并从单纯的开发种果向套种保育、果草牧结合等生态梨园方向发展，逐步形成了生产型→保育型→果草牧型→景观休闲型的生态梨园新模式。所谓生态梨园就是在充分利用梨园土地资源的同时，协调水、肥、气、热的平衡，使梨园的物质和能量循环达到最高水平，以创造植物生长的环境条件。在园区建设过程中，按照“一业为主、多业并存、种养并举、相互促进、协调发展”的工作思路，探索“果－草－畜－沼”的生态建园模式。梨园内种草，以草养猪，猪粪作肥，草、渣在沼气池发酵形成沼气，大大提高了园区建设的附加值和经济效益。

一、建设生态系统梨园的基本原理

生态型梨园是依据系统论、互作用、生态位、协同学原理进行设计的。具有耗散结构和理性的有机整体。系统论原理是指生态梨园实际上是一个人工创造的生态系统，它是生物有机体与其生存的自然环境相互作用或潜在的相互作用所形成的统一体，其最基本的特点是结构的有序性、系统的整体性和功能的综合性。互作用原理是指生态梨园是多种成分相互联系，相互制约，互为因果而综合形成的统一有机整体，每一成分的表现、行为、功能及其大小均或多或少受到其他成分的影响。在生态梨园结果模式的物种搭配中，除了考虑光能的利用，养分和水分的需求因素外，还应当注意生物的他感作用所产生的影响，充分利用共生相克的生物补偿原理，调整益害生物种群结构及比例，推广应用生物防治技术，减轻生物环境污染。生态位原理是指生态系统中各种生态因子变化梯度中能被某种生物占据利用或适应的部分，充分利用生态位共享原理，设计高效可行的间作、套种、混播、多层栽培、立体种养的生物群落，使之成为具有种群多样性的稳定而高效的生态系统。例如幼龄梨园套种花生的栽培模式，达到了合理经济利用土地的目的，在幼龄梨园中间作花生，可使梨园土地的覆盖面积增加55%～75%，从而提高了梨园的光能利用率；达到了合理有效地利用空间的目的，使梨园向立体农业发展，梨树树冠距离地面为70厘米～80厘米，花生株高仅25厘米，可以有效充分地利用空间，两者之间互不影响；达到合理分配肥水，提高营养利用率的目的。花生的播期较晚，其生育前期避开了幼树新梢旺长期，解决了水份、养份相争夺的矛盾，同时，由于梨树为深根性果树，吸收深层养分，而花生根系浅，只分布在土壤表层30厘米，吸收浅层土壤的养分、水分，两者根系在土壤中的合理分布，减少了养分、水分的浪费，提高了肥水利用率；达到了改良土壤结构，提高土壤肥力的目的。花生根系具有很强的固氮作用，间作花生的梨园可以提高土壤含氮量，秋季花生收获后将其枝叶埋入树冠下，腐烂后能增加土壤通透性和提高有机质含量，改善土壤结构，而且还有较好的保水蓄墒，防止水土流失的作用。达到发挥综合生态效益，减轻病虫为害的目的。由于梨园覆盖面积的增加，夏季温度变幅减小，可以防止果树幼龄期易发生的日灼病。果树间作花生，空间得到了合理的利用，肥水分配协调，有利于土壤的改良。同时，进行果树病虫害防治一药多防，发挥了综合的防治效应和生态效应（任宝君，2002）。协同学原理是指整体协调和再生循环，反映了系统生态学的方法论、认识论、技术体系和动力学机制。只有从总体上把握系统动态，才能实现系统的合理调控。协调的实质是综合，是协调生物与环境或个体与整体之间的关系。

此外，“边际效应”原理；群落学上面物种之间相居而安的原理；强化生态系统中生物学过程的原理；生态系统中动态演替导向原理；加强内循环作用，促进系统内部深度开发的原理等方面。这些都是果园生态工程建设的基本原理。

二、生态梨园模式

1. 果草牧型梨园 果草牧型梨园注重于梨园内部的物质循环，通过幼龄梨园套种牧草，在提高和解决园面覆盖的同时，为发展畜牧提供可能。加强牧草（生产者）→畜牧（消耗者）→土壤微生物（分解者）的循环，畜牧粪便可通过建沼气池，腐熟后返还土壤，这种模式在提高土地生产率的同时，培育了土壤肥力，改良土壤理化特性，改善新植梨园恶劣的生态环境，强调内部的能量平衡和内外部的物质循环。使得土壤地力逐年提高，保水能力也得到明显的提高，增强了抵抗各种灾害的能力。此类梨园是当今建设生态梨园的主要模式。

2. 保育型梨园 保育型梨园注重于土壤的改良和梨树的生长，利用幼龄梨园面套种多年生豆科绿肥，在绿肥生长期进行刈青压埋，改良土壤的理化特性，促进梨树的生长，同时在绿肥生长期间，裸露的梨园也可以达到覆盖和水土保持的效果。实践证明，通过连续5年套种绿肥刈青压埋的梨园，土壤有机质含量可由原来的5.12克/千克提高到19.57克/千克，速效N含量的增幅为20.3克/千克，速效P0.7克/千克，速效K10克/千克，梨园内夏季气温比园外下降5～8℃，冬季比园外提高2～3℃，改善了梨树的生长条件，提高了梨园的生产能力。

3. 生产型梨园 生产型梨园单纯考虑到梨园内部的结构和作物配置，充分利用水、肥、气、热资源，发展低耗优质梨树，从生产实际出发，通过各种作物的密植、套种、轮作，利用不同植物的时间生长差异和空间布局，在单位面积内获取最大的产量。如新开垦梨园，园面套种大豆等豆科养地作物，埂上种植菠萝，园面能在短期内形成有效覆盖，弥补幼林梨园覆盖不足的缺点，控制水土流失，同时通过密植套种，长短结合，使农民短期也有收入，巩固治理成果。

4. 景观休闲型梨园 景观休闲型梨园是在结合小流域综合治理、改善生态环境、发展区域经济的同时，进行景观建设，为人类提供舒适的景观条件，把梨园的建设和水土流失治理相结合，与景观生态建设相结合，开发休闲梨园，做到经济、生态和社会效益三兼顾，是一种新兴的梨园发展方向（卢晓香，2003）。

三、梨园的间作与套种

梨园间作是一种传统的梨园管理制度，梨树结果比较晚，近年来随着矮化密植园的推广，结果期相应的提前，但仍需要2～4年的时间才能结果。为了充分利用土地资源和环境空间，特别是幼龄梨园，需要实行梨园间作与套种。梨树大多树体高大，根系较深，能够站距地面上层空间和利用深层的土壤和水分；而农作物相对矮小，可以利用近地面空间和浅层土壤营养和水分；间作能够提高光能利用率和土地利用率；间作具有防风保土改善生态环境的作用；还能够抑制杂草丛生，增加有益微生物的多样性，符合生产优质、安全果品和农业可持续发展的要求。

1. 梨园间作七忌　一是忌间作深根农作物。深根农作物会大量吸收梨园里深层土壤中的水、肥，影响梨树生长，延迟梨树结果期。

二是忌间作招引梨树害虫的农作物。如有的瓜、菜不可间作在梨园中，因有的瓜、菜很容易招来蝉、金龟子等为害梨树的害虫。在梨园间作桧柏就很不可取，因为桧柏是梨锈病的中间寄主，会加重梨锈病的发生。

三是忌间作高秆农作物。尤其是在梨树定植初期，间作玉米、高粱等高秆农作物，会因高秆农作物生长迅速，出现以大欺小的现象，妨碍梨树的正常生长。

四是忌间作吸收水肥量大的农作物。如小麦、大麦等农作物，吸收水肥量都很大，如间作在梨园中，对梨树生长极为不利。

五是忌间作重茬农作物。最好是间作换茬轮作类作物，如豆类、豆科绿肥和油菜等，以培肥土壤，促进梨果丰收。

六是忌间作生育期长，特别是多年生作物。以免影响梨树的施肥及梨园的耕作管理，宜间作与梨树共生期较短的作物，如油菜、大蒜等。

七是忌间作作物紧挨树干或在树冠下种植。以免妨碍对梨树的管理，影响梨树的生长。间作的距离尽可能与梨树远些，一般以在树冠垂直投影 30～50 厘米外为宜，以确保梨树与间作作物正常生长，互不影响。

2. 梨园间作的原则　幼龄梨园或行间较大的梨园，可采用间作法，合理间作既可充分利用园地和光能，增加早期经济效益以短养长，以园养园，又可改良土壤结构，增加土壤有机质，还可以形成生物群体，改善微域生态条件，抑制杂草生长，减少蒸发和水土流失。

间作物一般应遵循以下原则：

（1）间作物需肥水较少，且能与梨树需肥水临界期错开；

（2）植株低矮，生育期短，根系分布浅，不影响梨树通风透光；

（3）与梨树无共同病虫害或中间寄主；

（4）能提高土壤肥力，改良土壤结构等特点。

据各地经验，最好选用豆类及春播中熟作物。常用的梨园间作物有花生、大豆、芸豆、绿豆、豌豆等豆科作物；西瓜、甜瓜等瓜类作物；白芍、地黄、丹黄、黄芹、红花、黄参、沙参、甘草等药用植物。还可选用草莓、马铃薯、苜蓿等，一般不宜采用深根、高秆、耗地力大、收获期过晚的作物。

为了使间作物不影响梨树生长，缓和树体与间作物之间竞争肥水的矛盾，同时便于管理，梨树与间作物间应留出清耕带。清耕带的宽度一般要求是：1 年生树留 1 米，2～3 年生树 1.5～2 米。以后随着树冠扩大逐年加宽，至行间仅有 1～1.5 米时，就应停止间作，或只种绿肥作物。在间作物的管理上，在梨树和间作物需水，需肥高峰时期，要提供充分的水肥条件，减少竞争；注意间作物的轮作倒茬，一般采用隔行种植，逐年轮换，以免连作引起营养失调，或在土壤中遗留有毒物质，给梨树及间作物带来不良影响。

梨园间作表现较好的模式主要有：幼龄梨园适宜间作矮秆作物。栽培模式有：马铃薯→西瓜→大蒜；药材→西瓜→大蒜（青蒜为主）；山芋苗→香瓜→大蒜；蚕豆→瓜类→大蒜。成龄梨园适宜种植绿肥。秋季播种苕子、豌豆、蚕豆等。夏季种印度豇豆、秣食豆、田菁、柽麻等。田菁、柽麻生长到一定高度时留茬刈割。绿肥在秋季播种到梨树主干下，这样可以减轻冬春旱季返盐。长江以南地区，夏季绿肥也可以种到梨树主干下，雨季保土保水，高温季节防止地表温度过高造成灼伤。

3. 梨园间作模式

（1）果粮间作　幼龄梨园可以在行间间作农作物，但必须以不影响幼树生长为前提。所种植的作物应选与梨树肥水矛盾较小的种类。一般沙地多间作花生；黏壤土多种豆类或瓜类；有水浇条件时可种一季小麦；丘陵地则宜种地瓜。梨园内严禁间作高秆作物、藤蔓作物及深根性、生育期长的作物，如小麦、油菜、玉米、豇豆等。推广种植豌豆、胡豆、黄豆等，并搞好耕作，注意除草。间作距离控制，在树体周围50～60厘米范围内禁种任何作物。研究表明，梨园间作豆科作物，也可避免缺硼症的发生。

①梨园套种独秆多角大豆技术　独秆多角大豆生育期90～110天，部分枝节上和顶尖结角，茎秆粗壮，适于密植。一亩地可产大豆250～300千克，品质优良。应选择土层深厚、地下水位低、排水良好的砂壤土种植，忌与豆科重茬，葵花茬也不宜种植。行间整平后，每667米^{2}撒施优质农家肥300千克，加过磷酸钙40千克，拌匀后作为底肥。另用磷酸二铵667米^2 10千克加草木灰667米^2 170千克，拌匀后作为种肥，种肥与种子要分开避免“烧种”。适宜播种期为6月上旬，最晚不能超过6月25日。每667米^{2}用种4～5千克，行距50厘米，播后及时的镇压保墒。出苗后及时查苗补种，对于密集的地方采用人工间苗的方式，留苗均匀。早中耕、多中耕，最后一次中耕在封垄前结束。

初花期追施尿素667米^2 5千克，初花期、鼓粒期遇旱要及时灌水。独秆多角大豆结荚后多易倒伏，当株高25～30厘米时喷施多效唑、缩节胺或苗高30～40厘米时喷矮壮素，使得节间缩短、茎秆粗壮，增加抗倒伏能力。

②梨园套种地瓜技术　在梨园行间间作地瓜，依据行间可利用面积的大小、位置关系决定地瓜和梨树的比例，此类间作模式主要选择在新建梨园中幼年期梨树中。地瓜占地在梨树树冠范围以外并留出一定的管理活动空间。地瓜多采用顺梨树长行方向，垄距60～80厘米，垄高25厘米左右。地瓜的田间管理，主要在封垄前中耕除草，在极端干旱的条件下及时浇水，常规的梨园管理过程中的水分管理就能够满足地瓜的生长需求。

③梨园套种花生技术　选用早熟花生品种，4月上旬播种，采取行、株距为33厘米×20厘米，667米^{2}栽1万株左右，施磷酸二铵15～20千克。8月下旬收获，667米^{2}可产250～300千克。

(2) 果菜间作

①梨园间作蔓菁　蔓菁适应性强，管理简单。经研究证明，除密植园外，老、幼梨园均适宜间作蔓菁，不但不影响梨树生长及梨园作业，而且蔓菁的管理措施对梨树生长有利，并可有效地利用土地。除梨能正常收入外，667米^{2}平均产蔓菁1 000千克，干菜150千克，经济效益可观，是一种值得推广的间作模式。

根据当地居民的喜好选择适宜品种，于处暑前后播种，一般结合松土锄草进行。在疏松的土壤上撒播或垄播。撒播时株距一般5厘米左右，播后用铁耙轻耙覆土，再用锄板轻轻推压；垄播时行距20厘米，株距5厘米，先划深1厘米左右的沟，然后将种子按5厘米左右的距离放入沟底，再用锄板顺向轻推覆土。播种后结合梨园浇水进行灌溉。间作范围在距树干1米以外的行间。

不用专为蔓菁施肥浇水，可结合梨园管理进行，前期较弱的光线可防止蔓菁叶疯长。梨果采收前只注意清除苗间杂草，也不用专门防治病虫害。

梨树落叶后，气温渐降，昼夜温差变大，蔓菁根茎开始迅速生长，此时如果天气干旱，可结合冬灌浇水 1～2 次，但水不宜过大。蔓菁在小雪前后收获，过早则营养积累不足，影响产量；过晚则易造成冻害，影响储藏和食用。收蔓菁的同时，将梨的落叶翻埋并疏松活化表层土壤，一举两得。

②梨园间作生姜 幼梨园间作生姜的好处主要有以下几个方面：A. 有利生姜生长，生姜为耐阴植物，要求中等强度的光照条件，不耐强光，与梨树间作套种，可利用梨树为其遮阳，有利生姜生长。B. 有利于梨树生长，生姜种植在梨树树盘以外的行间，所以在整地和开沟播种时，一般不会损伤梨树的根系，且由于间作生姜，还可以起到保护根系的作用，尤其是沙地梨园间作生姜后，由于生姜的覆盖作用，在夏季可减轻土温高和干旱对梨树根系的不良影响。梨树为深根性作物，主要利用土壤下层的养分，而生姜为浅根性作物，主要利用耕作层 30 厘米以内的土壤养分，二者在养分利用上无明显的矛盾。同时，生姜为需肥、水量大的作物，其充足的肥水不仅可保持生姜的正常生长，而且能相对提高梨园的土壤肥力，有利于梨树的生长发育。C. 提高土壤利用率，增加农民收入，幼龄梨树及进入初果期的梨树，树干较矮，株行间隙地面较大，通风透光条件好，利用生姜耐阴这一特性，在幼龄梨园间作生姜，可提高土壤利用率，增加收入。

生姜栽培技术如下：

A. 选好地块。选择好适合生姜生长的梨树地块，生姜间作梨园以 1～3 年生梨树为主，间作时首先要留出树盘，给梨树生长发育以足够的营养面积，一般与树冠大小相等即可。

B. 精细整地。冬季，在梨树行间深翻地，第二年春季将土地整细整平。

C. 施足基肥。在播种前按行距 40～50 厘来开沟，施入足量基肥，一般亩施腐熟有机肥2 000～3 000千克。

D. 适时播种，合理密植。梨树间作的生姜，播种期以4月上、中旬为宜，栽培密度以行距40～50厘米、株距15～20厘米为宜，覆土4～5厘米厚。

E. 防高温抗干旱。生姜的收获期在8月以后，生姜必须经过夏季的高温干旱季节。因此，如有条件一定要做好生姜的覆盖和喷水浇灌工作。

③梨园套种西瓜技术　对株、行距为1.5～2米×4米的梨园，梨树行间可采用地膜覆盖栽培技术种植两行西瓜。可选用早熟品种种植。于3月上旬，在梨树行间起两行垄，垄宽100厘米，垄高20厘米，垄沟40厘米，垄间距240厘米。每667米^{2}施农家肥3 000千克、碳铵40千克、磷酸二铵30千克作底肥，每垄种植1行西瓜，采取行、株距为140厘米×50厘米，667米^{2}栽924株、2月上中旬温床育苗，3月下旬至4月上旬定植覆盖地膜。做好整枝压蔓、留果定瓜管理。6月上中旬收获，667米^{2}可产瓜2 500～3 000千克。

④梨园套种南瓜技术　选择多籽南瓜品种，单瓜可产籽110～120克，瓜壳用于养猪，瓜子可以出售，增加经济收入。3月下旬至4月上旬播种，667米^{2}施农家肥2 600千克，磷酸二铵15～20千克，可于梨树行间套种两行，采取行、株距为140厘米×50～60厘米，并做好整枝压蔓，提高坐果率。南瓜采收后，贮存10～15天，可增加种子饱满度，减少秕粒，提高种子千粒重。切瓜时要横切，防止伤子，要及时掏出瓜瓤挤出瓜子，并将瓜子漂洗晒干，防止瓜子发霉变质，影响商品质量。667米^{2}产瓜子100～120千克。

（3）果药间作　实践证明，不是任何一种中药材都可以在梨园中间套种，一定要严格选择，合理安排，避害求利，否则会产生不良影响，甚至“两败俱伤”。一般原则是：首先，要根据不同梨树品种与中药材的生物学特征，组成合理的田间结构。如选用的中药材品种要以耐阴性、浅根性为主；其次，配置比例要适当，坚持梨树为主，优势互补的原则；第三，要间作套种本地的特优、地道药材；第四，要加强田间管理，互促互利，控制矛盾，以确保双丰收。同时，还要注意不能互相传播病虫害，所种中药材不会是梨树病虫害的中间寄主等。我国不少地方都有果药间作套种的成功经验，如北京市大兴县在梨园中套种菊花、紫苏、牛膝和补骨脂等；浙江省鄞县在梨树下种丹参等，就是科学合理地利用梨园空间和环境优势，进行立体开发的成功范例。

①梨园间作丹参技术　选取生长健壮、无病虫害的丹参幼根，切成5～7厘米长的小段作种根，按行距30厘米、株距25厘米、穴深5～7厘米，每穴栽种根1～2节，每667米^{2}需种根50千克。秋栽10月下旬进行，春栽2月进行。667米^{2}施农家肥2 000千克，普钙25千克，饼肥50千克。一般667米^{2}可收干品300～400千克。

②梨园间作板蓝根技术　春播4月上旬进行。667米^{2}施农家肥2 000千克，普钙50千克。做成1.3米的高畦，按20～25厘米开沟，沟深2～3厘米，将种子均匀播入沟内。当苗高7～10厘米时，按株距8～10厘米定苗，加强田间管理，并适时追肥。10月中下旬采收，667米^{2}产干品350千克。

(4) 果菌间作　梨树采收后，梨园有较长的休闲时间，利用梨树间的空行种植一季平菇，可以获得较好的经济、生态和社会效益。一个10米^{2}左右的苗床，可产平菇100千克以上，收入200余元，投入少，见效快；还可增加肥源，改良土壤，培肥地力，提高磷、钾的含量；同时可杀灭冬季杂草；有利于梨树秋季二次发根。

为了在梨园套种好平菇，在种植技术上要掌握如下几点。

①选择床址。一是菇床要选在离村庄较近的梨园中；二是床向要坐北朝南；三是土质较好，排灌两便；四是靠近城镇郊区，运输畅通。

②精整畦床。菇床长8～10米，宽1.2米。床土翻耕15～20厘米深，要精细整理，做到土刨草净，上虚下实，手捏成团，落地即散。床面四周要做成高4～5厘米的围埂，以便保墒。菇床整好后，周边开好排水沟，以便滤水。

③原料配方。一般10米^{2}的畦床，要用生产平菇的原材料100千克，其中棉籽壳93千克，石膏粉2千克，生石灰3千克，过磷酸钙2千克。并配用多菌灵100克，惠满丰活性液肥20毫升，对水130～140千克，与原料充分拌合，然后上堆，覆盖薄膜5～7天，为了使配料均匀，要翻堆拌合2次，待料降温至20℃左右时，即可播种。

④匀播菌种。菌种要根据播期选择常温型和耐低温型的品种。菌种要菌丝白浓、健壮、无黄水，上下内外均须布满菌丝，并要注意无杂菌、无菇蕾。9月份播种的选常温型菌种。10月份播种的选耐低温型的菌种。每100千克原料须用菌种10～12千克。播前畦床要浇水透墒。播种时要分三层间隔撒播或穴播。下层播量略少，上层播量要大，要利于菌丝快速布满料面，抑制杂菌污染。播种后，将床面拍紧，然后盖膜，膜面再覆盖稻草。

⑤管理与采收。播种10天后揭开床膜两头，检查有无杂菌感染，也可适当透气。20～25天后，膜内温度超过28℃，要揭膜通风。菌丝布满后，要用竹弓拱好薄膜，并注意保墒、促菇蕾形成。菇蕾生长5～7天即可采收。头菇采收随即清理菇床，停水2～3天，再覆膜促二茬菇生长。二茬菇采后，要喷施500倍的惠满丰活性液肥和0.5%的尿素混合液，补充营养，促使早出菇、多出菇。

（5）果草间作　行间间作白三叶草、毛叶苕子、扁茎黄芪等绿肥作物，可以当作牧草，畜牧结合，实行过腹还田；也可作为绿肥，通过翻压、覆盖等方法将其转变为梨园有机肥。牧草一年可以收割3～5次、割下来的草可以用来养猪，养羊、养牛，它们的粪便用于提高果园有机肥含量。绿肥有利于提高果园土壤的养分含量，绿肥是一种完全的生物肥源，据有关资料表明，绿肥鲜草含有机质10%～20%，按每667米^{2}产鲜草1 500千克计算，可提供有机质150～300千克，相当于增加土壤有机质含量0.3%。绿肥作物的根系发达，能利用深层中的养分，吸收难溶性养分的能力较强，使难溶性养分转变为有机态养分，提高难溶性养分有效性的作用。种植绿肥既节省化肥投入又节省运肥投工。要根据不同的土壤性质选择适宜的绿肥种类；间作绿肥时春季应注意补充浇水；绿肥要适时刈割。同时要留出足够的树盘。

①白三叶草　白三叶草属宿根性植物，种子落地自然更新的能力强，平均寿命7～8年，主根短，侧根和须根发达，生有固氮根瘤，具有耐荫性能，在30%透光率的环境下正常生长，适宜果园种植。成坪后具有较发达的侧根和匍匐茎，与其他杂草相比有较强的竞争力，具有一定的耐寒和耐热能力，对土壤pH的适应范围达到4.5～8.5，可以在我国广大南北地区生长。白三叶草一年四季播种均可，以春秋二季播种最佳。因白三叶草最适生长温度为19～24℃，故春季播种可在3月中下旬，气温稳定在15℃以上时即可播种。秋冬播种一般从8月中旬开始直至9月中下旬，秋季墒情好，杂草生长势弱，有利于白三叶草生长成坪，因此较春播更适宜。白三叶草种播前宜将果树行间杂草及杂物清除，翻后整平，一般把种子撒于地表后覆土，覆土应浅(1～2厘米)，每亩播量0.4～0.6千克。苗期保持土壤湿润，补充少量氮肥，并及时清除杂草，成坪后需补充磷、钾肥，并于长期干旱时适当浇水。在南方播种当年可进行刈割，北方一般第二年刈割，1年刈割2～3次，刈割留茬10厘米左右，一般677米^{2}可产鲜草2 500～3 000千克。

②毛叶苕子　毛叶苕子为越冬性蔓生豆科作物，耐寒性强、喜湿润、但不耐涝、不耐盐碱。8月中、下旬播种，每667米^{2}播种量2.5～3千克。播种时每667米^{2}面积施用过磷酸钙10千克，尿素15千克作为基肥，促使根壮、苗旺，起到“以磷增氮、

小肥换大肥”的作用。秋播时，冬前可覆盖地面30%，来年早春覆盖率可达50%以上，能有效地起到防风固沙和保墒的作用，防止春旱对梨树的危害。5月中下旬，苕子初、盛花期，含有效营养成分最高，并易腐烂，是刈青覆盖的最适时期，一般每667米^{2}产鲜草1 500千克。

③扁茎黄芪　扁茎黄芪生长寿命5年左右，实生苗当年即可开花结实。根系发达，主根粗壮，不产生不定根。第二、三年枝叶繁茂，互相重叠，覆盖层加厚，覆盖面扩大，单株覆盖面积一般可达2米^2，个别可达4米^2。覆盖层下面，叶子陆续脱落腐烂，地面经常保持湿润、温凉和疏松，是现有绿肥中覆盖度最好的品种之一。扁茎黄芪耐荫、耐旱、耐瘠薄、耐踩压，在果树树冠下、荒山、荒坡、荒滩都能生长，同时抗病虫害力较强，很少发生病虫危害。扁茎黄芪种子较小，一般采用条播，行距40～50厘米，播深2～3厘米，每667米^{2}播种量1千克，北方水地宜春播，旱地春播土壤干旱不易出苗，宜夏季雨后播。幼苗出土后蹲苗期较长，约需1个多月，需注意苗期管理，适时中耕除草，遇干旱要进行灌溉。产草量中等，如不收籽，1年可刈割2次，第一次7月份刈割，每667米^{2}可产青草2 000千克左右，第二次9月份可产青草700千克，两次计2 700千克。

四、梨园兴建沼气池

沼气是有机物质在厌氧条件下，经沼气微生物的发酵作用而产生的一种无色、有臭、有毒的混合可燃气体，可作为照明、取暖和做饭的能源。沼气的产生需要严格的厌氧环境，足够的菌种，合适的碳氮比，适宜的发酵液浓度，适当的pH与合适的温度，为了满足这些条件，人们有意识地建造的沼气发生器，就叫“沼气池”。沼气池内通常填入人畜粪便、秸秆和杂草、垃圾、污水等有机质，在密闭缺氧的条件下进行发酵，产生沼气。因而，可以说建立沼气池、可以回收能源、化害为利、减轻环境污染，符合清洁生产与无公害农业生产的要求。

1. 沼气池的作用

（1）净化环境　沼气池是一个变废为宝的净化池。如将人畜粪便集中到沼气池，在池中发酵后，大多数的寄生虫卵会沉淀到池底，在缺氧和高温条件下大部分死去。卫生部门的检验报告证明，人畜粪便经发酵后寄生虫卵平均减少95%，钩蚴数减少99%。作为沼气原料的有机废物还有很多，如生活废水、垃圾、梨园的枯枝、落叶、杂草，为防治病虫害而修剪下来的病枝、病果、病叶等也都可以作为沼气发生的原料，这对于梨园环境的清洁，病虫害的防治都起到一定的作用。

（2）作为能源　沼气是一种无色、有味、有毒、有臭的混合气体，它的主要成分是甲烷，在常温下是一种无色、无味、无臭、无毒的气体。其次有二氧化碳、硫化氢（H_2S）、氮及其他一些成分。沼气的组成中，可燃成分包括甲烷、硫化氢、一氧化碳和重烃等气体；不可燃成分包括二氧化碳、氮和氨等气体。在沼气成分中甲烷含量为55%～70%、二氧化碳含量为28%～44%、硫化氢平均含量为0.034%。甲烷是简单的有机化合物，是优质的气体燃料。燃烧时呈蓝色火焰，最高温度可达1 400℃左右。纯甲烷每立方米发热量为36.8千焦耳，沼气每立方米的发热量约23.4千焦耳，相当于0.55千克柴油或0.8千克煤炭充分燃烧后放出的热量。从热效率分析，每立方米沼气所能利用的热量，相当于燃烧3.03千克煤所能利用的热量。

（3）作为肥料

①沼液浸种　是将农作物种子在沼液中浸泡后再播种的一项种子处理技术。沼液中含大量的腐殖酸胺，各种维生素、生长素和作物生长需要的氮、磷、钾，微量元素以及微生物分泌的多种活性物质。利用沼液浸种，沼液中的这些物质会因渗透作用而不同程度地被种子吸收，激活种胚和胚乳中的酶原，增强酶活力，

促使种子从休眠、萌芽一直到成苗过程中加速养分转化。提高种子的发芽率和成苗率，并且具有明显的抗病、壮苗、增产作用，一般增产5%～10%。

技术要点：A. 晒种：为提高种子吸水性，浸种前，将种子翻晒1～2天，清除杂物，以保证种子纯度和质量；B. 装袋：选择透水性好的编织袋或布袋，将种子装入，并留出适当空间，以防种子吸水后胀破袋子；C. 清理沼气池出料间：将正常产气，使用两个月以上的沼气池出料间浮渣沉渣尽量清除干净，以便沼液浸泡种子；D. 浸种：将绳子一端系袋口，一端固定在池边，使种子处于沼液中部为好。浸泡时间一般为12～24小时，以种子吸饱水为度；E. 清洗：沼液浸种结束后，应将种子放在清水中淘净，然后播种、催芽。沼液浸种改变种壳颜色，但不影响发芽。

②沼液叶面施肥　沼液经过充分腐熟发酵，其中富含多种作物所需的营养物质（如氮、磷、钾），极宜作根外施肥，效果比化肥好，作物生长季节都能进行，特别是当梨树进入花期、果实膨大期，喷施效果明显。沼液既可单施，也可与化肥、农药、生长剂等混合施。同时，沼肥用作基肥，随浇水一起施入或喂鱼、栽培蘑菇皆可。施用沼液时，应对水1～3倍。

（4）作为猪饲料　沼液中除含有牲猪生长必需的8种氨基酸和8种非必需的氨基酸外，还含有铜、铁、锌等微量元素，且无病菌，易于被消化吸收，将其作为饲料添加剂，起到促进猪生长，缩短育肥期，提高饲料转换率，降低料肉比，达到增加收入的目的。

饲喂方法：在正常产气并能燃烧一个月以上的沼气池的出料间上层，清去沼液上层的浮沫及杂物，用舀子舀中层清液，现用现取（夏季停放半小时后散失氨味再用），根据猪重量而适喂，不能过量。一般25千克以下的仔猪和正在哺乳期的母猪为免不适应可暂时不喂沼液或极少量（0.25千克）为宜；25～50千克的猪每次添加沼液0.5千克即可；50～75千克的猪每次添加沼液0.75～1千克；75千克以上的大猪每次使用量在1.5千克左右，如摄取沼液量过多，相反会抑制猪生长。另外，应经常观察猪食沼液后有无异常反应，以便及时处置。

（5）*作为保鲜剂* 沼气是一种混合气体，其主要成分是甲烷，其次是二氧化碳，占到28%～44%，将其充入梨果贮藏室内，将果实置于低氧高二氧化碳的环境条件下，使得果实生命活动及呼吸代谢作用处于低谷，从而达到保鲜的目的。能起到降低梨果营养消耗，推迟呼吸高峰期，延缓果实的成熟及衰老进程，抑制果实内部乙烯的形成，减弱乙烯对果实的催熟作用，抑制微生物的生长繁殖，减轻果实的腐烂，减少损失，降低果实水分的损耗，使果实达到保鲜、保脆、保色的作用效果。一般每立方米储藏空间每天输入0.01～0.03米^{3}的沼气，15天换气一次。但沼气的输入量，因品种、环境条件的不同而有所改变，各地应根据各自的条件适当调整输入量以及间隔期。

2. 沼气池的原理

（1）*沼气池的工作原理* 当池内产生沼气时，储气间内的沼气不断增多，压力不断增高，迫使主池内液面下降，挤压出一部分料液到水压间内。当人们打开炉灶时，沼气池内的压力逐渐下降，水压间料液不断流回主池。这样，不断地产气和用气，使发酵间和出料间始终维持压力平衡地状态。

（2）*沼气发酵原理* 微生物代谢的过程称为发酵，是指有机物质在一定的水分、温度和厌氧条件下，通过各类微生物的分解代谢，最终产生沼气的过程。这个过程有以下三个阶段：

①液化阶段 为产甲烷菌提供营养和为甲烷菌创造适宜的厌氧条件，消除部分毒物。

②产酸阶段。

③产甲烷阶段 产甲烷菌群，利用以上两步所分解转化的小分子化合物等生成甲烷。

（3）*沼气池修建与使用原理*　沼气是一种优质燃料，可用来点灯、做饭，沼气灶通过导管与沼气池相连。科学合理的沼气池由活动盖、贮气室、发酵间、进料口、出料口、水压池、单向阀等主要部分组成。

目前广泛推广的“三位一体”沼气池，就是把厕所、太阳能畜禽舍与地下的沼气池建在一起。人、畜禽粪便经进料口进入沼气池厌氧发酵，产生的沼气上升到贮气室，随着沼气的逐渐增多，压强逐渐增大，池内的液面下降，料液通过出料管上升，经单向阀流入水压池，形成液面差。当打开开关用气时，贮气室内压强逐渐减小，水压池内的料液经进料口处单向阀、进料管，流入发酵间，以维持内外压力新的平衡。这样，不断地产气和用气，使发酵间和料间的液面不断升降，始终维持压力平衡的状态。“三位一体”沼气池建设达到了改厕、改圈、改厨、改院的效果，综合效益显著。

3. 沼气及其产生过程　沼气是有机物质在厌氧环境中，在一定的温度、湿度、酸碱度的条件下，通过微生物发酵作用，产生的一种可燃气体。沼气含有多种气体，主要成分是甲烷（CH_4）。沼气细菌分解有机物，产生沼气的过程，叫沼气发酵。根据沼气发酵过程中各类细菌的作用，沼气细菌可以分为两大类。第一类细菌叫做分解菌，它的作用是将复杂的有机物分解成简单的有机物和二氧化碳（CO_2）等。它们当中有专门分解纤维素的，叫纤维分解菌；有专门分解蛋白质的，叫蛋白分解菌；有专门分解脂肪的，叫脂肪分解菌；第二类细菌叫甲烷细菌，通常叫甲烷菌，它的作用是把简单的有机物及二氧化碳氧化或还原成甲烷。因此，有机物变成沼气的过程，就好比工厂里生产一种产品的两道工序：首先是分解细菌将粪便、秸秆、杂草等复杂的有机物加工成半成品—结构简单的化合物；再就是在甲烷细菌的作用下，将简单的化合物加工成产品—即生成甲烷。

4. 沼气池设计建造的原则　沼气池布置要科学、合理，要选择在背风向阳，土质坚硬，地下水位低，离房屋20米左右的地方。池体的工程设计应具备连续、高效、稳定运转的性能，要求结构合理，规模适当，管理方便，与原料供需相平衡。

5. 沼气池的建造技术

（1）沼气池的建造技术

①放线、挖坑

放线：根据池容半径选定中心点画圆。挖坑：由地面往下直壁挖成圆柱形池坑。以6米^{3}为例：发酵池挖成半径1.3米、深2米，水压间挖成半径0.6米、深2.1米的圆柱形池坑。同时将出料口挖开长、宽、高为0.7米的涵洞，最后沿池底周围挖出下圈梁、池墙1米高处挖出上圈梁（高、宽各10厘米）。不得在坑沿堆放重物和弃土，留出工作面。

②备料（以6米^{3}沼气为例）

A. 水泥：1吨（符合国家标准的普通标号）；

B. 沙子：2米^3（不含土及杂质）；

C. 渣子：2米^3（粒径0.5～2厘米。碎石、河卵石皆可，级配合理，石子干净）；

D. 模具：若用砖模具需1 000块砖，要求质量好，棱角整齐。建好池后，将砖取出；

E. 进料管：直径20～30厘米，高60厘米陶质或水泥管2～4节；

F. 铜质导气管：直径0.8～1厘米，长25厘米。

③浇铸　一般采用池底、池墙、池拱、水压间整体现浇，一次成型。

A. 池墙和水压间浇铸：以坑壁做外模，砖做内模。先将出料口通道用砖砌成宽高各70厘米，厚24厘米的砖垛，上部适当起拱。池壁厚度10厘米。把砖浸水到面干里湿，边砌砖边浇铸150号混凝土（即灰沙渣按1∶2.5∶4配比）。在浇铸池墙的同时，一起浇铸水压间。要求振捣密实，不许有蜂窝、麻面和裂纹。

B. 池拱：用200号混凝土（1灰∶2沙∶3.5渣），均匀浇铸12厘米，反复压光。

C. 池底：铺10厘米厚混凝土，充分压实，表面抹1∶2水泥沙灰0.5厘米。

④套抹（内部装修）　混凝土强度达到70%左右即可拆除砖模、抹灰，池里边收拾干净。套抹采用三灰四浆法：即刷纯水泥浆→抹1∶2.5沙灰0.5厘米厚→刷纯水泥浆→抹1∶2.5沙灰0.5厘米厚→刷纯水泥浆→抹1∶2沙灰0.5厘米厚→刷纯水泥浆。要求薄抹重压、层间粘牢、反复压光，表面无砂眼、无缝隙。

⑤养护　一般养护20～30天：在此期间仔细检查池子内部，看有无渗水痕迹、有无砂眼、空鼓、孔隙等，若发现问题应及时处理。

⑥装料、加水、封池　装料要求：A. 必须是未经发酵且没有喷洒过农药的人、畜禽粪便。B. 农药毒死的动物尸体禁止入池。C. 最好装池前把原料在池外堆沤几天，或加入一些池塘里的水、老粪坑里的粪底等作为接种物，产气快，一般入池后即可产气。D. 装一层踩实一层。同时加入少量的石灰水（石灰水为料重的5%），因粪便发酵后成酸性，用碱性的石灰水中和后达到中性，沼气微生物才能正常产气。第一次填料量最多不能超过池容的85%，浓度掌握在8%左右。如6米^{3}沼气池需粪便4米^3，加水1.1米^3，所填料液中至少有1米^{3}接种物。

加水要加温水，最好不要向沼气池里加入新抽的井水或自来水，以免温度低、产气慢；也可以多次加水，每次加1～2米^3，2～3天后再加；应先加粪、后加水，原料在池内2～3天，而后再加盖封池。

（2）做好沼气池下料前的各种检验工作

①沼气输、配气系统设计与施工。沼气输气系统由导气管、

输气管、管道连接件、开关、压力计等组成。在安装的过程中，依实地情况进行安装，要确保沼气畅通，安全，压力充足，火力旺盛。

②沼气池下料前的质量检验。做好沼气池的各项检查，确保不漏气、漏水。

（3）沼气池的启动

①选用优质发酵原料。在沼气池的启动中，发酵原料尽量采用优质纯牛粪、猪粪、羊粪或马粪。堆沤时，应在粪堆上泼水，保持其湿润，并加盖塑料布，以利聚集热量和富集菌种，使其发酵变黑后入池最佳。

②添加充足的接种物。为了加快沼气发酵的启动速度和提高沼气的产气量而向沼气池加入的富含沼气菌的物质，统称接种物。在新池启动时一定要加入10%～30%的接种物。使用最方便的接种物是沼渣和沼液，另外池塘底部的污泥，粪坑底部的沉渣等，都可做接种物。

③掌握好进料数量。适当的料液浓度对沼气池的启动相当重要，一般浓度范围掌握在6%～12%。水分太少不利于厌氧菌的活动并影响原料的分解；水分太多，发酵液浓度降低，减少了单位体积的沼气产量，使得沼气池得不到充分利用。因此，发酵池料水比例得当是正常产生沼气的一个关键。一般以料含水量而定，如果料含水量为60%，那么，1千克料既要外加水3～4千克。总之，料含水比例越高，外加水越少，反之，外加水则多。

④调节好发酵原料酸碱度。池中的发酵液酸碱度（即pH）以6.5～7.5为佳。一般用草木灰或石灰澄清液调节。

⑤仔细密封好活动盖。活动盖一般选用粘性大的黏土或石灰粉拌和均匀处理封盖。

⑥放气试火。沼气发酵启动初期，要排出贮气箱中的空气和二氧化碳，只有当这些气体排放完毕后才能放出沼气（即甲烷）。在通常情况下，当沼气压力表的水柱达40厘米以上时，应放气

试火。放1～2次后，所产气体中的甲烷含量逐渐增加，所产生的沼气即可点燃使用。

6. 沼气池的管理

（1）勤加料，勤出料　三、四结合沼气池，从启动开始就向池内进料，3～4头猪再加人粪尿就能满足；非三结合沼气池5～10天进、出料一次，20千克左右，加料过量会影响储气室的容积，进料不足，不能产出足够的沼气。

（2）经常搅拌发酵原料　用长柄粪勺或其他器具从进料管伸入发酵间，来回搅动数十次，或从出料间舀出10桶沼液，向进料口冲入，避免池液面结壳，影响产气。

（3）要控制发酵浓度　夏秋季浓度6%～8%；冬春季浓度8%～10%。

（4）经常检查酸碱度　保持在中性或微碱性。

（5）加强越冬管理　入冬前把畜禽舍用塑料薄膜覆盖，提高池内温度，增强发酵菌的活性。

（6）注意卫生　农药、洗衣服水等不能进入沼气池，避免杀死发酵菌。

五、生态园内养殖

随着生态梨园建设模式的不断更新，现在在梨园内养殖逐渐得到人们的认可。生态梨园内发展养殖业是一个发展前景很广阔的行业，特别是在果草间作的生态园内，几乎一年四季青色不断，这种得天独厚的条件为发展动物养殖业奠定了雄厚的基础。应大力提倡梨园养猪、鸡、鹅、鸭等，实行种养结合，以提高梨园有机肥供应，增加梨园养殖收入，减少梨园虫害。例如浙江省庄行镇现有梨园面积近万亩，在政府有关部门的支持下，组建了梨园鸡合作社，利用梨园鸡养殖草鸡的农户近400户，养殖面积近266.667公顷（4 000亩），年产草鸡万只。养鸡可以一举三得，可以产蛋、产粪、消灭害虫。除了养鸡养猪以外，生态梨园的环境非常适合家兔喜阴凉、居所干燥、喜静怕噪的生活习性，是一种值得推广的梨园养殖技术。此外，现在生态梨园中养殖蚯蚓的做法得到越来越多的人的认可，蚯蚓能够将树叶、杂草等转化成优质有机肥，蚯蚓本身是畜禽和水产的优质饲料，蚯蚓可以入药、可以食用，蚯蚓还可起到消除土壤农药残留，疏松改善土壤结构的作用。梨园养殖不但为梨园提供了有机肥供应，还可以为梨园沼气池的正常运转提供原料。

第十章

梨树病虫害防治

梨树病虫害综合防治以农业防治为基础，以生物防治为核心，按照病虫害发生的经济阈值，合理使用化学防治技术，经济、安全、有效地控制病虫为害。病毒病的防治需要通过栽培无病毒苗木予以解决。

1. 农业防治 农业防治是梨园管理的一部分，不受环境、条件和技术等的限制，另外，农业防治虽然不像化学防治那样对病虫害进行直接而迅速的杀伤，但因其改变了病虫害最适宜的生存环境，能够长期控制病虫害的大发生。在梨园生产中，可以采取下列农业防治措施：

（1）预防为主，实行植物检疫，以便及时预防危险性病、虫、草等新的有害生物的传入及扩散。

（2）选用抗病虫的种、品种及砧木，培育壮苗，选用无毒苗，栽种抗性植株。

（3）采取剪除病虫枝、清除枯枝落叶、刮除树干翘裂皮、深翻树盘、地面秸秆覆盖、科学施肥等农业栽培措施，以增强树势，提高抗病虫能力，恶化病虫生存环境。

（4）合理修剪，改善通风透光条件，能够有效抑制病虫害的发生。

（5）梨园生草，增加植物多样性，以便于引入梨树虫害的天敌昆虫；合理间作，品种搭配，如大葱的根圈能够产生抗菌微生物，对病菌能够起到抑制作用，从而有效防止多种病害的发生，间作大葱能有效地阻止病原菌的繁殖，使土壤中已有病菌的密度下降，从而达到土壤消毒的目的。

（6）生长季节后期应注意控水、排水，防止徒长，保证树势健壮，增强抗病虫能力。

（7）深翻整地，施足腐熟有机肥，促进病枝落叶翻入地下腐烂，同时能够将地下害虫翻到地表，不利于其越冬。

（8）严格疏花疏果，合理负载保持树体健壮，增强抗病虫能力。

（9）不与苹果、桃等果树混栽，以免加重次要病虫害发生为害。园区附近不种桧柏，以便有效防止梨锈病的发生和流行。

总之，在梨园的生产中能够采取的农业防治措施很多，生产者可以根据自已梨园的具体条件，合理的利用几种农业防治措施，以达到经济、高效、实用的目的。

2. 物理防治 物理防治的方法有多种，如人工杀虫、梨果套袋、高温灭虫杀菌等方法。另外，还可以利用梨树害虫对颜色的趋向性，而利用颜色防治病虫，例如，铺设银灰网膜驱避蚜虫（每 667 米^2 铺设银灰网膜 5 千克或将银灰膜剪成 10 厘米、15 厘米的膜条，膜条间距 10 厘米，纵横拉成网眼状）；设置黄板诱杀蚜虫（用废旧纤维板或者纸板剪成 100 厘米×20 厘米的长条，涂上黄色漆，同时上面涂一层机油，挂在行间或者株间，高出植株顶部，每公顷挂 450～600 块，当黄板粘满蚜虫后，再涂一层机油，一般 7～10 天重新涂抹一次）。

3. 生物防治 因梨树生长周期长，生态环境相对稳定，其中节肢动物物种组成丰富，生物群落结构中的食物链和食物网关系复杂，天敌和害虫之间的相互依存和相互制约的关系十分明显。因此，可以充分利用寄生性、捕食性天敌昆虫及病原生物，将病虫种群数量控制在为害水平以下。如释放赤眼蜂、瓢虫、草蜻蛉和捕食性螨类等害虫天敌。在梨园使用性诱剂、糖醋液，以诱杀梨小食心虫，限制有机合成农药的使用，减少对田地的为害。

4. 化学防治　前面三种防治病虫害的方法，无论在无公害食品梨、绿色食品梨还是有机食品梨的生产过程中，都可以采用。这三种不同标准梨的生产在病虫害防治方面的区别在于化学防治过程中，所用农药的种类、数量以及次数等方面存在差异，所以在梨树种植过程中，应根据各自的生产要求，合理的选择梨树病虫害的化学防治方法，严格遵守不同标准梨生产所要求的农药使用准则。根据防治对象的生物学特性和危害特点，选用高效低毒、低残留、安全的农药，尤其是生源农药、矿物源农药和低毒有机合成农药，有限度的使用中毒农药，无论是无公害食品梨、绿色食品梨还是有机食品梨，都不允许使用剧毒、高毒、高残留的农药。因此在梨树的种植过程中，应当根据自己的种植要求，是生产无公害食品梨、绿色食品梨还是有机食品梨来合理的选择农药，同时掌握防治适期，施药数量及施药次数等，严格遵守生产无公害食品梨、绿色食品梨及有机食品梨的农药使用规则，以保证所生产的梨果达到标准的要求。

下面就不同时期，梨的防治对象及防治措施列表 10-1 如下：

表 10-1　梨树病虫害的防治时间及防治措施

时　间	物候期	防治对象	防治措施
2月至3月初	芽萌动前	梨木虱、梨蟢象、红蜘蛛、梨大食心虫。梨瘤蛾。黑星病、轮纹病	①刮主干、主枝粗皮。 ②剪除病虫枝条
3月上旬	叶芽萌动，花芽露绿	梨圆蚧、梨木虱、梨蚜、黑星病、轮纹病、腐烂病	喷 3～5 度石硫合剂
3月下旬至4月初	开花前	梨木虱、梨实蜂、梨茎蜂、星毛虫、梨蚜	喷 25% 灭幼脲 3 号 2 000 倍液
4月下旬至月初	落花后	梨大食心虫、梨茎蜂、黑星病	摘虫果、掰虫芽、糖醋液诱杀梨小食心虫。喷石灰倍量式波尔多液
5月中、下旬	麦收前	梨黑星病、轮纹病、茶翅蝽	喷多菌灵 700 倍液＋25% 灭幼脲 3 号 2 000 倍液
6月中、下旬	麦收后	红蜘蛛、梨木虱	喷 30% 蛾螨灵 1 500～2 000倍液

（续）

时间	物候期	防治对象	防治措施
7月上、中旬	果实速长期	梨黑星病、轮纹病	喷1∶3∶200倍波尔多液
7月下旬	果实膨大期	梨小食心虫、桃蛀螟、黑星病	喷30%蛾螨灵2 000倍＋700倍托布津
8月上、中旬	果实膨大期	梨小食心虫、红蜘蛛、黑星病	喷1∶3∶200倍波尔多液＋乙磷铝
8月上旬至9月上旬	采收前20天	梨黑星病、黄粉虫	喷多菌灵700倍液＋25%灭幼脲3号2 000倍液
11月	落叶期	梨病虫害	清除杂草、落叶、病果、枯枝
12月至次年1月	休眠期	梨病虫害	结合冬剪，剪病枝，刮治蚧壳虫，彻底清园

第一节　梨树病害

我国梨树病害已知约有80余种，其中发生普遍和危害严重的有梨黑星病、锈病、轮纹病、腐烂病、黑斑病等。梨树黑星病在梨产区普遍发生，过去以辽宁、河北、山东、山西及陕西等北方省份受害严重，是影响梨生产的一种主要病害，而南方发病较轻。可是，在近几年南方各省梨黑星病有逐渐加重的趋势。梨锈病在南方各省凡是附近栽植桧柏的梨区，发病严重。梨轮纹病在山东、江苏、上海、浙江等省市的梨区危害严重，造成梨树枝干枯死及果实腐烂，并在果实贮存期造成严重的损失。梨腐烂病主要危害西洋梨，梨树受冻后发病更为严重，成为西洋梨栽培的主要障碍。梨黑斑病在日本梨上发病严重，特别是对二十世纪品种的危害，造成大量裂果和早期落果，对产量影响极大。

一、梨黑星病

梨黑星病又称疮痂病，是梨树的一种主要病害，在种植鸭梨和白梨等高度感病品种的地区流行频繁，常常造成生产上的巨大损失。在我国的梨产区都有发生，以北方省份危害严重，近年来南方省份也有逐渐加重的趋势。梨黑星病发病后，引起梨树早期大量落叶，幼果受危害呈现畸形，不能正常的膨大、同时病树第二年结果减少，对产量影响甚大。

1. 症状　梨黑星病能危害果实、果梗、叶片、叶病和新稍等幼嫩组织。果实发病初期生淡黄色圆形斑点、逐渐扩大，病部稍凹陷，上长黑霉，后病斑木栓化，坚硬、凹陷并龟裂。幼果受害后常不能膨大而脱落。膨大期的果实受害后，病部停止生长，木栓化，形成凹凸不平、龟裂的畸形果；后期受害的果实则不畸形，但在表面产生大小不等的黑色、凹陷的圆形病疤，病疤坚硬，表面粗糙，常产生星状开裂。果梗受害，出现褐色椭圆形的凹斑，上长黑霉。叶片受害，初在叶背主、支脉之间出现圆形、椭圆形或不规则形淡黄色斑，不久病斑沿主脉边缘长出黑色的霉。为害严重时，许多病斑互相愈合，整个叶片的背面布满黑色霉层。叶片正面常呈多角形或圆形褪色黄斑或坏死斑。叶脉受害，常在中脉上形成长条形的黑色霉斑。叶柄上症状与果梗相似。由于叶柄受害影响水分及养料运输，往往引起早期落叶。新梢受害，初生黑色或黑褐色椭圆形的病斑，后逐渐凹陷，表面长出黑霉。最后病斑呈疮痂状，周缘开裂。

2. 侵染循环　病菌主要以分生孢子或菌丝体在腋芽的鳞片内越冬，也能以菌丝体在枝梢病部越冬，或以分生孢子，菌丝体及未成熟的子囊壳在落叶上越冬。第二年春季一般在新梢基部最先发病，病梢是重要的侵染中心。病梢上产生的分生孢子，通过风雨传播到附近的叶、果上，当环境条件适宜的时候既可以侵染。病菌侵入的最低日均温为 8～10℃，最适流行温度为 11～20℃。孢子从萌发到侵入梨组织只需 5～48 小时。一般经过14～25 天的潜育期，表现出症状。以后病叶和病果上又能产生新的分生孢子，陆续造成再次侵染。如果雨量少，气温较高，此病不至于迅速蔓延。如果阴雨连绵，气温较低能够迅速蔓延。晚秋病叶落于地面，这时菌丝体已经布满整个叶片，在严寒到达之前，子囊壳就开始于病组织内形成并发育，但一直停留在未成熟状态，到第二年春天环境条件转好后，才继续发育产生子囊孢子。子囊壳多形成于老病斑的边缘，而且只有在潮湿的环境下才能形成。冬季干旱不易形成子囊壳。分生孢子和子囊孢子均可作为病菌的初次侵染源，但以子囊孢子的侵染力较强。

3. 发病条件

（1）气候条件　在梨树生长季节，一般温度可以满足病菌侵染和病害发生的要求。因此，降雨早晚，降雨量大小和持续天数是影响病害发展的重要条件。雨季早而持续期长，尤其是5～7月份雨量特多，日照不足，空气湿度大，容易引起病害的流行。

（2）品种的抗病性　不同品种抗病性有差异，一般以中国梨最易感病，日本梨次之，西洋梨较抗病。发病重的品种有鸭梨、秋白梨、京白梨、黄梨、平梨、安梨、光皮梨、花盖梨、麻梨、宝珠梨、海东梨等；其次为砀山白酥梨、莱阳茌梨、红梨、严州雪梨、蒲瓜梨、长十郎、二宫白、黄蜜、八云等；而玻梨、蜜梨、香水梨、西洋梨系统等具有较强的抗病性。

此外，地势低洼，树冠茂密，通风不良，湿度较大的梨园，以及树势衰弱的梨树，都易发生黑星病。梨园清园工作的好坏和彻底与否，直接影响来年菌源的多寡，与发病轻重也有密切关系。

4. 防治措施

（1）消灭病菌侵染来源　秋末冬初彻底清扫落叶落果，早春梨树发芽前结合修剪清除病梢、叶片及果实，加以烧毁。也可以在发病初期摘除病梢和病花丛，在东北摘除病梢约在5月上中旬；黄河故道地区在4月上中旬起，要经常察看梨园，发现病花丛和病梢及早摘除，这对减轻发病有很大作用。同时可以作为决定第一次喷药时间的参考。

（2）加强梨园管理　梨树生长衰弱，已被病菌侵染，因此增施肥料，特别是有机肥料，可以增强树势，提高抗病力。合理整形修剪，增强果园的通风透光，降低梨园湿度，创造不利于病菌繁殖和病害蔓延的果园环境条件。

（3）喷药保护　在我国南方诸省，由于黑星病发生较早，应在梨树接近开花前和落花70%左右各喷一次药，以保护花序、嫩梢和新叶。以后根据降雨情况，每隔15～20天喷药一次，先后共喷四次。在北方梨区，一般第一次喷药在5月中旬，第二次在6月中旬，第三次在6月至7月上旬，第四次在8月上旬。药剂一般于发病初期喷40%多菌灵硫磺胶悬剂500～600倍液，与其他杀菌剂轮换使用。在梨树休眠期和发芽期用3～5波美度石硫合剂。在坐果期以后喷铜高尚600～800倍液防治。在发病前和发病初期用80%碱式硫酸铜可湿性粉剂600～800倍液，或者用30%或35%的碱式硫酸铜悬乳剂350～500倍液喷雾防治。用15%粉锈宁可湿性粉剂1 000～1 500倍液于花前或者花后喷施。另外，亦可在5月下旬喷0.5%尿素2次，6月下旬至7月下旬喷0.2%～0.3%磷酸二氢钾2次，可减轻发病程度。

二、梨锈病

梨锈病又叫赤星病、羊胡子。是梨树重要病害之一。我国的梨产区都有分布，以在梨园附近有桧柏的地区，发病严重，春季多雨年份，几乎每张叶片上都长有病斑，引起叶片早枯；幼果被害造成畸形，早落，影响产量较大。梨锈病除危害梨树外，还能危害木瓜、山楂、棠梨和贴梗海棠等。梨锈病病原菌为转主寄生的锈菌，其转主寄主为松柏科的桧柏，此外，还有欧洲刺柏、桧柏、龙柏、柱柏、翠柏、金羽柏和球桧等。其中以桧柏、欧洲刺柏和龙柏最易感染，球桧和翠柏次之，柱柏和金羽柏较抗病。

1. 症状 梨锈病主要危害叶片和新梢，严重时能为害幼果。叶片受害，开始在叶正面发生橙黄色、有色泽的小斑点，数目不等，可自一、二个到数十个。后逐渐扩大为近圆形的病斑，病斑中部橙黄色、边缘淡黄色，最外面有一层黄绿色的晕，直径4～5毫米，大的可达7～8毫米，表面密生橙黄色针头大的小粒点，即病菌的性孢子器。天气潮湿时，其上溢出淡黄色黏液，即无数的性孢子。黏液干燥后，小点变成黑色。病斑组织逐渐变肥厚，叶片背面隆起，正面为凹陷，在隆起部位长出淡黄色的毛状物，即病菌的锈子器。一个病斑上可产生数十条毛状物。锈子器成熟后，先端破裂，散出黄褐色粉末，即病菌的锈孢子。病斑以后逐渐变黑，叶片上病斑较多时，往往早期脱落。幼果受害，初期病斑大体与叶片上的相似。病部稍凹陷，病斑上密生出橙黄色后变成黑色的小粒点。后期在同一病斑的表面，产生灰黄色毛状的锈子器，病果生长停滞，往往畸形早落。新梢、果梗和叶柄被害时，病部呈橙黄色并膨大呈纺锤形，初期病斑上密生初橙黄色后变黑色的小粒点。后期在同一病斑的表面，产生灰黄色毛状物。最后，病部发黑发生龟裂。叶柄、果梗受害引起落叶、落果。新梢被害后病部以上常枯死，并易在刮风时折断。

转主寄主桧柏染病后，起初在针叶、叶腋或小枝上出现淡黄色的斑点，后稍隆起。在被害后的翌年3月间，渐次突破表皮露出红褐色或咖啡色的圆锥形角状物，单生或数个聚生，此为病菌的冬孢子角。在小枝上发生冬孢子角的部位，膨胀较明显。甚至在数年生的老枝上有时也出现冬孢子角，该部位的肿胀更为明显。春雨后，冬孢子角吸水膨胀，成为橙黄色舌状胶质块，干燥时缩成表面有皱纹的污胶物。

2. 侵染循环 梨锈病菌以多年生菌丝体在桧柏病部组织中越冬，翌年春2～3月间开始显露冬孢子角。春雨时，冬孢子角吸水膨胀，成为舌状胶质块。冬孢子萌发后，产生有隔膜的担子，并在其上形成担孢子，担孢子随风分散。自梨树发芽展叶至幼果形成这段时间，担孢子散落在嫩叶、新梢、幼果上，在适宜的条件下萌发，产生侵染丝，直接从表皮细胞侵入，也可以从气孔侵入。梨树自展叶开始直至展叶后 20 天容易感染，25 天以上的叶片一般不再受感染。该病的潜育期一般为 6～10 天，病菌侵入经潜育期后，在叶面呈现橙黄色的病斑，接着在病斑上长出性孢子器，在器内产生性孢子，性孢子自孔口随蜜汁溢出，经昆虫传带至异性的性孢子器的受精丝上。性孢子与受精丝互相结合，其雄核进入受精丝内完成受精作用，形成双核菌丝体。双核菌丝体向叶的背面发展，形成锈子器，在锈子器中产生锈孢子，这种锈孢子不能再危害梨树，转而侵入转主寄主桧柏的嫩叶或新梢，并在桧柏上越冬和越夏，至翌年春再度形成冬孢子角。冬孢子角上的冬孢子萌发形成担孢子，不能危害桧柏，只能危害梨树。

3. 发病条件

（1）转主寄主　病害的轻重与桧柏的多寡及距离远近有关，尤以离梨树栽培区 1.5～3.5 千米范围的桧柏关系最大。病菌的传播距离一般是 2.5 千米，最远也不超过 5 千米。在有桧柏存在的条件下，病害的流行与否，则密切受气象因素的影响。

（2）气候　病菌一般只能侵害幼嫩的组织，当梨芽萌发、幼叶初展时，如值天气多雨，同时温度对冬孢子萌发适宜，就会有大量的担孢子飞散，阴雨连绵或者时晴时雨，发病必重。低于 5℃或高于 30℃的温度条件下，该病不易发生。在梨芽萌发后 30～40 天内，有一次降雨持续两天以上，降水量 15 毫米以上、相对湿度 90％以上时，就有可能发病。在冬孢子萌发后，风力的强弱和风向都可影响孢子和梨树的接触，对发病有重大影响。

（3）种和品种抗性　一般中国梨最易感病，日本梨次之，西洋梨最抗病。如慈梨、严州雪梨、二宫白发病较重，鸭梨、三花梨、今秋梨、明月次之，康德梨、晚三吉和博多青较抗病。

4. 防治方法

（1）清除转主寄主　砍除桧柏是防治梨锈病最彻底有效的措

施。梨锈病担孢子传播范围一般在2.5～5千米内，故砍除梨园周围5千米内桧柏和龙柏等转主寄主，就能保证梨树基本不发病。因此在发展新梨园时，应考虑附近有无桧柏存在，如有零星的桧柏，应彻底砍除；如果桧柏很多，不宜选择作为梨园。

（2）喷药保护　如梨园临近风景区或绿化区，桧柏不易砍除时，可以通过喷药对梨树进行保护，或者通过对桧柏喷药，杀灭冬孢子。桧柏上喷药应在3月上中旬进行，以抑制冬孢子萌发产生担孢子，药剂可用3°～5°Be石硫合剂或0.3%五氯酚钠，若用0.3%五氯酚钠混合1°Be石硫合剂则效果更好，梨树上喷药，应掌握在梨树萌芽期至展叶后25天内喷药保护，即在担孢子传播侵染的盛期进行。我国南方一般在3月下旬（梨萌芽期）开始喷第一次药，以后每隔10天左右喷药一次，连续喷三次，在雨水多的年份适当增加喷药次数。药剂可用1∶2∶160～200波尔多液，65%代森锌可湿性粉剂500倍液，或50%退菌特可湿性粉剂1 000倍液。梨树在盛花期应避免喷用波尔多液，以防止发生药害。喷药以在雨前进行效果较好。

三、梨轮纹病

梨轮纹病又成瘤皮病，粗皮病，是我国梨树重要病害之一。浙江、上海、江苏、安徽、江西、福建、广西、云南、四川、湖北、湖南、山东、河南、河北、山西、辽宁、吉林等省、市都有发生，以浙江、上海、江苏等发病较重。在浙江以日本梨系统的梨树受害严重，有些梨园的树干发病率在90%以上。枝干发病后，促使树势早衰；果实受害，造成烂果，并引起贮藏果实的大量腐烂。

1. 症状　主要为害枝干和果实，较少为害叶片。侵害果实导致果实腐烂损失严重。侵染枝干，严重时大大削弱树势和整株枯死。枝干染病从皮孔侵入，初次0.3～2厘米扁椭圆形略带红色的褐斑，病斑中心突起，质地较硬，边缘龟裂，与健部形成一道环沟状裂缝。病组织上翘，呈马鞍状。若多个病斑连在一起，表皮十分粗糙，果皮称其为粗皮病。病斑多数限于树皮表层，但也有部分病斑可深达形成层，少数还可深入木质部。果实多数在近成熟期或储藏期发病，病果起初以皮孔为中心形成深浅相间的褐色同心轮纹斑。后期自病斑中心起逐渐产生黑色小粒点。通常一个果实上有2～3个病斑，多的可达30个。病斑直径一般为5～15毫米。病果容易腐烂，病部流出茶褐色的粘液，最后可干缩为僵果。叶片上发病，多在叶缘产生不规则的褐色病斑，后逐渐变为灰白色。在灰白色的病部，有时也产生黑色小粒点。一张叶片上集生很多病斑时，常干枯早落。

2. 侵染循环 病菌以菌丝体、分生孢子器及子囊壳在病部越冬。在枝干病部越冬的病菌是翌年主要的初次侵染源。病组织中越冬后的菌丝体，至第二年春天恢复活动，继续侵害梨树枝干。分生孢子器内的分生孢子在下雨时散出，引起初次侵染。雨水是传病的主要媒介。病菌孢子传播的范围一般不超过10米，但在大风时能传播20米，孢子飞散以树的上下方向为多，横向较少。孢子发芽后经皮孔侵入树干，约经过15天的潜育期才出现新的病斑。在新病斑上当年很少产生分生孢子器，第二、三年才大量产生分生孢子器及分生孢子，第四年产生分生孢子器的能力减弱，十三年以上的病枝干不再产生分生孢子。

3. 发病条件

（1）气候 当气温在20℃以上，相对湿度在75%以上或降雨量达10毫米时，或连续下雨3～4天，孢子大量散布，病害传播最快。降雨量和降雨天数与孢子的大量散布关系十分密切。因此，在梨园孢子大量散布期间，喷药保护树干和果实，这是十分重要的。在枝干上病斑的分布常与水滴流动的迹象相符，说明病菌的传播与侵入，与雨水有很大关系。

（2）品种抗病性 日本梨系统的品种，一般都发病比较严重，其中以二十世纪、江岛、太白、菊水发病最重，黄蜜、晚三吉、博多青次之，今村秋较抗病。而中国梨中白梨系统的秋白梨、鸭梨、早酥梨等发病重，严州雪梨、莱阳梨、三花梨等发病较轻。西洋梨或西洋梨和中国梨的杂交种抗病力强。品种间抗病力的差异主要与品种皮孔的大小、多少以及组织的结构有关。

4. 防治方法

（1）建立无病苗圃，实施苗木检验　因轮纹病通常通过苗木传播，故新建梨园时，应进行苗木检验，防止病害传入。苗圃位置应与梨园距离较远，在苗木生长期间，进行及时的喷药保护，防止苗木受病菌侵染，在苗木出圃时要进行严格的检验，防止病害传入新建梨区。

（2）加强培育管理　梨轮纹病是一种弱性寄生菌，在寄主生活力比较弱的情况下，才能引起严重发病，故在梨园丰产后，应加施肥料，促进树势生长健壮，提高抗病力。冬季应做好清园工作，结合果树冬剪，剪除病枝，刮除病斑，集中烧毁。及时做好树干害虫的防治工作，特别是吉丁虫，以减少树干伤口，防止发病。为了防止果实发病，在幼果期进行套袋管理。

（3）病部治疗　在梨树休眠期向树体喷5%菌毒素水剂100倍液，铲除树干病菌。在病干发病初期，及时地刮除病部，刮除后，用抗菌剂402的100倍液消毒伤口，在外涂波尔多液保护。刮除病部最好在早春进行，也可以在生长期随时进行。要做到发现病斑及时刮除，如果病斑生长面积过大，生长深入，不但难以刮除，同时会对树体造成严重影响。病斑必须刮除干净，否则易重新发病。此外，也可以不刮除病部，仅刮除树干外部的粗皮，然后在病部涂刷较浓的杀菌剂，如5%菌毒素水剂100倍液，也可在树干刮皮后涂70%甲基托布津可湿性粉剂50倍液或农抗120水剂10～30倍液。

（4）喷药保护　果树发芽前喷洒一次0.3%五氯酚钠与3°～5°Be石硫合剂混合液。以后在病菌孢子大量飞散的5～7月间，结合其他病害的防治，喷洒50%多菌灵可湿性粉剂1 000倍液，50%甲基托布津可湿性粉剂500倍液，1∶2∶200波尔多液，80%喷克或大生M-45或70%代森锰锌可湿性粉剂600～800倍液。每隔半个月左右喷施一次，连续喷四次，以保护果实、枝干和树叶。可用5%井冈霉素可溶性粉剂，在发病初期喷雾，每667米^{2}用药100～150克，或者喷40%多菌灵硫磺胶悬浊剂500～600倍液防治。

（5）选择抗病品种　在梨轮纹病严重发生的地区，在发展新梨园时，应考虑选择抗病性强的品种。

四、梨黑斑病

梨黑斑病在我国辽宁、吉林、河南、山东、山西、青海、四川、江苏、上海、浙江、湖北、湖南、云南、广东等省都有分布。日本梨系统发病严重，特别是二十世纪品种被害最为严重，发病后，引起大量落果和早期落果，造成很大损失。

1. 症状　主要危害果实、叶片及新梢。幼嫩的叶片最早发病，开始时产生针头大、圆形、黑色的斑点，后斑点逐渐扩大成近圆形或不规则形，中心灰白色，边缘黑褐色，有时微现轮纹。潮湿时，病斑表面遍生黑霉，这即为病菌的分生孢子梗和分生孢子。叶片上长出多个病斑时，往往相互愈合成不规则的大病斑，叶片成为畸形，引起早期落叶。

幼果受害，初期在果实表面产生一个至数个褐色圆形针头大斑点，逐渐扩大成近圆形或椭圆形。病斑略凹陷，表面遍生黑霉。由于病部、健部发育不均匀，当果实长大时，果实表面发生龟裂，裂缝内也会产生黑霉，病果往往早落。长大的果实感病时，前期症状与幼果上的相似，但病斑较大，黑褐色，后期果实软化，腐败脱落。

新梢上的病斑，早期黑色，椭圆形，稍凹陷，后扩大为长椭圆形，凹陷更为明显，淡褐色，病部与健部分界处产生裂缝。

2. 侵染循环 病菌以分生孢子及菌丝体在被害部位及落于地面的病叶、病果上越冬。第二年春天，越冬的和病组织上新产生的分生孢子、通过风雨传播。孢子萌发后经气孔、皮孔侵入或直接穿透寄主表面侵入，引起初次侵染。枝条上病斑形成的孢子，被风雨传出去后，隔 2～3 天于病部会再次产生孢子，可以反复 10 次以上。这样，新旧病斑上陆续产生分生孢子，不断引起重复侵染。嫩叶易被感染，接种后一天，即出现病斑。老叶上潜育期较长，展叶 30 天以上的叶片不会被侵染。

3. 发病条件

（1）气候　在梨树生长季节，温度高低与降雨量大小与病害的发生发展关系极为密切。分生孢子的形成、散播、萌发及侵入除需要一定的温度条件以外，还需要有雨水。因此，一般气温在 24～28℃，同时连续阴雨的情况下，有利于黑斑病的发生与蔓延。气温达 30℃以上时，并连续晴天，病害停止蔓延。所以此病在南方一般从 4 月下旬开始发生至 10 月下旬以后才逐渐停止，而以 6 月上旬至 7 月上旬，即梅雨季节发病最严重。

（2）树势　树势强弱、树龄大小与发病关系很密切，如二十世纪品种，树龄在 10 年以内，树势健壮的，发病都较轻；而树龄在 10 年以上，树势衰弱的发病常严重。此外，梨园肥料不足，或者偏施氮肥、地势低洼、植株过密、均有利于此病的发生。

（3）品种　品种间发病程度有显著差异。一般日本梨系统的品种容易感病，西洋梨次之、中国梨较抗病。日本梨系统的品种以二十世纪发病最重，博多青、明月、太白次之，再次为八云、菊水、黄蜜等，晚三吉、今村秋和赤穗抗病性强。

4. 防治方法 梨黑斑病的防治，必须采取综合措施。应以加强栽培管理，提高树体抗病力为基础，结合做好清园工作，消灭越冬病源，在生长期及时喷药保护，防止病害蔓延，达到综合防治的目的。

（1）做好清园工作　在梨树萌芽前应做好清园工作，剪除有病枝梢，清除梨园内的落叶、落果，并集中烧毁。

（2）加强栽培管理　一般管理较好，施用有机肥料较多，树势健壮的梨园，发病都较轻，反之，则较重。因此，各地应根据具体情况，可在梨园内间作绿肥或增施有机肥，促使梨树健壮生长，增强植株抗病力。

（3）套袋　套袋可以保护果实，免受病菌侵染。套袋时间南方一般在5月上中旬进行，由于黑斑病菌菌芽能穿透纸袋侵害内部果实，所以利用旧报纸等制成的普通纸袋防护效果不佳，可以将纸袋外部涂一层桐油，晾干后使用，效果很好。

（4）喷药保护　可于发芽前，喷一次0.3%的五氯酚钠与5°Be石硫合剂混合液，以杀灭枝干上越冬的病菌。在梨树生长期，喷药次数要多一些，前后喷药时间间隔在10天左右，共喷7～8次。为了保护果实，在套袋前必须喷药一次，喷药后立即套袋。药剂可用1∶2∶200波尔多液，65%代森锌可湿性粉剂500倍液，或50%退菌特可湿性粉剂600～800倍液，80%喷克或大生M-45或70%代森锰锌可湿性粉剂600～800倍液，50%扑海因可湿性粉剂1 000～1 500倍液，喷药最好在雨前进行。

（5）选栽抗病品种　发病严重的地区，应避免发展二十世纪品种，可以多栽植中国梨品种。

五、梨和洋梨干枯病

梨干枯病主要危害中国梨和日本梨，西洋梨较抗病，在云南、浙江、江苏、辽宁、吉林、黑龙江等省都有分布。梨干枯病发病轻重和树龄、树势、结果多少和品种等关系密切。成年树结果多、施肥不足、树体病伤部位多，发病则重；幼树结果少、树势强健，很少发病。二十世纪、菊水、今村秋、晚三吉、黄梨、砀山酥梨等砂梨系统品种发病较重，巴梨、茄梨、莱康等西洋梨系统很少发病。盐碱重及地下水位高的地区发病较重。洋梨干枯病也称黑病，主要危害西洋梨品种，在吉林、河北、河南、山西、山东、江苏等省都有发生。洋梨干枯病发生后引起枝干开裂，皮层腐烂或者枯死，对梨树生产造成巨大损失。在大树上一般不为害主干和主枝，主要侵染小枝条和较小的结果枝组。

1. 症状

（1）梨干枯病　苗木受害时，在茎基部表面产生椭圆形、梭形或不规则形状的红褐色水渍状病斑；以后病斑逐渐凹陷，病健交界处产生裂缝，并在病斑表面密生黑色小粒点。病斑围茎1/2以上时，上部逐渐枯死，刮风时易折断。树干上发生圆形、水渍状斑点，逐渐扩大呈椭圆形、梭形的红褐色病斑，病部逐渐凹陷，病健交界处发生裂痕，病斑表面长出许多黑色小粒，严重时病部下陷，树皮折裂、翘起，露出木质部，引起死枝或死树。

（2）洋梨干枯病　当年生的结果枝被害，初在果枝基部产生红褐色病斑，后病斑向上下、四周扩展。向上扩展时，短果枝上的花枯死而变黑，称为黑病。如向四周扩展时，则使得果枝基部环缢而上部枯死。在发育枝上有时形成溃疡斑，幼树发病一般在接近地面3～4厘米处的树皮发黑，逐渐环缢树干造成幼树死亡。在老树上，只有在二年生及三年生的枝条上可以见到病斑或者溃疡。

2. 侵染循环　梨干枯病以多年生菌丝体及分生孢子器在被害枝干上越冬。翌春分生孢子器在春雨时挤出分生孢子，借助雨水传播，引起初次侵染。病组织内的菌丝体，在适宜的环境条件下不断扩展。一般在5月上中旬开始扩展，至6月份天气温暖，病斑扩展更快。

洋梨干枯病以菌丝体在枝条溃疡部及芽部越冬，也可以以分生孢子器和子囊壳在病部越冬。越冬后的老病斑在第二年4～5月间形成分生孢子，当气温上升至15～20℃时开始活动或扩展，借雨水传播，一般是从修剪和其他的机械伤口侵入，也能直接侵染芽体。盛夏温度过高，暂停扩展，秋季继续传播。在黄河故道地区，子囊孢子和分生孢子，大多在 7～8 月成熟，适逢雨季，通过雨水传播侵染。孢子侵入场所主要在新芽和伤口。当年病菌侵入后，有一部分可以发展成为较大的秋季病斑；另一部分仅形成很大的病斑，后随着气温的下降进入休眠状态。

3. 发病条件

（1）温度　洋梨干枯病菌发育最适温度为 22～23℃，最高 35℃，最低 7℃；子囊孢子萌发最适温度为 20℃，分生孢子萌发最适温度为 25℃。因此，病害在一年中有两个发生高峰，主要由温度的变化所造成。

（2）栽培条件　土层瘠薄的山地或砂砾多的地栽培梨树发病严重，土层深厚的平地或有机质丰富的地发病较轻；地势低洼，排水不良的梨园发病较重，地势高排水良好的梨园发病较轻；肥料充足生长势健壮的梨树发病轻。

4. 防治方法

（1）苗木检验　病害可以通过苗木传播，所以凡运往其他梨区的苗木，必须经过严格的检验，有病苗木禁止运出。

（2）加强栽培管理　对生长衰弱的梨树，应增施肥料，促使树体健壮，提高抗病力。加强树体保护，减少伤口。对修剪后的大伤口，及时涂抹油漆或动物油，以防止伤口水分散发过快而影响愈合。从幼树期开始，坚持每年树干涂白，防止冻伤和日灼。注意梨园卫生，结合冬季修剪，剪除病枝或枯枝，加以烧毁，并喷一次 5°Be 的石硫合剂，以保护枝干。注意梨园灌水，保证植株的正常生长，同时梨园应开挖深沟，保持排水良好，创造不利于病害发生和发展的环境条件，控制病害发展。

（3）药剂防治　已发病的苗木，可以在发病初期刮除病部，用 100 倍抗菌剂 402 溶液，5％菌毒素水剂 30～50 倍液，2％农抗 120 水剂 10～20 倍液消毒伤口，外涂波尔多液保护。在苗木生长期，可喷洒 1∶2∶200 波尔多液，或 50%退菌特可湿性粉剂 800 倍液，保护树干；休眠期喷 5 波美度石硫合剂或 5%菌毒素水剂 80～100 倍液保护树干。

六、梨树腐烂病

梨树腐烂病又称臭皮病。辽宁、吉林、黑龙江、河北、河南、山东、山西、陕西、湖北、安徽、江苏等省都有分布。西洋梨受害最重，受害后常引起全株死亡，对生产影响极大。中国梨受害较轻，日本梨品种较抗病。

1. 症状 主要危害主枝和侧枝，在发病初期，病部稍隆起、水渍状、红褐色或暗褐色，以手压之，病部稍下陷并溢出红褐色汁液。病部椭圆形或者不整形，组织解体，易撕裂，在腐烂过程中发出酒精气味。在较抗病的秋子梨及白梨系统的中国梨上，病部扩展一般比较缓慢，很少扩展成环绕整个枝干的，病斑一般限于皮层，形成层不至于被害。但在衰弱树和衰弱枝上，或者在遭受冻害的西洋梨上，病部可达木质部，破坏形成层，迅速扩展而使得枝干死亡。病部发展一个时期后渐次干缩下陷，在病健部交界处产生裂缝，病部表面布满黑色小粒点，当空气潮湿时，从中涌出淡黄的孢子角。

2. 侵染循环 对梨树腐烂病的侵染循环，尚未进行系统的研究。根据苹果黑斑病的侵染循环推断，以菌丝体、分生孢子器及子囊壳在枝干病部越冬。此病在春天盛发，秋季发生较轻，夏季基本不发展。

3. 发病条件

（1）栽培条件 土壤肥沃、有机质含量高、合理灌溉，梨树生长较好，一般抗病能力强，不易发病，反之，梨树抗病力差，易感病。

（2）树龄 幼树虽然能受害，但受害较轻，七、八年以上的结果树及老树发病较重。栽培管理水平低，方法不当，造成树势衰弱，是发病的主要诱因。

(3) 枝干部位　病斑以在第一次及第二次分枝的粗干上发生为多，主干及小枝则较少受害。病斑一般多在西南方向，并且多数在枝干向阳一面。树干分叉的地方也是容易发病的部位。

(4) 品种　种与品种间存在着抗病性的差异，如西洋梨发病较重，中国梨品种如砀山酥梨、黄梨、面梨等次之，而京白梨、秋白梨、慈梨和鸭梨及日本梨系统的二十世纪很少发病。

4. 防治方法

(1) 加强栽培管理　多施有机肥，进行春灌，防止干旱；合理修剪，弱枝、弱树减少留果。实行合理负担，严格控制大小年结果现象；搞好病斑清除，恢复病树树势。做到氮、磷、钾肥合理施用，防止春旱和夏季积水。雨水多时控制绿肥高度，降低梨园近地面处的空气温度。保证全园通风透光，每平方米投影面积留枝量50～90个。5月中下旬严格疏花疏果。

(2) 清洁梨园　梨园冬季和夏季修剪过程中，注意清除枯死枝干、病枝、死桩、断枝等，集中烧毁或者搬离梨园，不能丢弃在田间或堆放在梨园附近，以减少病源。

(3) 病斑治疗　坚持春秋两季突击治及常年不懈随时治，坚持“治早”与“治小”。彻底刮除病斑，并应刮掉病斑边缘宽0.5厘米的健皮。病疤要涂抹1～2次杀菌剂，如40%福美砷可湿性粉剂50倍液、50%退菌特可湿性粉剂50倍液或者10°Be石硫合剂。

(4) 药剂防治　可以利用40%福美砷可湿性粉剂50倍液，于6月下旬和11月上旬两次涂干，主要是主干及基部主枝，注意在施药前，按照一般防治要求刮除病斑，以及表层溃疡病斑、粗皮、粗皮下干斑，并剪除病枝和干桩等。

(5) 防治其他病虫害　加强树干害虫的防治，提高树势，保证植株健壮生长和避免伤害。同时注意防治叶斑病、红蜘蛛等易于造成落叶的病虫害，也是减轻腐烂病发生的重要措施。

七、梨褐斑病

梨褐斑病又称斑枯病、白星病。黑龙江、吉林、辽宁、山东、河南、陕西、四川、云南、广西、广东、湖南、安徽、江苏、浙江等省有分布，在南方梨区发生比较普遍。

1. 症状 梨褐斑病仅为害梨叶片。最初在叶片上发生褐色圆形或近圆形病斑，以后逐渐扩大，严重时数个病斑相互愈合形成不规则的褐色病斑，后期病斑中间呈灰白色，密生黑色小点，即病菌子囊果，病斑周围呈褐色，最外层为黑色。

2. 侵染循环 病菌以分生孢子器及子囊果在落叶的病斑上越冬。翌年春季经风雨传播扩散分生孢子或子囊孢子。孢子沾附在新叶上，一般4月中旬开始侵入叶片，进行初次侵染。然后形成分生孢子器，产生分生孢子，经风雨传播，进行再次侵染。一般5月中下旬发病严重，并开始落叶，7月中下旬落叶最多，一年中因多次侵染，可陆续引发叶片发病并落叶。

3. 发病条件 在5～7月间，天气多雨、潮湿，发病重。树势衰弱、排水不良的梨园，发病也多。病害一般在4月中旬开始发生，5月中、下旬盛发。发病严重的，在5月下旬就开始落叶，7月中、下旬落叶最严重。

4. 防治方法

（1）*做好清园工作* 冬季扫除落叶，集中烧毁，或深埋土中，因病菌主要在落叶上过冬。因而，清除园内落叶以杜绝病源，这是防治褐斑病极为重要而又经济易办的措施。

（2）*加强梨园管理* 在梨树丰产后，应增施肥料，促使树势生长健壮，提高抗病力。合理灌溉，保证梨树的正常生长。雨后注意园内排水，以降低梨园湿度，不利于病害发展蔓延。

（3）*喷药保护* 早春在梨树发芽前，约3月中、下旬，结合梨锈病防治，喷洒0.6%石灰倍量式波尔多液。落花后，当病害初发时，约4月中、下旬喷射第二次药，药剂及浓度同上。在天气多雨，有利于病害盛发的年份，可于5月上、中旬再喷洒0.6%波尔多液一次。除波尔多液外还可用75%百菌清可湿性粉剂600～1 000倍液，或80%代森锌可湿性粉剂500～700倍液。防治褐斑病，一般喷药2～3次，即能达到良好的防治效果，其中喷药重点为落花后的一次。

第二节　梨树虫害

一、中国梨木虱

属同翅目，木虱科。国内各梨产区均有分布，尤以东北、华北、西北等北方梨区发生普遍，是当前梨树的最主要害虫之一。主要寄主为梨树，以成、若虫刺吸芽、叶、嫩枝梢汁液进行直接为害，分泌黏液，招致杂菌，对叶片造成间接为害、出现褐斑而造成早期落叶，同时污染果实，影响品质。

1. 形态特征　成虫分冬型和夏型，冬型体长2.8～3.2毫米，体褐至暗褐色，具黑褐色斑纹。夏型成虫体略小，体长2.3～2.9毫米，黄绿色，翅上无斑纹，复眼黑色，胸背有4条红黄色或黄色纵条纹。卵长圆形，初时淡黄白色，后黄色，一端尖细，具一细柄。若虫扁椭圆形，浅绿色，复眼红色，翅芽淡黄色，突出在身体两侧。3龄以后呈扁圆形，绿褐色，翅芽长圆形。

2. 发生规律　在辽宁一年发生3～4代；河北、山东4～6代，在冀中南部地区一年发生6～7代，世代重叠。各地均以冬型成虫在树皮缝、落叶、杂草及土缝中越冬。越冬代产卵于一年生枝梢、果台、短果枝叶痕及芽腋间，以短果枝叶痕处较多，干旱年份或季节发生较重。雨季到来，由于梨木虱分泌的黏液招致杂菌，在相对湿度大于65%时，发生霉变。致使叶片产生褐斑并坏死，造成严重间接为害，引起早期落叶。

3. 防治方法

(1) 彻底清除树的枯枝落叶杂草，刮老树皮，并将刮下的树皮与枯枝落叶、杂草等物品集中烧毁。严冬浇冻水，消灭越冬成虫。

(2) 早春全树喷石灰水，3 月上旬用 30～40 倍石灰水+1%食盐，全树喷白，要仔细周到，使全树为石灰粉所覆盖。观察发现，成虫在喷白树上产卵的部位是一些附着白灰很少的短枝，而在喷白效果好的树上几乎寻找不到虫卵。在 3 月中旬越冬成虫出蛰盛期喷洒菊酯类药剂 1 500～2 000 倍液，控制出蛰成虫基数。

(3) 萌芽时，树上喷洒 0.2%的苦参碱水剂 100～300 倍液或者 40%硫酸烟碱 800～1 000 倍液，以控制出蛰成虫基数。在梨落花 95%左右，即第一代若虫较集中孵化期，也就是梨木虱防治的最关键时期。选用 27%水胺氰 1 200～1 500 倍液，20%螨克（双甲脒）1 200～1 500 倍液，10%高渗双甲脒 1 500 倍液，10%吡虫啉 4 000～6 000 倍液或用 5%吡虫啉乳油2 000～3 000倍液喷雾防治。在梨树花芽膨大期用 95%机油乳剂 80～100 倍液喷雾防治梨木虱越冬成虫和卵。发生严重梨园，可在上述药剂及浓度下，加入助杀或消解灵 1 000 倍液等助剂，以提高药效。

(4) 麦收前后，天气干旱，是梨木虱猖獗为害期，集中为害叶片背面，产生大量黏液，多数农药对其杀伤力降低，难于获得理想的防治效果。用 50 倍石灰乳对梨木虱进行防治，石灰乳为碱性、对若虫分泌的黏液有溶解作用，从而使石灰乳能接触到虫体而产生杀伤作用，另外石灰乳有很强的黏着力，对若虫有黏着及封闭气孔作用，使其不能活动窒息而死。

(5) 生物防治。梨木虱的天敌主要有寄生蜂、花蝽、瓢虫、草蛉、蓟马等，应尽量保护和利用。

二、梨小食心虫

属鳞翅目，卷蛾科，是梨树的主要害虫。在我国各梨产区都有发生，且危害严重。梨小食心虫主要为害梨、苹果、桃、杏、樱桃等果树，尤其是桃和梨毗连的梨园发生更加严重。幼虫从梨萼、梗洼处蛀入，直达果心，高湿情况下蛀孔周围常变黑腐烂，俗称“黑膏药”。其为害性因分布地区、树种和栽植情况而异。北方果区，单一栽植的苹果园发生少，为害轻，属偶发性害虫，梨、桃园发生多为害重，是常发性害虫。但在与桃、李等果树混栽的苹果园受害也较重。在中部和西南果区，无论是单一还是混栽的苹果、梨、桃园均受害较重。

1. 形态特征 初孵幼虫白色，体长约 1.5 毫米，头和前胸背板褐色。老熟幼虫淡红至桃红色，体长 10～14 毫米，腹部橙黄，头褐色，前胸背板黄白色，透明，体背桃红色。成虫为小型蛾，体长 6～7 毫米，翅展 11～14 毫米，体暗褐或灰褐色。触角丝状，下唇须灰褐上翘。前翅前缘有 7 组白色钩状纹；翅面上有许多白色鳞片，中央近外缘 1/3 处有 1 白色斑点，后缘有一些条纹，近外缘处有 10 个黑色小斑，是其显著特征，后翅浅茶褐色，腹部灰褐色。卵扁圆形，中央隆起，周缘扁平，淡黄白色，半透明，表面有褶皱。蛹体长约 7.0 毫米，黄褐色，腹部第 3～7 节背面，每节有 2 排短刺。茧丝质白色，长椭圆形，长约 10 毫米。

2. 发生规律 梨小食心虫是多世代害虫，我国各地发生世代数有较大差异。在辽宁和华北地区 1 年发生 3～4 代，在黄河故道地区发生 4～5 代，四川发生 5～6 代，在江西和广西可以发生 6～7 代。梨小食心虫有转主为害习性。在发生 3～4 代地区，第一、二代幼虫主要为害桃梢，第三、四代幼虫主要为害梨果。无论发生几代，均以老熟幼虫在枝干裂皮缝隙、树洞和主干根颈周围的土中结茧越冬，第二年春季4月～5月中旬开始化蛹，直到6月中旬，发生期很不整齐，造成世代重叠，完成1代需40天左右。在华北地区为害梨果主要是三、四代幼虫。在7月中、下旬，即梨果糖分转化、果实迅速膨大期，蛀果直至采收。成虫多产卵在果面，每雌虫产卵70～80粒，成虫对糖醋液有趋性。

3. 防治方法 以采取农业、人工和药剂保果为主的治理措施。

（1）在冬季或春季果树发芽前，彻底刮除树上粗裂、翘皮，扫净树下落叶集中烧毁。同时挖树盘翻压土，消灭越冬虫源。

（2）梨小食心虫的第一、二代在桃、李树上发生为害，主要为害嫩梢和幼果。及时摘除虫梢、虫果，不但减轻桃、李树受害，还可以压低后期往苹果、梨上转移的虫量。摘虫梢时要摘新萎蔫的虫梢，一般每周进行1次。

（3）受害严重的梨园于5月份进行梨果套袋，防止成虫在果实上产卵。

（4）在建立梨园时，周围及园内尽可能的避免栽植桃、杏、李、樱桃等果树。

（4）成虫发生期利用梨小食心虫性诱剂诱杀成虫或迷向，同时进行测报；还可用黑光灯，糖醋液等诱杀成虫，喷药适期在成虫高峰后4天。

（5）生物防治。于2、3代成虫产卵期各放蜂4次，第四代再放蜂2次，每次每667米^{2}放蜂量2.1万头效果较好。

（6）药剂防治。药剂种类及浓度：30%桃小灵1 500～2 000倍液，2.5%功夫菊酯2 500～3 000倍液，25%灭幼脲3号2 000～2 500倍液，50%辛硫磷乳油1 000～1 500倍液喷雾防治，50%马拉硫磷乳油1 000倍液喷雾防治，20%除虫脲4 000～6 000倍液，40%硫酸烟碱800～1 000倍液（在药液中加入0.2%～0.3%的中性皂，可以提高药效）等药剂喷雾防治。一般根据虫情，树上交替施药2～3次，间隔10～15天左右。

三、梨大食心虫

又名梨云翅斑螟蛾，俗称“吊死鬼”、“黑钻眼”，属鳞翅目，螟蛾科，是梨树的主要害虫之一。我国各梨产区均普遍发生。以幼虫为害梨的花芽、花序和幼果，有转移为害习性，一年2～3代，以小幼虫在芽内结茧越冬。被害芽鳞片松散开裂，受害幼果干枯脱落，但有丝悬吊于果台上。

1. 形态特征　幼虫暗红或暗绿色，老熟幼虫体长17～20毫米；头部为褐色；身体背面为暗红褐色至暗绿色，腹面色稍浅。成虫体长10～12毫米，翅展24～26毫米，全体暗灰褐色，前翅具有紫色光泽，后翅灰褐色。初产卵黄白色，后变为红褐色，长约1毫米，椭圆形稍扁平。蛹体长约12毫米，粗短，初为碧绿色，后变为黄褐色。

2. 发生规律　梨大食心虫在东北每年发生1代，在华北地区1年发生2代，华中地区2～3代，均以幼虫在芽内结茧越冬。在1年发生2代以上的地区，世代间有重叠现象。春季花芽膨大期转芽为害，幼果期转果为害，一般为害1～3个芽，2～3个果，幼虫从芽基部蛀入为害，从幼果顶部蛀入为害。蛀孔较大，常有大量虫粪排出孔外，幼虫老熟后在最后为害的果内化蛹，化蛹前先作羽化孔，蛹期约10天。以2代区为例，成虫6月上旬为羽化盛期，每雌虫产卵约200粒，卵期5～7天，卵初产为乳黄色，近孵化时为粉红色，第一代幼虫为害期在6～8月间，蛀果或蛀芽为害。第二代成虫在8～9月羽化，多产卵于芽缝内。幼虫8～9月蛀芽到髓心部结茧过冬。

3. 防治方法

（1）人工防治

①剪除虫芽　梨树发芽前，结合修剪管理，彻底剪除或摘掉

虫芽；

②摘除有虫花簇　应彻底摘除有虫花簇或捏死里面的幼虫；

③摘除虫果　5月底，6月初羽化之前摘除虫果，减小后期梨果受害程度；

④套袋防蛀　果实套袋以保护优质梨；

⑤诱杀成虫　成虫羽化期利用黑光灯等诱杀成虫。

（2）药剂防治　梨大食心虫发生为害较重梨园，越冬虫芽率达3%～5%时，于梨芽开绽期及时喷布允许使用的有机磷药剂或者40%硫酸烟碱800～1 000倍液（在药液中加入0.2%～0.3%的中性皂，可以提高药效），对杀灭已转芽幼虫效果最佳，这次药重点喷芽，使芽全部着药。在发生2～3代区，重点加强害果期防治。

（3）保护利用天敌　将虫果集中到纱网内，待寄生蜂、寄生蝇出现后，放回梨园。

四、梨 尺 蠖

又名梨步曲、弓腰虫等，属鳞翅目，尺蛾科。分布于河北、山西、河南、安徽、山东等地，以幼虫为害梨树的花、叶和幼果，严重时可将梨叶全部吃光，受害树当年不能结果，第二年也结果很少。

1. 形态特征　卵圆或椭圆形，长径1.2毫米左右，短径约0.7毫米，表面光滑，乳白色至黄褐色。老熟幼虫体长约29毫米，头部黑褐色，胸部灰黑色，胸足褐色，幼虫身体颜色随龄期的增加而加深，全身色纹逐渐明显并有规则。此外，幼虫因取食植物的不同而有变异。成虫雌雄异型，雄虫有翅，体长12～14毫米，翅展32～35毫米，全体灰黑色，触角羽毛状，复眼球形，灰黑色，前翅灰褐色，前缘有灰褐色微毛，后翅淡灰褐色，翅边缘多黑灰色长毛。雌虫无翅，体长10～15毫米，全体灰至灰褐色，复眼球，形灰色，触角丝状深灰色，头胸部密布粗鳞，腹部略呈圆锥形密被鳞毛，末端有乳黄色交尾器露出尾部。蛹体长为12～15毫米，红褐色，腹端尖细。

2. 发生规律　梨尺蠖1年发生1代，以蛹在梨园内土中越冬，次年2～3月越冬蛹羽化为成虫，羽化后不久即可交尾产卵，卵多成堆产于枝干向阳面的粗皮缝及枝杈皱缝内，少量产于土块或土缝中。幼虫孵化后分散到树冠上为害花器、幼果和芽叶，受振动可吐丝下垂或坠地。5月上旬开始老熟，多数沿树干爬行下树，有少量吐丝下垂落地。在树干周围入土化蛹越冬。

3. 防治方法

（1）人工措施

①树下挖蛹　成虫羽化前结合挖树盘挖蛹，重点为树冠下。

②阻止雌蛾上树产卵　在梨树下堆50厘米高的砂土堆，拍实打光，阻止雌蛾上树；在树干根颈部绑塑料膜，同时在塑料膜周围撒毒土，效果也很明显；可以在树干根颈部涂抹粘虫胶，宽约20厘米，效果十分明显。

③振树杀虫　利用幼虫受振动吐丝下垂的特性，振树杀虫。

（2）在幼虫发生期进行药剂防治，药剂种类及浓度　25%灭幼脲3号2 000倍液，20%除虫脲5 000～8 000倍液，80%敌敌畏1 000～1 500倍液，2.5%溴氰菊酯1 500～2 000倍液，20%速灭杀丁1 500～2 000倍液，35%赛丹2 000～3 000倍液等。

五、梨星毛虫

又名梨叶斑蛾、梨透黑羽，幼虫俗称梨狗子、饺子虫等，属于鳞翅目，斑蛾科，是梨树的主要食叶害虫。以幼虫为害花芽和叶片，除为害梨树外，还为害苹果、海棠、桃、杏、樱桃和沙果等果树。我国梨产区普遍发生，虫口密度大时，在梨树发芽时常将梨芽吃光，致使梨树不能展叶，造成当年第二次开花。

1. 形态特征 卵扁平椭圆形，长径0.7～0.8毫米，新鲜卵白色，孵化前为紫褐色，数十粒至百粒以上单层排列成块。老熟幼虫体长15～20毫米，头及胸足黑褐色，背白，腹黄，头尾细中段粗。中胸至腹部8节，每节有白毛簇6个和黑色圆斑2个。蛹体长12毫米，初为黄白色，近羽化时变为黑色。成虫体长10～12毫米，体黑色，翅黑色，半透明，雌蛾触角锯齿状，雄蛾触角羽状。

2. 发生规律 东北、华北地区1年发生1代；而在河南西部和陕西关中地区1年发生2代。以幼龄幼虫潜伏在树干及主枝的粗皮裂缝下结茧越冬；也有低龄幼虫钻入花芽中越冬。翌春梨花芽萌动时出蛰为害，出蛰不整齐，于4月中旬进入盛期，为害花蕾。5月上、中旬是为害叶盛期，大龄幼虫缀叶成饺子状，居中食取叶肉，5月中、下旬于包叶内结茧化蛹，6月中旬羽化，中、下旬进入盛期。成虫多产卵于叶背，6月下旬开始孵化，7月上旬进入盛期，而后进入越冬。

3. 防治措施

（1）幼虫越冬前树干绑草把诱集。

（2）越冬期刮除老树皮，尤其根茎处的粗皮，集中处理消灭越冬幼虫，减少虫源。

（3）摘除包叶中的幼虫或蛹，或清晨摇动树枝，振落消灭成虫。

（4）花芽开绽吐蕾期药剂防治，可选用药剂种类及浓度：80%敌敌畏乳油1 000倍液，20%速灭杀丁1 500～2 000倍液，20%杀灭菊酯1 500～2 000倍液。开花前连喷2次，一般可控制其为害。成虫盛发期，可喷1次速灭杀丁或功夫菊酯或溴氰菊酯2 000倍液效果都很好。BT乳剂在低龄幼虫期使用，防治效果较好，使用500～1 000倍液均匀喷雾。灭幼脲对低龄害虫有特效，在低龄幼虫期，用25%的灭幼脲3号1 500～2 000倍液防治。

六、黄刺蛾

属鳞翅目，刺蛾科。幼虫俗称洋辣子、八角等。为害多种果树和林木，枣、梨、柿、苹果、核桃、山楂、枫、杨、榆、法国梧桐等。以幼虫食叶，初龄幼虫啮食叶肉网状，幼虫长大后把叶食成缺刻，严重时吃成光杆，致使秋季二次发芽，影响树势生长和发育。

1. 形态特征 卵扁椭圆形，黄白色，长约1.5毫米，常数十粒排在一起，表面具线纹，后变为黑褐色。老熟幼虫体长约25毫米，身体较肥大呈长方形，黄绿色，背面有1个前后宽，中间窄的紫褐色斑，各体节有4个枝刺，胸部上面有6个，尾部有2个较大枝刺，腹足退化、胸足极小。蛹体长约13毫米，黄褐色，近椭圆形。茧坚硬，其上有黑褐色纵纹。雌成虫体长13～16毫米，翅展约34毫米，雄成虫体略小。体黄至黄褐色，鳞毛较厚而密，前翅外自顶角向后缘基部与端部斜伸2条棕褐色细线。在翅的黄色部分有2个深褐色斑点，1个在后缘处，1个在翅中部，翅淡黄褐色，边缘色较深。

2. 发生规律 黄刺蛾在东北、河北省北部1年发生1代，在河南、四川陕西、河北省中南部1年发生2代。蛹在枝干上的茧内越冬，发生1代区成虫于6月中旬出现，有趋光性，产卵于叶背，在7月中旬至8月下旬发生为害。发生2代区第一代幼虫于6月中旬孵化，7月上旬大量为害，第二代幼虫于7月底开始为害，8月上旬为害最重，8月下旬第二代幼虫老熟，在树枝上结茧越冬。

3. 防治方法

（1）人工措施 秋冬季摘虫茧，放入纱网内，网孔以黄蛾成虫不能逃出为准，保护和引放寄生蜂；幼虫群集为害时，摘除虫叶，消灭幼虫；在成虫发生期，利用灯光诱杀成虫。

(2) 幼虫发生期选用 80%敌敌畏 1 200 倍液，20%速灭杀丁 1 500～2 000 倍液，20%除虫脲 4 000～6 000 倍液、35%赛丹 1 500～2 000 倍液，50%辛硫磷乳油 1 000～1 500 倍液，50%马拉硫磷乳油 1 000 倍液等药剂进行喷雾防治。BT 乳剂在低龄幼虫期使用，防治效果较好，使用 500～1 000 倍液均匀喷雾。灭幼脲对低龄害虫有特效，在低龄幼虫期，用 25%的灭幼脲 3 号 1 500～2 000 倍液防治效果很好。

七、梨二叉蚜

梨二叉蚜简称梨蚜，俗称天蚰子、蚜虫、卷叶蚜等，属同翅目，蚜科，是梨树的主要害虫。全国各梨区都有分布，以辽宁、河北、山东和山西等梨区发生普遍，个别梨园受害最严重。为害梨叶时，群集叶面上吸食，致使被害叶由两侧面纵卷成筒状，早期脱落，影响产量与花芽分化，削弱树势，且易招致梨木虱潜入。幼树受害后，影响树冠形成并推迟结果。

1. 形态特征 无翅胎生雌成蚜体长约 2 毫米，绿、暗绿或黄褐色，常疏被白色蜡粉，头部额瘤不明显，腹管长大黑色，圆筒形状，末端收缩，尾片圆锥形。有翅胎生雌成蚜体长 1.5 毫米左右，翅展约 5 毫米，头胸部黑色，腹部绿，额瘤微突出，口器黑色，复眼红色，前翅中脉分二叉，故称二叉蚜。卵椭圆形，长约 0.7 毫米，黑色有光泽。若蚜与无翅胎生雌蚜相似，体小，有翅若蚜胸部较大，具翅芽。

2. 发生规律 1 年发生约 10～20 代。以卵在梨树的芽腋、果台、枝杈等的皱皮裂缝内越冬。翌年梨花萌动时孵化为若蚜，群集在露白的芽上为害，展叶期集中到嫩叶正面为害并繁殖，致使叶片纵卷成筒状，到落花后半月左右开始出现有翅蚜，5～6 月间转移到其他寄主上为害，到秋季 9～10 月间产生有翅蚜，由夏寄主返回梨树上为害，11 月份产生有性蚜，交尾产卵于枝条皮缝和芽腋间越冬。

3. 防治方法

（1）人工防治

①摘除被害叶　在发生数量不太大时，早期摘除被害叶，集中处理，消灭蚜虫。

②刮皮杀卵　冬春季节梨树休眠期刮除粗翘皮，并清除树体上的残附物，消灭梨二叉蚜越冬卵，梨树萌动前，在树上可喷5%柴油乳剂杀卵。

（2）抓好开花前喷药防治　此期越冬卵全部孵化、而又未造成卷叶时应及时喷药，药剂种类及浓度为10%吡虫啉3 000～5 000倍液，0.2%苦参碱水剂100～300倍液，40%硫酸烟碱乳油1 000～1 500倍液，20%速灭杀丁1 000～1 500倍液等。

（3）保护利用天敌　蚜虫天敌种类很多，当虫口密度较小、没必要喷药时，保护利用天敌的作用很明显。如在蚜虫发生期，田间释放草蛉、异色瓢虫和食蚜蝇。

八、黄褐天幕毛虫

又名天幕枯叶蛾、梅毛虫，俗称“顶针虫”，属鳞翅目，枯叶蛾科。为害除梨、梅、桃、杏、李、樱桃、苹果等果树外，还为害杨、柳、榆、栎、柞、落叶松等树种，是蚕业、果树、林业的大害虫。幼虫为害嫩芽、新叶及叶片，并吐丝结网张幕，幼虫老熟后分散活动。随着虫龄的增长，食量也逐渐加大，发生严重时，树叶被食殆尽。

1. 形态特征　卵圆筒形，灰白色，直径0.3毫米，数百粒卵围绕枝条排成整齐一圈状似顶针，过冬后为深灰色。幼虫共5龄，老熟幼虫体长50～55毫米，头部暗黑色，生有很多淡褐色细毛，散布着黑点，背线黄白色，腹面暗灰色。蛹体长13～25毫米，黄褐色，体表有黄色细毛。茧黄白色，棱形，双层。成虫雌蛾体长约20毫米，体褐色。前翅中部有两条深褐色横线，两横线中间为深褐色宽带；雄蛾体长约16毫米，体黄褐色，两横线中间色泽稍深，形成一宽带。

2. 生活史及习性 1年发生1代，以完成胚胎发育的幼虫在卵壳中越冬。翌年4月中、下旬，梨树开花时幼虫从卵壳中钻出，先在卵壳附近为害嫩叶，夜间出来取食为害。幼虫多在暖和的晴天活动取食，幼虫老熟后，5月中、下旬陆续老熟于叶间杂草丛中结茧化蛹，茧黄色、较厚。5月末至6月上旬羽化为成虫，成虫盛发期为6月中旬左右。卵多产于被害树的当年生小枝条梢端，卵经过胚胎发育后以幼虫在卵壳中越冬。

3. 防治方法

（1）人工防治　结合梨树冬季修剪彻底剪除在枝梢上越冬的卵块；在幼虫发生为害期，经常检查，发现幼虫群集天幕为害时及时消灭；后期幼虫若以分散为害，可以摇树振落予以消灭。

（2）药剂防治　大面积发生、虫口密度又大时，可喷施50%杀螟松1 500倍液，在幼虫3龄前用50%辛硫磷乳油1 000～1 500倍液喷雾防治，50%马拉硫磷乳油1 000倍液喷雾防治，50%敌敌畏乳油1 000倍液喷雾防治等，也可用25%功夫乳油3 000倍液喷雾防治，毒杀幼虫，均有良好效果。

九、梨果象甲

又名梨实象虫、朝鲜梨象甲、梨虎，属鞘翅目，象甲科。在我国南、北果区均有分布，在吉林、辽宁、河北、山东、山西、河南等省均有发生。为害梨、苹果、花红、山楂、杏、桃等。成虫和幼虫均可为害果实。虫啃食果皮和果肉造成果面粗糙，俗称“麻脸”，并于产卵前咬伤产卵果的果柄，造成落果。幼虫在果内蛀食，使受害果皱缩。

1. 形态特征 成虫体长12～14毫米，暗紫铜色，头部全长与鞘翅纵长相似，雄虫头部先端向下弯曲；雌虫头部较直。卵椭圆形，长1.5毫米左右，表面光滑，初乳白色，渐变乳黄色。幼虫体长12毫米左右，乳白色，体表多横皱，略向腹面弯曲，头部小，大部分缩入前胸内。蛹体长9毫米左右，初乳白色，渐变黄褐至暗褐色，外型与成虫相似，体表被细毛。

2. 生活史及习性　绝大多数一年发生一代，以成虫潜伏在蛹室内越冬。少数二年一代，以幼虫越冬。越冬成虫在梨树开花时开始出土，梨果拇指大时出土最多，以5月下旬至6月中旬为盛期。出土后的成虫飞到树上，咬食果实的果皮，约经1～2周之后开始产卵。6月中下旬至7月上中旬为产卵盛期，此期落果较为严重。成虫寿命很长，产卵期可达2个月，每天可产卵1～6粒，每雌平均产卵70～80粒。孵化的幼虫即在果内蛀食，被害果多在产卵后的10天左右脱落，幼虫在落果中继续食害，约经20多天，幼虫老熟后脱果入土，7月上旬至8月中旬是幼虫脱果入土最多的时期。在3～7厘米深处作土室化蛹。8月中旬至10月上旬为化蛹期，羽化出的成虫当年不出土，即在蛹室越冬。梨品种之间受害程度不同，香水梨受害最重，鸭梨、白梨稍轻。

3. 防治方法

（1）药剂防治　在常年虫害发生严重的梨园，越冬成虫出土始期，尤其雨后，树上防治用80%敌敌畏乳油1 000倍液，隔10～15天再喷1次，树下防治用50%辛硫磷乳油喷洒树下。

（2）人工防治　利用成虫假死习性，清晨在树下铺布单或塑料薄膜，捕杀振落成虫。此法应着重在成虫交尾、产卵之前和雨后成虫出土比较集中时进行。

第十一章

科学采收，规范采后处理技术

一、适期采收

梨果采收时期的早晚，对产量、品质和耐贮性影响很大。采收过早，果实未充分成熟，果个小、品质低劣，不耐贮藏；采收过晚，成熟度过高，果肉衰老加快，不适合长途运输及长期贮藏。果实的采收时期主要根据市场需求、果实的成熟度及果实的用途来确定，以达到最好的效果。通常根据果皮颜色变化、果肉颜色、味及种子颜色判断果实成熟度。绿色品种的果皮当绿色逐渐减弱，变成绿白色（如砀山酥梨）或绿黄色（如鸭梨）、果实中的种子变褐、果肉具有芳香、果梗与果台容易脱离时，表明果实已经成熟。黄色品种和褐色品种的梨，如果表面铜绿色或绿褐色的底色出现黄色或黄褐色，果梗与果肉容易脱落时，表示已到采收时期；如果果面变成浓黄色或半透明黄色，则表示果实已经过熟。梨果的成熟度分为三种：

1. 可采成熟度　果实的个体发育已经完成、已基本成熟，但果肉较硬、含糖低、淀粉含量较高，该品种所应有的香气、风味等尚未完全表现出来，品质较差。适宜于长期存贮。适于贮运、罐藏、加工蜜饯等。

2. 食用成熟度　果实已达成熟，果肉变松脆、含糖量增加、淀粉含量下降，且表现出应有的风味、香气等，食用品质达到最佳。适宜于上市销售或短期存贮。作为鲜食或制果汁、果酒的原料，以此时采收为宜。

3. 生理成熟度　果实从生理上表现出充分成熟，果皮变黄、果肉变软、发“糠”，品质下降，食用和商品价值降低或失去。一般作为采种用。

适宜的采收期不应超过食用成熟度，以免造成损失。常用果实成熟度的鉴定方法有：观察果皮颜色，记载果实硬度以及根据果实发育天数推测等方法，其中以果实发育天数来推测成熟度比较实用。因为第一，每一品种，在相同的环境条件下均有固定的发育时期和成熟期，只要每年认真记载，再结合当年的物候期早晚即可正确断定成熟期。另外，观察种皮颜色及品评果实风味等，亦是行之有效的果实成熟度鉴定方法，如鸭梨的发育天数为150 天，一般于河北省中南部 9 月中旬果皮由绿变为绿黄，果肉疏松，风味酸甜适口，即可采摘；黄冠的发育天数为 120 天左右，至 8 月中旬，酸甜适口的风味和蜜香气已表现出来，即可采收上市。不同梨品种采收国家品质理化指标见表 11-1。

表 11-1　不同梨品种采收国家品质理化指标（GB10650-89）

品种	果实硬度（千克/厘米^2）	可溶性固形物（%）	总酸量（%）	固酸比*
鸭梨	4.0～5.5	1.0	0.16	62.5∶1
砀山酥梨	4.0～5.56	11.0	0.16	110∶1
茌梨	6.5～9.0	11.0	0.10	110∶1
雪花梨	7.0～9.0	11.0	0.12	92∶1
香水梨	6.0～7.5	12.0	0.25	48∶1
长把梨	7.0～9.0	10.5	0.35	30∶1
秋白梨	11.0～12.0	11.2	0.20	56∶1
早酥梨	7.1～7.8	11.0	0.24	46∶1
新世纪梨	5.5～7.0	11.5	0.16	72∶1
库尔勒香梨	5.5～7.5	11.5	0.10	115∶1

*　固酸比＝可溶性固形物/总酸量

虽然果实的采收在一定程度上取决于市场的需求，但亦不可因利而“毁巢”。因为一个品牌的树立是相当不易的，因采收期不当而招致消费者对该品种、品牌的误解是得不偿失的，由此造成的损失也是无可挽回的。所以生产中一定要做到适时采收，尤其避免早采——因其风味、品质都相去甚远，极易对畅销品种的信誉造成负面影响。

例如黄金梨，华北地区黄金梨适宜采收期在9月20～30日。此时果实已发育成熟，营养物质积累充分，耐贮性最好。早采（9月10日）梨果在整个贮藏期间腐烂率高，果皮极易褐变。过晚（10月上旬）采收，贮藏中褐斑病发生严重（为18.94%）。另外，在采收过程中要特别注意避免碰伤。

二、采收方法

梨果肉质脆嫩，果皮薄，不抗挤压和摩擦，一般鲜食梨果均用人工采收的方法。采收前要准备好采收使用的工具，如采果篮、采果袋、采果梯、果筐或纸箱等并做好人员培训工作。果篮底及四周用软布及麻袋片铺好。盛果的筐篓，要铺垫薄草等软物。采收人员需剪短指甲，以防采摘时造成划伤、掐伤，而影响正常的营运和贮藏；在梨园内由行间运抵选果场应以塑料周转箱为宜；采果用的篮子，尤其是竹编篮须内衬一层布或薄海绵以防扎伤、划伤果实；为减轻劳动强度、增加工作效益，可于篮上固定一个铁丝钩，作业时挂于主枝或侧枝上即可。采收从露水消散后的上午直至傍晚均可进行，但在没有进行套袋的梨园，则需避开中午的高温时段。

采收时，应按“先外后内、先上后下”的原则，顺序采收，否则易因人员、工具的碰撞而造成果实伤害。正确的采收方法是：以手托住果实，食指捏住果柄，轻轻上抬，使果柄与果台自然分离。采下的果实要求果柄完整，且不可带有残余果台。切忌“生拉硬拽”，以免造成人为伤害。果实在转移过程中需轻拿轻放，一般以逐个拾取为宜，切忌倾倒、抛甩等现象，以保证果皮、果肉的完好。对成熟期不一致的品种可分期采收。

在某一品种适宜的采收期内，不同株间或同一株树树冠的不同部位的果实成熟度相差很大。因此应考虑分期分批采收。优先采收树冠外围和上层着色好的大果，后采内膛果、树冠下部果和小果。分期采收可使晚采的小果增大，色泽变佳，增加产量，提高果实品质。分期采收应掌握好成熟度和采收时间，以防果实成熟度不够或过熟，同时先采果时避免碰落留下的果实。

三、梨果采后处理

1. 洗果消毒 梨果采收后，由于有污垢、果面有农药残留等，既影响了美观，又危害人体健康；此外，梨果表面常附有各种细菌。因此，梨果采收后，上市前有必要进行洗果消毒。常用洗果方法如下：

（1）稀盐酸0.5%～1.5% 可以用作梨果洗果剂，能溶解铅、砒，但不易洗去油脂类污垢。如果用洗果机进行清洗还可能腐蚀洗果机，因而可以用人工清洗，戴上防酸胶皮手套，洗后再用清水冲洗，除掉残余酸液。

（2）稀盐酸1%加食盐1%，浸果5～6分钟 可以增加铅、砒的溶解度，同时由于液体密度加大，有利于果实上浮，便于清洗。

（3）高锰酸钾溶液0.1%或600毫克/升漂白粉 在常温下用此种溶液浸泡几分钟，再用清水冲洗，以除去化学药品残留。

普通常用的杀菌防病洗果剂为：①酸性洗果剂：如盐酸1%。②氧化溶液：如次氯酸钠3%可以杀真菌。③其他洗果剂：如硼砂3%～8%，醋酸铜1.5%，可以保护伤口，杀灭病菌。理想的洗果消毒剂，必须可溶于水，对果实无药害，不影响可食风味，对食用者无毒性残留，成本低廉。

2. 梨果打蜡 过去，美国、日本、意大利、澳大利亚等国家生产的梨果在出售前就都进行涂蜡处理，既提高了梨果品质，又增加了商品价值，现在此方法已在我国广泛应用。具体表现为：①减少了果实水分的蒸发，防止果皮皱缩，使梨果保持新鲜状态。②增加梨果表面光泽，美化外观，提高了商品价值。③由于减少了与空气的接触，降低了呼吸强度，可以使梨果保持硬度与品质，延长贮存期限。④可以保护果实，防止微生物污染，减少腐烂。

（1）*蜡的配方* 所用蜡是用天然或合成的树脂，如甘蔗蜡、巴西棕榈蜡、虫胶、石蜡、石油类为原料做成的。注意所用原料应根据生产梨果需要而定，必须选用生产绿色、无公害、有机梨果生产中及加工中允许使用的物质才行，否则会事与愿违。用作涂蜡原料的种类很多，不同国家使用的类型及配方也不一样，在生产中选用应当注意，因为有些蜡涂料中添加了防腐剂或者生长调节剂，这不符合绿色、无公害、有机食品生产的要求。

（2）*涂蜡方法* 梨果涂蜡可分为人工涂蜡与机械涂蜡两种。人工涂蜡，8 人一组每小时可涂果 7 500 千克左右，技术方法为：选槽长 200 厘米，宽 65 厘米，槽高 20 厘米，木槽倾斜度以果实能自然滚动为准，木槽槽内垫上 2 厘米厚的泡沫塑料。涂果前先用稀释的涂料将毛巾和泡沫塑料浸湿，将果实蘸上一薄层涂料液取出晒干即可。机械涂蜡速度较快，如美国机械公司生产的打蜡分级机每小时涂果 4～5 吨。

四、梨果分级

采后运至包装场的梨果先进行分拣，大体分出等级果和级外果（次果）。梨果分级应建立在科学管理、合理用药，果实农药残留达国家（或地方）标准，并且无病虫害及机械伤、果面无锈（或锈斑不超过某一界限值）的基础上。按规定，小果、病虫果（食心虫、黑星病等）、畸形果、划伤及刺伤果均不能入级。枝磨、叶磨及果面锈斑总面积以不超过1厘米^2（一级）和1/5（Ⅰ级）为限；碰压伤只允许有轻微一处，但面积不超过0.5厘米^2；无果柄的也是级外果，在剔除次果后再按大小分级。分级是使每个等级内的果实在果形、果个等方面保持一致的必要手段。只有通过认真分级才能适应国际市场的需求，同时也便于以质论价。否则同一箱内大小不一、形状各异、着色不整、就很难刺激消费，经济效益亦会随之降低。现在大部分梨区仍沿用传统的人工分级方式，人工分级方法有两种：一是目测法，凭人的视觉判断，按果实的颜色、大小将果实分级，此法因分级标准容易受操作人员心理因素的影响，偏差较大。二是用选果板分级，选果板上有一系列直径大小不同的孔，按果实等级规格依次将孔的直径增大。分级时，将果实送入孔中漏下即可，此法分级的果实，同一级别的果实大小基本一致，偏差较小。人工分级效率低，准确性较差，但能最大程度地减轻对果实的机械伤害。目前重量式选果机正逐渐为人们所认识，其优点是对果个大小分级准确率高，但不易对果形指标进行鉴别、分级。关于分级的标准各地对各品种均有不同的等级划分办法，如河北省将鸭梨分为60＃、70＃、96＃、112＃等级别，将雪花梨分成45＃、60＃、90＃等。具体分级时，参照各地或国家标准即可。

根据NY/T440—2001《梨外观等级标准》的要求，对于鲜梨的外观等级规格指标分为特级、一级、二级等三类，具体内容见表11-2。

表11-2　梨外观等级规格指标

项　目	特　等	一　等	二　等
基本要求	充分发育成熟，果实完整良好，新鲜洁净，无异味，无正常外来水分、刺伤、虫果及病害，果梗完整		
色泽	具有本品种成熟时应有的色泽		
单果重，g	梨主要品种的单果重等级要求见附表11-3		
果形	端正	比较端正	可有缺陷，但不得有畸形

（续）

项目		特等	一等	二等
果面缺陷[1)]	碰压伤	无	无	允许轻微碰压伤，面积小于0.5cm²
	磨伤	允许面积小于0.5cm² 轻微磨伤1处	允许轻微磨伤，面积不超过1.0 cm²	允许轻微磨伤，面积不超过2.0cm²
	果锈[2)]	允许轻微的果锈面积不超过0.5cm²	允许轻微果锈，面积不超过1.0 cm²	允许果锈，面积不超过2.0cm²
	水锈	允许轻微薄层，面积不超过0.5 cm²	允许轻微薄层，面积不超过1.0 cm²	允许薄层，面积不超过2.0cm²
	药害	无	允许轻微的薄层，面积不超过0.5 cm²	允许轻微薄层，面积不超过1.0cm²
	日灼	无	无	允许轻微日灼，面积不超过1.0cm²
	雹伤	无	无	允许轻微雹伤面积不超过0.4cm²
	虫伤	无	允许干枯虫伤。面积不超过0.1 cm²	允许干枯虫伤，面积不超过0.5cm²

1）果面缺陷，特等不得超过1项，一等不得超过2项，二等不得超过3项。

2）果锈为其品种特征的梨不受此限，但符合其品种特性。

由于不同品种的梨其果实大小不同，根据梨的大小不同可以将梨分为四类，如表11-3所示。不同品种的梨都有其各自的等级标准，根据各种品种梨的单果重量，将不同品种的梨分为三个等级，特等、一等、二等，如表11-4所示。

表 11-3　绿色食品梨的大小分类

类　别	举　　例
特大型果	苍溪雪梨、雪花梨、金华梨、茌梨等
大型果	鸭梨、酥梨、黄县长把梨、栖霞大香水梨、山东子母梨、宝珠梨、苹果梨、早酥梨、大冬果梨、巴梨、晚三吉梨等
中型果	黄梨、安梨、秋白梨、胎黄梨、鸭广梨、库尔勒香梨、菊水梨、新世纪梨等
小型果	绵梨、伏茄梨等

表 11-4　梨主要品种的单果重等级要求　　(g)

品种	特等	一等	二等	品种	特等	一等	二等
苍溪雪梨	≥550	≥460	≥370	鸭梨	≥220	≥180	≥140
金花梨	≥460	≥380	≥300	丰水梨	≥200	≥170	≥140
晚三吉梨	≥350	≥290	≥230	菊水梨	≥200	≥170	≥140
锦丰梨	≥340	≥280	≥220	黄花梨	≥190	≥160	≥130
五九香梨	≥320	≥270	≥220	秋白梨	≥170	≥140	≥110
酥梨	≥300	≥250	≥200	新水梨	≥160	≥130	≥100
茌梨	≥290	≥240	≥190	新世纪梨	≥160	≥130	≥100
早酥梨	≥290	≥240	≥190	锦香梨	≥160	≥130	≥100
苹果梨	≥270	≥230	≥190	京白梨	≥140	≥120	≥100
巴梨	≥260	≥220	≥180	库尔勒香梨	≥140	≥120	≥100
大冬果梨	≥260	≥220	≥180	大南果梨	≥140	≥120	≥100
红香酥梨	≥260	≥220	≥180	长把梨	≥130	≥110	≥90
八月红梨	≥260	≥220	≥180	安梨	≥130	≥110	≥90
雪花梨	≥250	≥210	≥170	大香水梨	≥120	≥100	≥80
幸水梨	≥230	≥190	≥150	南果梨	≥70	≥60	≥50

根据山东省梨果分级标准规定：大型果品种一级的直径（果实最大部位的直径）在 65 毫米以上，二级为 60 毫米以上；中型果品种一级为 59 毫米以上，二级 55 毫米以上；小型果品种一、二级均要在 50 毫米以上。出口的梨果全要达到一级要求，并按大小分别装箱。如莱阳茌梨把一等果分四级，一级每箱装 48 个，二级装 60 个，三级装 72 个，四级装 96 个。黄县长把梨属中型果，装箱出口分别为每箱装 60 个、72 个、96 个和 120 个四级。

日本现行的梨果实商品等级标准，要求果实充分成熟，色泽艳亮，外观美、整齐，特级果的果个应在平均单果重以上。同时，对病虫伤害、药害、日烧、果锈及果实生理病害的程度均做了基本要求（如表11-5）。

表11-5　梨果实外观品质标准

等级/项目	特级果	一级果	二级果
果个整齐度	果个整齐	果个整齐	果个整齐
果面光洁度	果面光洁	果面光洁	果面有轻度斑点
形状	端正	端正	基本端正
果锈	无	不明显	有少许果锈
日烧病	无	不明显	不明显
药害	无	无	无
病虫害	无	被害不深入果肉，不显著	被害不深入果肉，不显著
外伤	无刺伤、压伤、日烧伤、擦伤	无刺伤、压伤，允许有不明显的擦伤	无刺伤、压伤，允许有不明显的擦伤
其他缺点	无	不明显	不明显

五、梨果包装

包装是营销和贮运环节的开始，直接影响到梨园的收益。其总体要求为：具有减少因挤压、振动等对果实造成机械伤的作用，设计美观大方，利于吸引消费者，内部小环境有利果实的存贮。梨果包装分一般包装和精包装两种。一般包装采用条筐或纸箱，筐底垫草；内衬蒲包，把分好级的果实从筐底部摆放好，围圈排放，梨果彼此靠紧，一直装满至筐口使中部略高，用一蒲包上口拉合，盖上些干草，然后加盖封筐。外运时用绳捆扎果筐，装满后捆扎要紧，防止梨果在筐中滚动，形成碰压伤。果农常说"宁要梨淌水，不要梨打滚"，说明装满、靠紧、捆紧的重要性。

传统的条篓和大筐包装已不再适应当今市场的需求，而逐渐为各种纸箱替代。一般装箱时，箱底先垫一层瓦楞纸板，然后从底部排梨，一个靠一个排整齐，排完一层盖一纸板，每箱共排四层，箱口再盖一层纸板，最后封箱。箱的两端留有通气孔。而且在纸箱的设计方面，需考虑到不同国度、不同群体的消费习惯，设计、制造一些小包装，以满足市场多元化的需求。河北省、北京市等地设计的“黄冠梨”小礼品箱经于国内市场试销，取得了很好的刺激消费的效果。为保证梨果完好无损，要求纸箱轻便而坚固，能承受运输过程和贮藏中搬动、码垛的压力及温湿度变化的影响。每箱重量一般为 15～20 千克。精细包装时除容器底部、四周衬垫软物及分层垫纸板外，每个果实包一张纸；出口梨要套塑料网垫，这类内包装材料要求柔软而韧性强，无毒、无味，最好带有防病、保鲜功能，而且要成本低廉。包装箱类型和规格应根据使用和销售对象、市场要求设计定做。冷藏、远途运输及出口的包装箱要求较高。出口果箱应注意粘合剂要符合出口要求，外销包装的纸箱由纸盒、纸格、纸板等组成。根据不同品种梨果大小、等级，选择不同规格的纸箱。如我国传统出口鸭梨的包装箱，要求每箱净重 18 千克，每箱装鸭梨的个数有 60、72、80、96、112 个等。包装应在冷凉的环境条件下进行，避免风吹日晒和雨淋。出口的应在专门的包装车间进行。凡包装好的筐或箱都要在上口处标明等级和规格，防止运销过程中错乱，并注明品种、等级、净重、产地和单位。

根据标准 GB 10650—89 的要求，同一批货物必须包装一致（有专门要求者除外），每一包装件内必须是同一品种、同一品质、同等成熟度的鲜梨，优等果还要求果径大小和色泽的一致。包装容器必须清洁干燥，坚固耐压，无毒，无异味，无腐朽变质现象。包装内面无足以造成果实损伤的尖突物，外部无钉头或尖刺，具有良好的保护作用。包装内果实陈列须美观，表层和底层的果实质量必须一致，装果后勿使树叶、枝条、尘土等物质混入容器内影响果实的外观。装果时应注意勿使果梗损伤其他果实。鲜梨包装可用纸箱、木箱、塑料箱或条筐，箱装每件净重15～25千克，筐装每件净重25～35千克。优等果以及要求分层包装的鲜梨，都应采用箱装。用于冷藏的鲜梨，可由库方选择采用适宜的贮藏容器，出库后再按规定进行销售分级包装。果箱应在箱的外部印刷或贴上商品标记，果筐内、外应放置和系挂标记卡片，标明品名、品种、等级、净重、产地、发货人名称、包装日期和挑选人员或代号，要求字迹清晰，容易辨认，完整无缺，不易褪色或失落。如有果径大小或果数要求者，也应在标志上加以标明。还应当注明此类果品属于无公害食品、绿色食品还是有机食品，还应当在标签上打上各自的食品标签标志。

六、梨果的贮藏条件、方法

1. 梨果需要的贮藏条件　在贮藏环境中，温度、湿度和空气成分是影响贮藏效果的主要因素。

（1）温度　温度是梨果贮藏保鲜最重要的环境条件，不同品种要求的贮藏温度不同。一般贮藏保鲜适宜温度为－1～2℃。贮藏温度不能过低，过低果实会产生冷害。梨的冰点在－1.8～3℃，如低于冰点温度梨果就要发生冷害，所以一般贮藏保鲜温度不低于0℃，但也不能高于5℃，如果长期超过5℃以上会加速果实衰老和增加腐烂率。贮藏过程中温度高低变化频繁，也会引起呼吸加强，致使贮藏寿命缩短。

（2）湿度　贮藏梨果的相对湿度为85％～95％，采用通风库土窑洞时相对湿度要保持在90％～95％，冷库贮藏要保持在85％～90％，湿度过大或太小都影响果实的耐藏性。当湿度过大时果实表面结有水珠，在高于6～8℃时个别微生物活动旺盛，容易造成烂果。湿度太低会使果实加速失水，失水5％～8％时果皮便皱缩，进而果柄干缩变褐，缩短贮藏寿命。近年采用塑料薄膜单果包装或用保鲜袋贮藏，基本可以解决果实失水问题。

（3）空气成分　在一定温度条件下，适当的氧气和二氧化碳比例是决定贮藏寿命的关键。一般说来，适当减低氧的浓度、增加二氧化碳含量，可以减弱果实的呼吸强度，达到长期贮藏的目的。但是，不同品种对低氧、高二氧化碳的忍耐力不同，应依品种灵活掌握。如锦丰梨在0～1℃时，氧气为10%～15%，二氧化碳则为1%～2%。

2. 梨果贮藏方法　目前梨果贮藏的方法较多，大体可以分为两类：一类是利用和调节自然温度进行贮藏，贮藏方式和构造比较简单，成本低，贮藏效果一般。另一类是利用机械制冷法控制在低温条件下进行贮藏，尽管成本较高，但贮藏效果较好。并非所有梨的贮藏全部一样，在实际的操作过程中应根据梨的种类、品种选择适宜的贮藏方法。

（1）简易贮藏　一些肉质较粗，石细胞多，皮厚，蜡质层厚，含酸量高的梨，如辽宁的安梨、花盖梨、河北的酸梨、红霄梨、山东的长把梨、香水梨，山西的笨梨、黄梨、油梨等，极耐贮藏，采用沟藏、平地堆藏、筑畦堆藏和土窖筐装垛藏或搭囤藏等简易贮藏均可。其贮藏技术如下：

①沟藏　可将梨果按一定的形式堆积起来，然后根据气候条件，采用保温隔热材料进行覆盖，以隔热或防冻、保温。沟藏是我国北方梨产区利用自然温度贮藏的传统方法之一。多选择在地势比较干燥平坦、不积水的地块。如选果场、梨树行间作为贮藏场所，沿东西方向开挖宽1.5～2米，深0.7米、长10～15米的贮藏沟。将沟底挖出的土填在沟沿上，使得沟的总深度达到1米左右，沟底铺2～3厘米厚的干净细沙，沟上盖10～20厘米厚的草。沟内每隔1米砌一个30厘米宽的砖垛，作为检查果品时的立脚空间。入贮梨经夜间遇冷后，早晨装筐放入沟内，白天沟上盖草苫，夜间揭开冷却，直至沟内温度降到0℃时，夜间不再揭盖。

②土窖贮藏　土窖贮梨的方法是采后经挑选先装筐，在田间

树下或阴凉处预贮一段时间，然后选天凉时将筐加盖封紧，再入窖，窖底铺细砂，垫秫秸把，上面码筐4～5层，依窖宽不同，一般可排3～4行，中间留通道。

③囤藏　囤藏是在窖内铺砂做20～30厘米囤底，然后有苇席圈做囤，囤内可散堆放1米多中间高，周围低的梨。采用简易方法贮藏时应注意根据外面天气变化，掌握好贮堆（垛、筐）内的梨果温度，防止前、后期温度过高伤热，中期温度过低受冻。

（2）冷藏　大多数品种的梨可采取纸箱装，入冷库码垛冷藏。控制适宜的温湿度即可长期贮藏。其中鸭梨冷藏分期逐步降温的具体做法是：入库时温度可在12℃左右，保持每3天降1℃降至10℃时，保持5天，再每3天降1℃，降至6℃时，保持10天，再每3天降1℃，降至1℃时，即可恒温贮藏，控制相对湿度95%以上，可贮至次年的4～5月。

（3）气调贮藏　气调贮藏是通过调控贮藏环境中的气体成分及温度，将果实置于低氧、高二氧化碳及适宜的低温条件下，使梨果的生命活动及呼吸代谢作用处于低谷阶段，从而达到保鲜的贮藏方法。在气调贮藏中，主要有纸包装、聚乙烯塑料袋或透气膜小包装，塑料帐密封调气贮藏等方法，以透气薄膜小包装应用最为广泛。

梨透气薄膜小包装气调贮藏方法：把梨放在0.02～0.04毫米厚的聚乙烯薄膜袋中进行贮藏即可。这种薄膜透湿性差，袋中的相对湿度几乎达到100%。因而，梨果在贮藏过程中，干耗量极少，果实可长时间保持新鲜，贮藏温度以0～5℃为宜，袋内的氧气含量控制在5%以内，二氧化碳含量控制在5%以上。梨气调贮藏常用薄膜保鲜材料主要有以下几种：低密度PE袋、高压低密度聚乙烯袋、无毒PVC聚氯乙烯袋、复合材料保鲜袋等，每袋容量分别为5、10、15千克等。PE膜的厚度分别为0.02、0.03、0.04毫米，一般不超过0.05毫米。

在实际的梨果贮藏中，应根据梨果的不同摸索适合的气调贮藏方法，争取最好的贮藏效果。据沈阳农业大学报道：南果梨在0℃低温冷库中，采取5%～8%的氧浓度和5%的二氧化碳浓度贮藏，比普通贮藏具有明显效果。鸭梨在冷库中气调贮藏时，对二氧化碳极为敏感，将氧浓度维持在12%～14%，二氧化碳在1%以下较好。贮藏期间易发生黑心病，这是生理病害，原因一是采收太晚，成熟度偏高，二是采收时气温较高，采后突然入冷库，骤然降温引起的生理失调，三是果实太大，抗性弱易发病。所以应注意适时采收，一般应在种子开始变褐，果肉硬度达7.5千克/厘米^{2}时采收。

3. 不同类型梨的贮藏保鲜方法　梨果的品种和类型不同，所要求的适宜温度、湿度和最佳气体成分标准也不同。对新育出的新品种，必须通过试验找出它们贮藏要求的适宜温湿度和最佳气体成分，才能在贮藏期间有效地进行温湿度的调控及气体成分的调节，达到最佳贮藏效果。梨果的类型大致分为两大类型。脆肉类型和软肉类型，根据其各自类型的特点，其具体的贮藏保鲜方法如下：

(1) 脆肉类型品种　白梨系统和砂梨系统多属于脆肉类型。一般脆肉品种，采收后多在10℃温度下经过逐渐的预冷过程再进入0～1℃低温下贮藏保鲜。以锦丰梨为例：冷库贮藏前需进行预冷，预冷温度以5～8℃为宜，预冷时间1～2天。如利用自然低温贮藏，入库前在夜间低温预冷一夜，第二天清早入库。其适宜贮温为0～1℃，入库后要利用一切手段将库温降下来。冷库要在7～10天内把库温降至0℃；自然冷库在30～40天内降至0℃，最长不得超过50天。贮藏温度不能低于－1℃，不然会发生冷害，使果肉出现不规则褐斑。一般库内相对湿度保持在85%～90%，冷库贮藏相对湿度要保持90%～95%，库内湿度低于80%时易发生果皮皱缩。当自然冷库内湿度不足时应在地面洒水（冷库中可增设加湿装置）。锦丰梨在0～1℃下进行气调贮藏，氧气应保持在10%～15%，二氧化碳1%～2%。锦丰梨在长期贮藏中对低氧和高二氧化碳十分敏感，在低温0℃条件下，二氧化碳达到2%以上就会产生二氧化碳中毒伤害。氧气不能低于10%，过低也会产生伤害。锦丰梨是耐贮藏品种，采后在0～1℃下可贮藏8～9个月。

（2）软肉类型品种　此类型包括西洋梨系统和秋子梨系统品种，采收后往往很易变软而失去贮藏价值，因此，采收后经过预冷，需立即置于0℃左右的温度下贮藏。以南果梨类为例（包括红南果梨和大南果梨），南果梨类属软肉型果实，具有明显的呼吸跃变期。当呼吸高峰到来之后，果实开始走向衰老，果肉开始变软。抑制和推迟果实呼吸高峰到来的时期是搞好南果梨贮藏的重要技术措施。南果梨在九成熟时采收，此时果实呼吸高峰尚未到来，但种子的种皮已成深褐色。将采收的南果梨在5～7℃温度中预冷2～3天，尔后进入0℃冷库中贮藏，可贮藏3～4个月。催熟后仍能保持其原有的色香味。

七、影响梨耐藏性的因素

概括起来影响梨果耐藏性的因素有下列几点。

1. 品种特性　脆肉型品种从果实成熟到完全衰老，果肉始终都是硬的，即使在常温下果肉也不变软，一般较耐藏。如鸭梨、雪花梨、黄县长把梨、栖霞香水梨等。以西洋梨为代表的软肉型品种多不耐藏。这类品种采收时果肉粗硬，需经后熟，使果实变软后才能食用。但果肉变软后就会很快腐烂，只有在冷藏或气调条件下才能延迟衰老。

同是脆肉型品种，果肉较粗、汁液相对少的品种较肉细、汁多的品种耐藏。如黄县长把梨、栖霞香水梨、雪花梨等比鸭梨、锦丰梨耐藏。

2. 成熟程度　采收过早，果实尚未成熟，糖、酸含量均低，可供呼吸消耗的成分少，所以不耐贮藏；采收过晚，果肉细胞已趋衰老，果实的衰老进程加快，也不耐藏；只有适期采收的梨果才能长期贮藏。

3. 栽培条件 浇水、施肥、土壤质地对梨的耐藏性也有重要影响；如过多使用化肥，尤其是在多氮少磷钾时，会使梨果风味淡，糖量低，耐藏性下降。土壤中缺钙会引起鸭梨黑斑病。

4. 病虫侵害 病虫害不仅影响到梨树当年的产量、品质，还对果实的耐贮性影响极大。如轮纹病侵染果实后，可长期潜伏，遇雨表现病症，一旦进入贮藏期后，则迅速发病，造成果实腐烂。被害部位留有伤口的果实，贮藏时易受青霉菌浸染，也会引起腐烂。所以，加强病虫防治是提高梨果耐藏性的一个重要方面。

另外，贮藏过程中的管理技术也与耐藏性有关。贮果的预冷程度，贮初期的降温速度，库中的湿度调节和通风换气等，都会影响果实的耐藏性。

八、梨果的运输

梨果包装后，需要从包装地运到贮藏库或销售地点。这一环节对于梨果的品质也会产生很大影响。不论是绿色食品梨、无公害食品梨还是有机食品梨，在运输的过程中都要尽量做到快装、快运和快卸，而且不论利用什么工具，都应尽可能保持适宜的温度、湿度及通气条件。这对于保持梨果品质具有十分重要的意义。此外，为了保证梨果运输安全，在运输的过程中应注意以下问题：

1. 运输工具必须清洁卫生，无异味，不得与有毒、有异味、有害的物品混装、混运。

2. 梨在装卸运输中要注意爱护，轻装轻卸，轻拿轻放。

3. 待运时，必须批次分明、堆码整齐、环境清洁、通风良好。严禁烈日曝晒、雨淋。注意防冻、防热、缩短待运时间。

4. 梨如需要露地堆放时，必须选择地势较高，阴凉通风的地点，根据季节和自然条件用适当物料加以苫盖。

爱宕梨

爱甘水梨

大果水晶梨

水晶梨

圆黄梨

棚架式

倒人字形

黄金梨套袋

黄金梨（套袋）

黄金梨（未套袋）